U0051819

全新增訂版

小倉緞帶繡の

Best Stitch Collection

新手必備的基礎針法練習BOOK

BOOK

前言

18至19世紀時，「緞帶繡」曾被歐洲貴族用來裝飾服裝及隨身物品。本書為您介紹的新式緞帶繡，無論素材、寬度都和當時的緞帶有所差異。因此，若能利用這些搭配不同緞帶素材及寬度的刺繡技法，便能讓作品的表現與質感都大幅增加，本書整理了多種同樣在布面上進行的刺繡針法，並分為五種類別介紹給您。

刺繡是一種十分有趣的裝飾技法，即使是同樣的圖樣，只要在素材及寬度上稍作變化，不僅可作出適合各類緞帶大小的作品，若讓緞帶質量有所增減，也能使作品呈現截然不同的風貌。此外，本書也收錄了許多利用各式刺繡技法作成的應用作品。請您參考刺繡樣本，將適用於不同圖案的技法交互組合，充分享受刺繡作品帶來的喜悅吧！衷心盼望您能在這一針一線裡擁有美麗優雅的手作心情。

小倉ゆき子

★本書封面作品的原寸圖案，刊載於內書封及內書裡，請影印圖案後，組合成完整的紙型使用。

本書為2014年出版的「小倉ゆき子のリボン刺しゅうの基礎BOOK』增補改訂版， 新增了2種針法以及增加了 10項小物作品，使內容更加充實，可說是緞帶刺繡的決定版，請您務必收藏使用。

Contents

小倉緞帶繡的Best Stitch Collection：
新手必備的基礎針法練習BOOK（全新增訂版）

Ribbon Stitches

工具&材料

材料提供／Clover

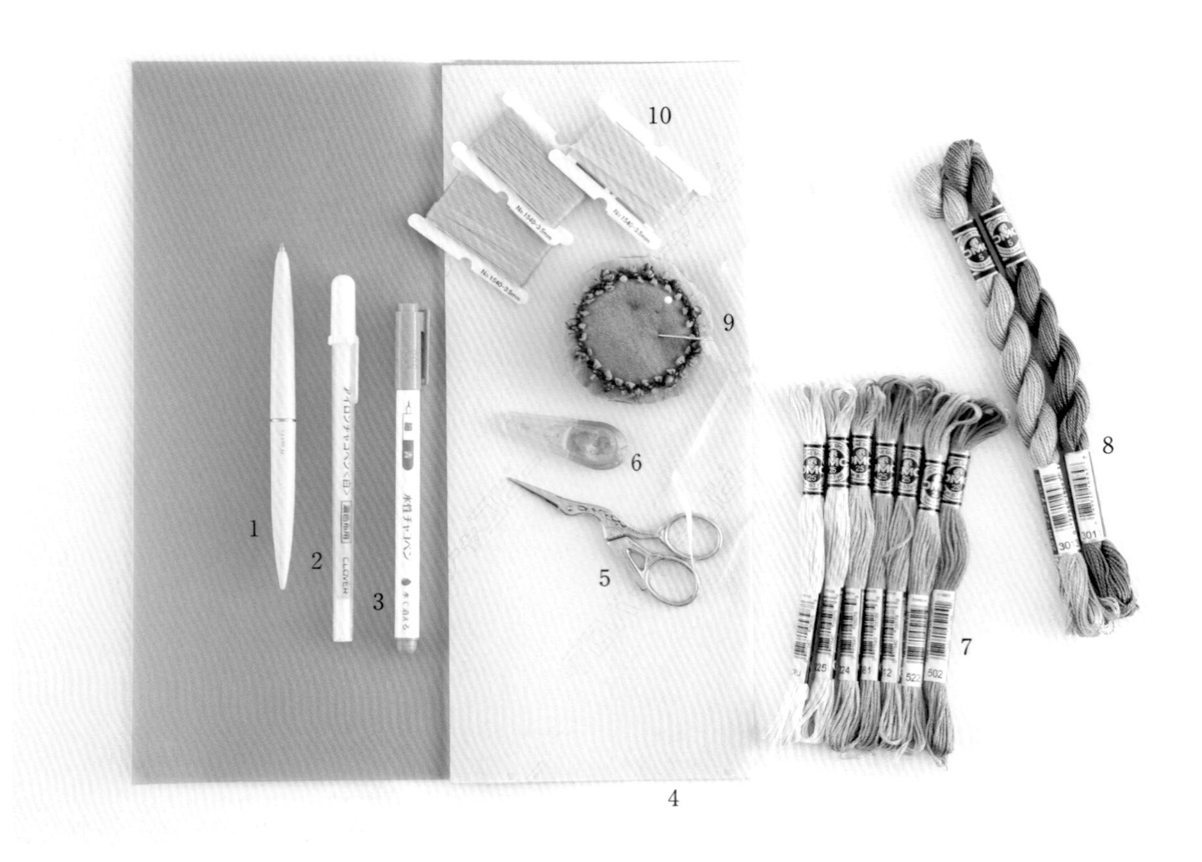

1
2
3
4
5
6
7
8
9
10

1...描圖筆

描繪圖案時使用，亦可利用硬質鉛筆或墨水用盡的原子筆取代。

2...熱轉印筆〈白色〉

在深色布面上繪製圖案時使用。

3...粉土筆

直接在布面上繪製圖案時使用。

4...粉土紙

將圖案描繪在刺繡布面上時使用。選擇單面為粉土材質的水消款式為佳。

5...線剪

選擇末端尖銳、刀口鋒利的款式為佳。

6...穿線器

緞帶或繡線不易穿過針孔時使用。

7...25號繡線

在緞帶繡上加以點綴時使用。（→P.62）

8...5號繡線

在緞帶繡上加以點綴時使用。（→P.62）

9...緞帶繡專用針

進行緞帶繡時，一般使用的是末端尖銳的毛線針，但若要在毛衣上刺繡或挑取緞帶時，則使用末端圓潤的針。因此，請依據刺繡布、針法及線材的寬度來決定針的粗細，先試繡幾針，若發現刺繡不易進行或緞帶不易抽出，請換成其他針款。

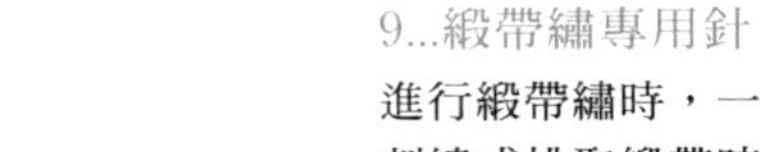

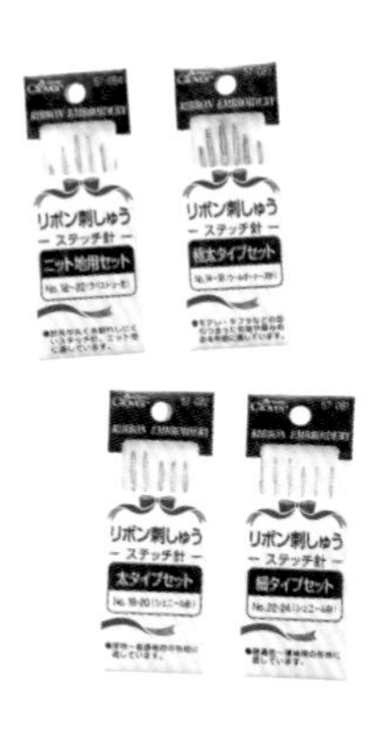

●使用頻率較高的針（原寸）

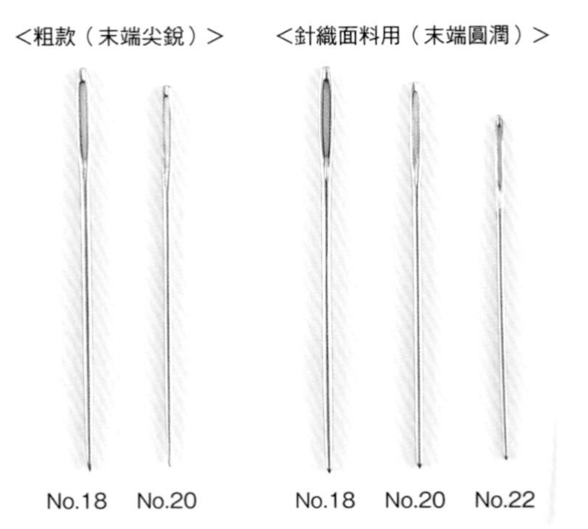

<粗款（末端尖銳）>
<針織面料用（末端圓潤）>
No.18
No.20
No.18
No.20
No.22

10...刺繡緞帶

由於種類、寬度、顏色五花八門，請依據布料、圖案及設計來選擇適合的緞帶吧！本書針法均以原寸刊載，請參考各類緞帶寬度、緞帶質感及刺繡後的尺寸差異。（均為ER=5m捲）

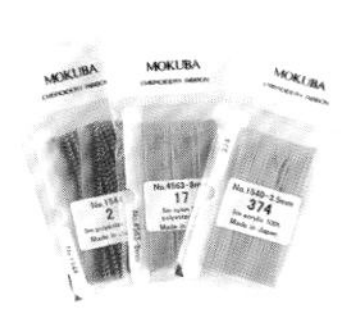

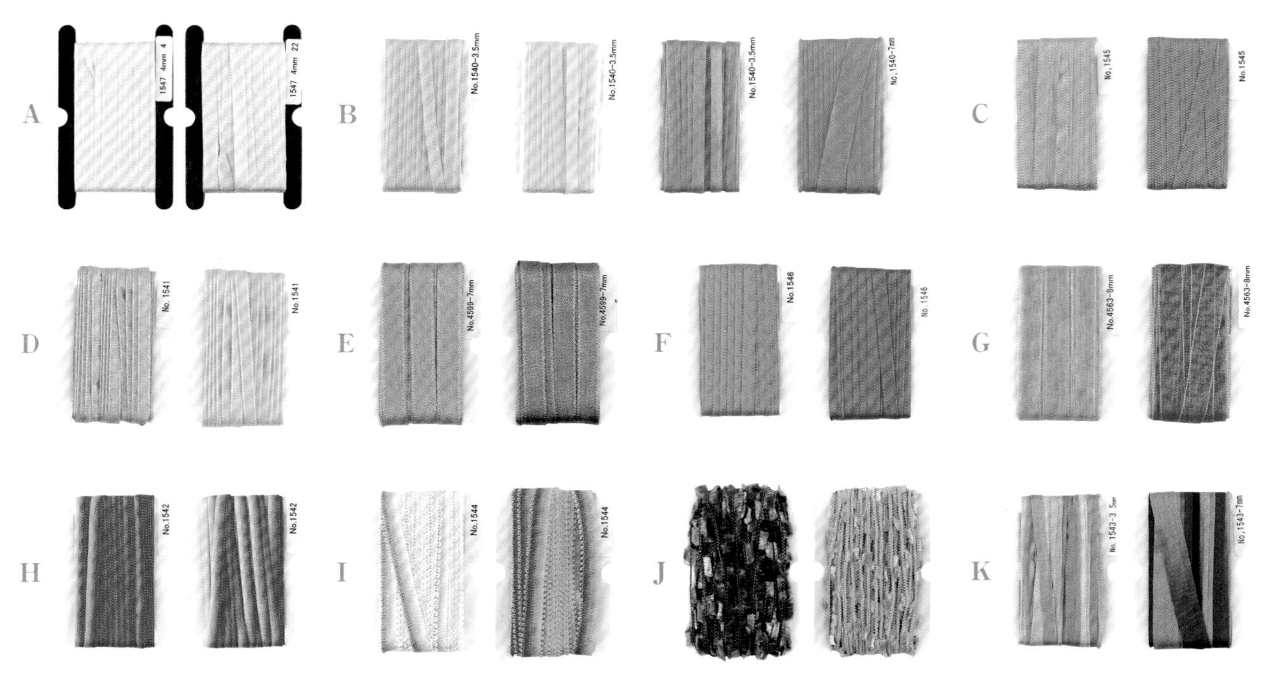

A. No.1547-4mm／擁有絲綢獨有的柔軟和韌性，適合纖細的針法。 B. No.1540-3.5mm、7mm／適用於多種針法，是易於刺繡的緞帶基本款。 C. No.1545／混有金屬絲線的緞帶。雖然看起來偏硬，但其質感柔軟且易於刺繡。 D. No.1541／雖然寬度較窄，但帶有彈性和光澤，是一款稍有硬度的緞帶，能讓作品呈現立體感。 E. No.4599-7mm、13mm／正、反兩面的光澤度不同，是一款表面帶有獨特質地的緞帶。 F. No.1546／一款因光線變化而能呈現彩虹色（或稱虹彩）的緞帶。比No.1540硬，又比No.1541柔軟，並且帶有些許彈性，適用於大部分的針法。 G. No.4563-8mm、15mm／此款為玻璃紗緞帶。由於帶有透明感，因此能疊合在已刺繡後的針法上，呈現不同的效果，亦適用於製作小花等裝飾。 H. No.1542／顏色帶漸層的細款緞帶。雖然比起No.1540具有些許彈性，但容易進行刺繡。 I. No.1544／帶有漸層色環狀花邊的可愛緞帶。由於質感較硬，因此適用於形狀硬挺且帶有分量的刺繡作品。 J. No.F／混有小飾物的緞帶，適用於繡製植物莖等流線形的作品。 K. No.1543-3.5mm、7mm／No.1540緞帶的段染款式，利用色彩的變化，能讓刺繡呈現充滿趣味的效果。

關於布料

刺繡雖然適合在各種布面上進行，但並不適合太過輕薄或帶有絨毛的質地。選擇布料時，以能展現緞帶繡的優雅質感為佳。

●適合的布料　a、c 絲綢布　b 棉絨布　d、e 棉麻混紡布　f、g 麻布　h 雲紋綢

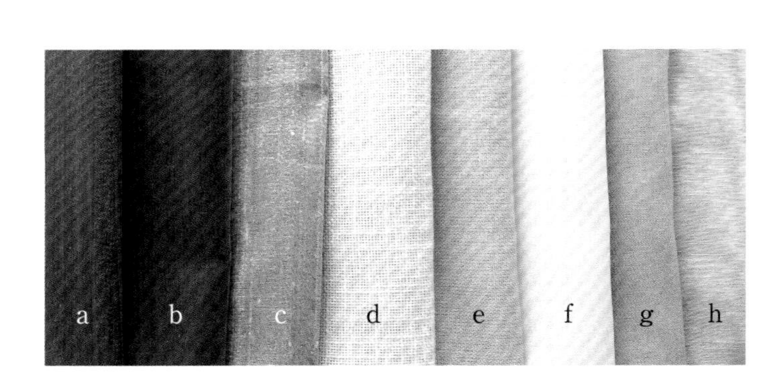
a
b
c
d
e
f
g
h

圖案描繪方式

將圖案疊在布料上，以珠針固定，再將粉土紙（帶粉土的那一邊朝下）夾入布料和圖案之間，再疊上玻璃紙，以描圖筆確實地描繪圖案邊線。

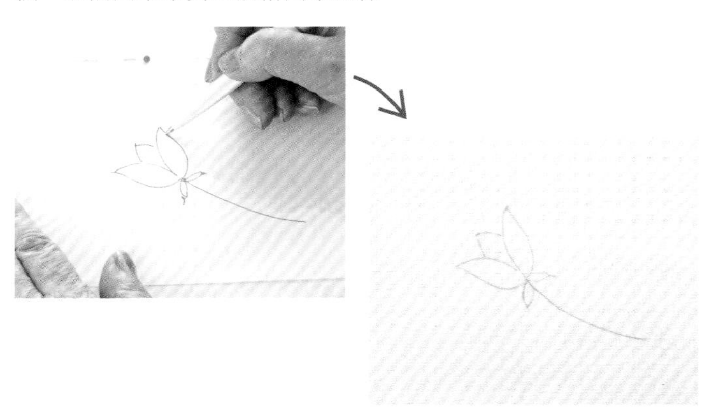

刺繡技法重點

刺繡前

<緞帶穿針方式> 並非所有緞帶都適合以這樣的方式進行穿針，此穿針法適用於寬度窄、質地柔軟的緞帶（No.1540−3.5mm、No.1542、No.1545、No.1547）。其他緞帶則直接穿針即可。

1 剪下50cm左右的緞帶，將末端剪成斜角狀，穿入針孔。

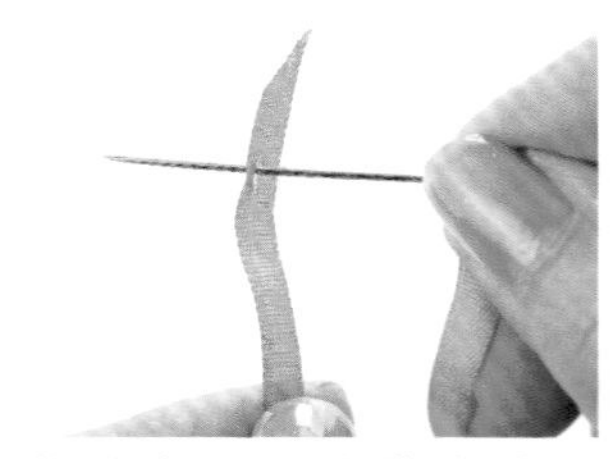

2 將針穿入距緞帶末端約1.5cm處的中心點。

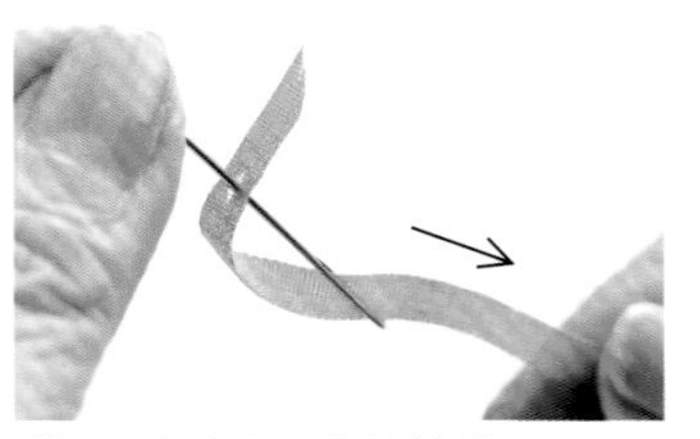

3 手持針尖，直接拉線。

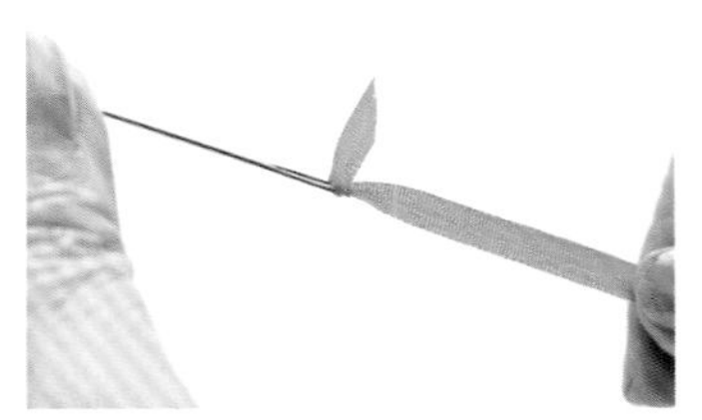

4 緞帶就固定在針孔上了！

<緞帶打結方式>

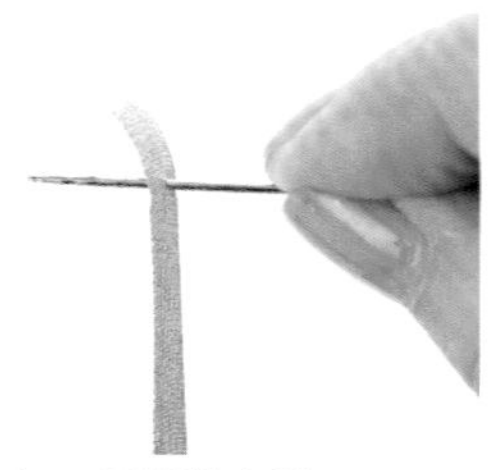

1 將針穿入距緞帶末端1至2cm處。

2 手持緞帶末端，將針穿入緞帶中心點。

3 拔針後，將針穿入緞帶環中。

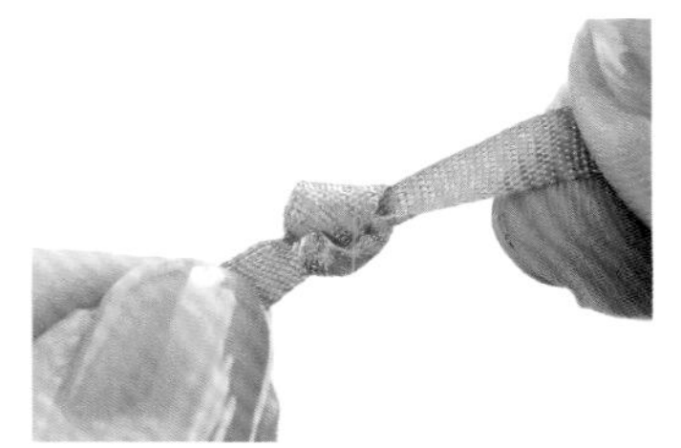

4 直接拉動緞帶，即可打成結。請輕輕地按壓打結處，避免因拉得過緊而使緞帶結變得太小。

起針

<在布的背面，將針穿入緞帶的起針法>

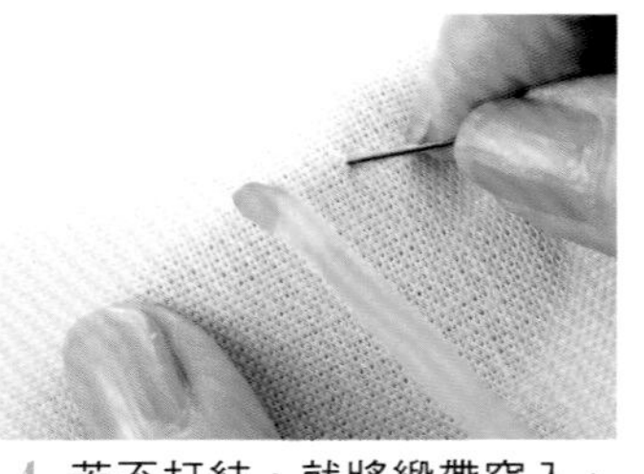

1 若不打結，就將緞帶穿入、拉緊。

（背面）

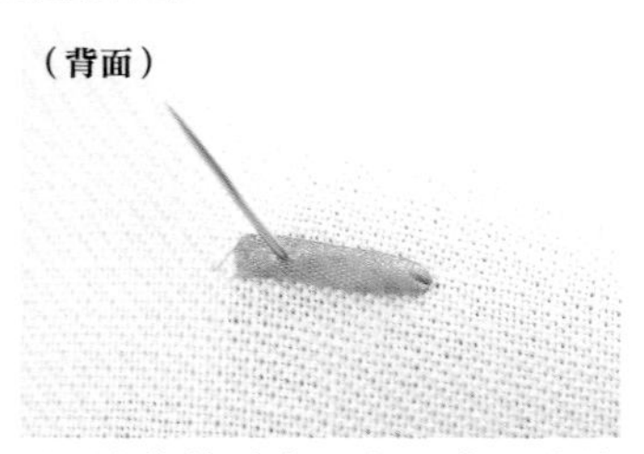

2 接著將針穿入留在背面的緞帶，加以固定。

（背面）

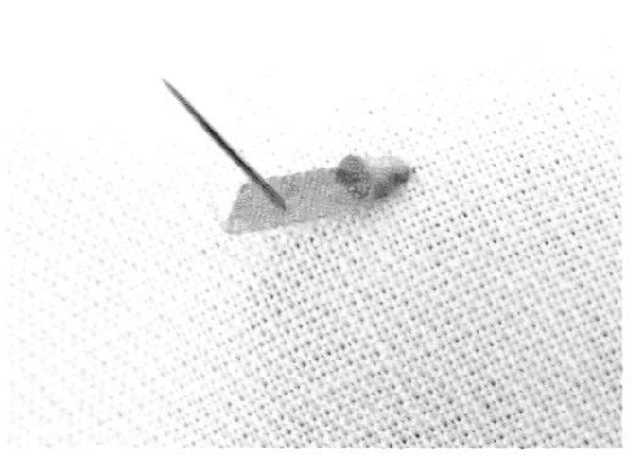

打結後再起繡的情況也一樣，利用下一個針法事先穿入背面的緞帶，再加以固定，能讓起針處更為穩固。

<將針穿入已繡好的圖案處背面的起針法>

（背面）

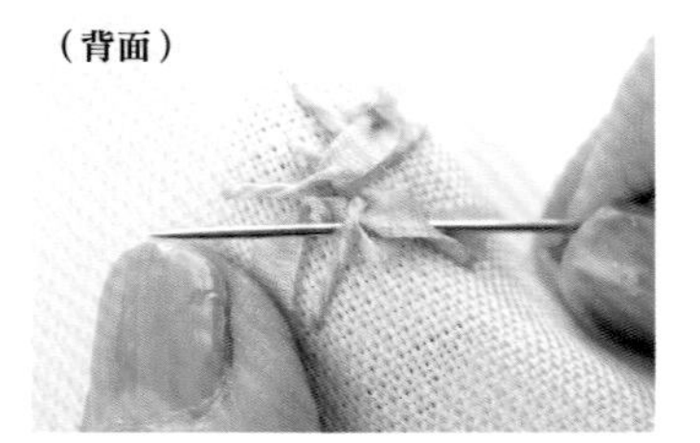

1 在有圖案已刺繡完成的情況下，首先將緞帶打結，再將針穿入布的背面的緞帶或線材中。

（背面）

2 像是要將打結處卡住一般地，藏在緞帶或線材下方。

3 將針穿出布料正面，進行刺繡。

刺繡時的入針方式

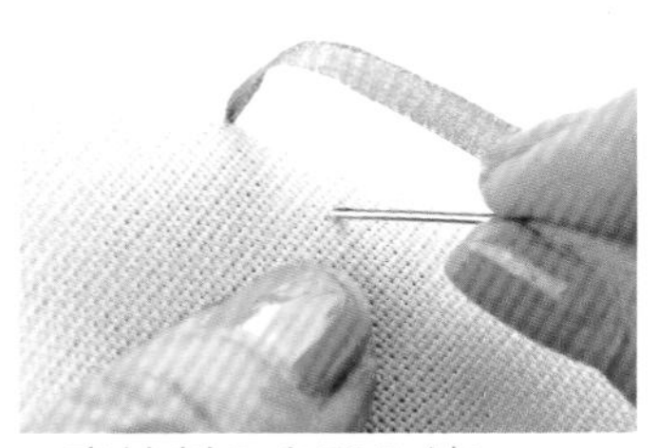

<直接刺入布面入針>
適合硬質緞帶。

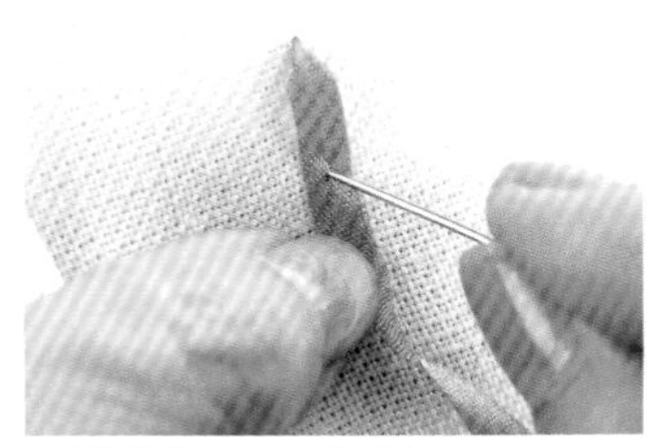

<從緞帶上方入針>
適合軟質緞帶。

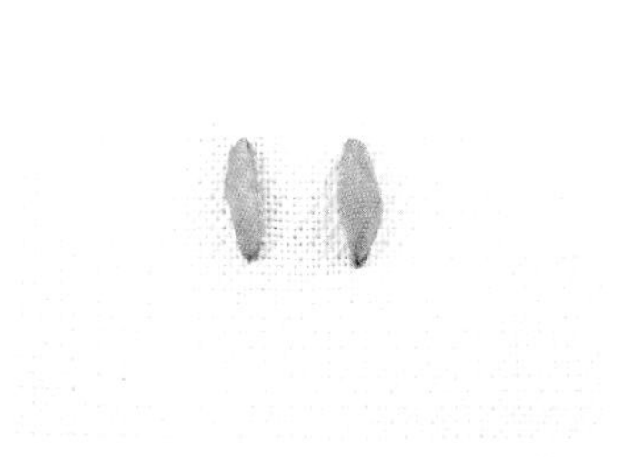

無論哪種方式均可，但從緞帶上方入針的方式較為穩固。

刺繡完成後

<緞帶的收尾>

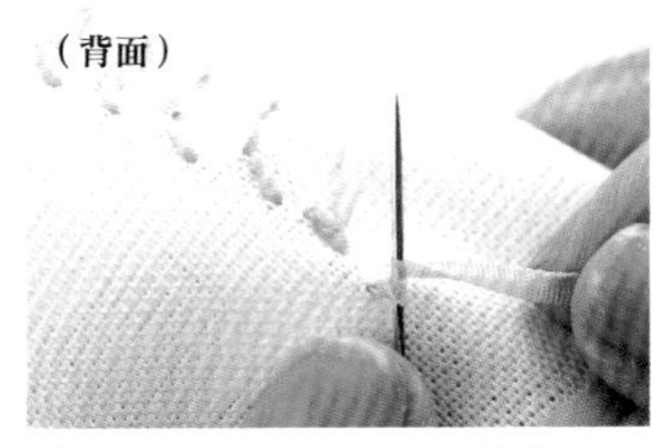
（背面）

1 刺繡完成後，在布的背面打結。

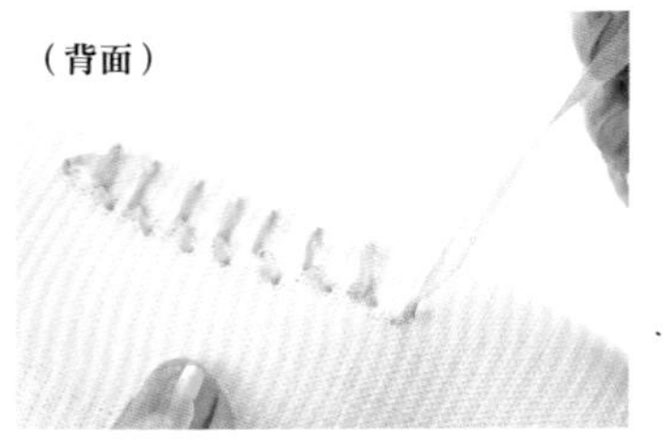
（背面）

2 若拉得太緊，打結處會變小且容易脫落，請特別小心。

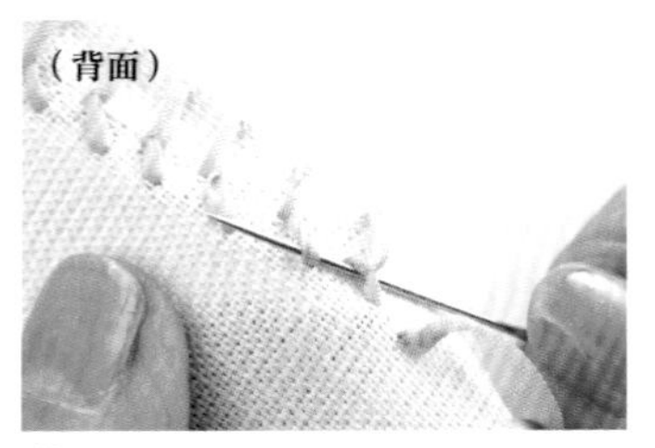
（背面）

3 穿入已固定的緞帶處，長度約5cm。

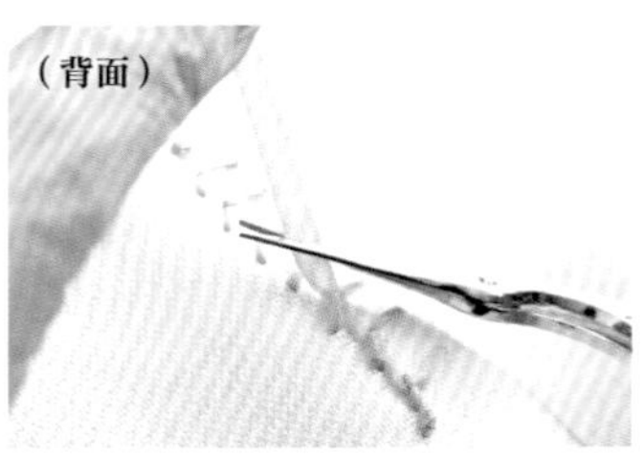
（背面）

4 剪去多餘部分。

<緞帶的收尾>

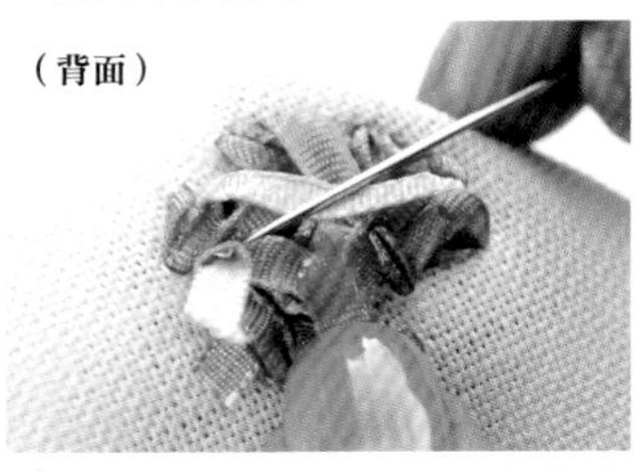
（背面）

1 若在意布的背面的緞帶末端，就將針靠近中央處。

（背面）

2 將緞帶及1條同色系的25號繡線穿入針孔，再縫製固定。

（背面）

3 緞帶末端即固定完成。

刺繡途中，緞帶不足時

<鎖鍊繡>

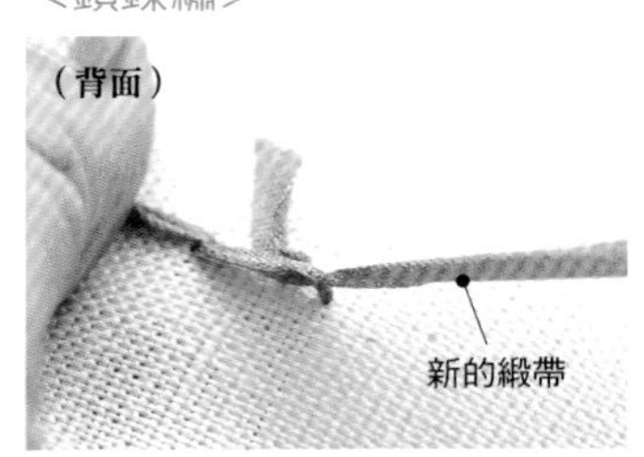
（背面）
新的緞帶

1 將新的緞帶穿入新的針，在布的背面將打結處穿入最初的緞帶後備用。

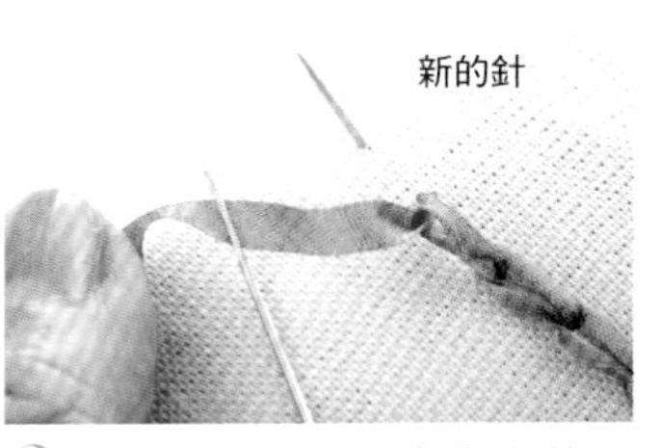
新的針

2 將1從鎖鍊環中穿出布的正面，再將新的針穿出下一個針法的位置後備用。

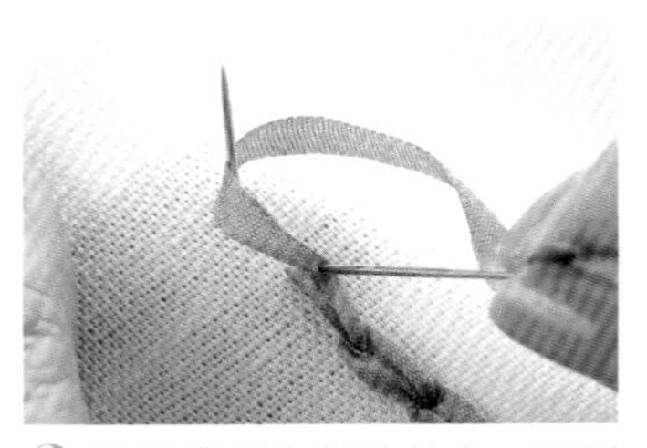

3 將緞帶掛在新的針上，回到鎖鍊環中。

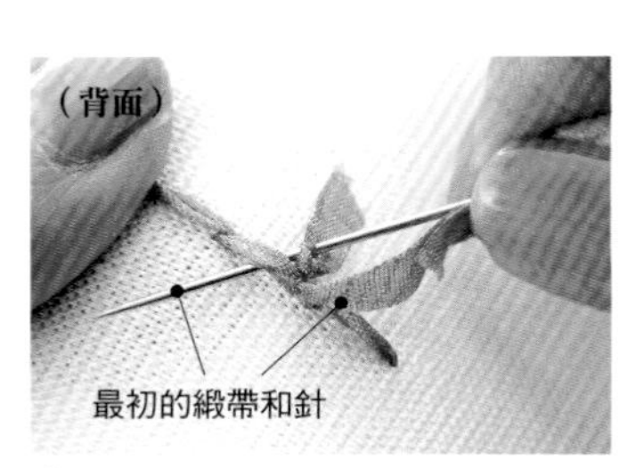
（背面）
最初的緞帶和針

4 最初的針要先穿入緞帶末端，再穿入布的背面的緞帶即可。

Flat Stitches

平面式刺繡

材料

刺繡緞帶

（No.1540-3.5mm）col.035　col.036　col.356　col.364　col.468

（No.1540-7mm）col.034　col.305

（No.1541）col.419　col.429

（No.1542）col.2　col.15　　（No.1547-4mm）col.36

※此為原寸刺繡圖案

Flat Stitches

平面式刺繡

這款作品的刺繡沒有太多起伏，成品較為接近平面。
表現花莖線條、將花瓣填滿、刺成葉片等，使用了多種方式進行刺繡，
儘管針法並不是特別困難，基本上都和線材刺繡相同，
但緞帶繡依然有其訣竅和技巧，請仔細地進行吧！

魚骨繡
1541（429）
魚骨繡
1540−3.5mm
（036）
1540−3.5mm
（036）
緞面繡
1540−3.5mm
（035）
1540−3.5mm
（035）
緞面繡
1540−3.5mm（468）
直線繡Ⓒ
1541（419）
輪廓繡Ⓐ
1547−4mm
（36）
1540−3.5mm
（356）
直線繡
1542（2）
1540−3.5mm（364）
魚骨繡
1540−3.5mm
（356）
封閉型人字繡
1540−3.5mm
（468）
1541（419）
1540−3.5mm
（468）
緞面繡
1540−3.5mm（035）
緞面繡
1542（2）
1541（429）
1541（419）
籃網繡
直線繡Ⓒ
1540−7mm
（034）
直線繡
直線繡
1541（419）
1541（419）
1540−7mm
（035）
1541（429）
人字繡
輪廓繡Ⓒ
1542（15）
★（　）內為緞帶色號
緞面繡

書衣

魚骨繡及人字繡這兩種針法，
相當適合在填滿花瓣及葉片的平面式刺繡時使用。
下方清爽風格的淡藍色書衣是文庫本（橫10.7cm×直15cm）尺寸，
成熟風格的紫色系則是單行本尺寸。

作法 P.83

1
2

Flat Stitches 1
直線繡
Straight stitch
1
2
Ⓐ
No.1540
-3.5mm
1
2
Ⓑ
No.1540
-7mm
No.1541
No.1542
No.1544
No.1545
No.1546
No.1547
No.1548
2
4
3
1
Ⓒ
No.1540
-3.5mm
No.1540
-7mm
No.1540
-7mm
No.1541
No.1547

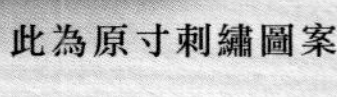
此為原寸刺繡圖案

Ⓐ

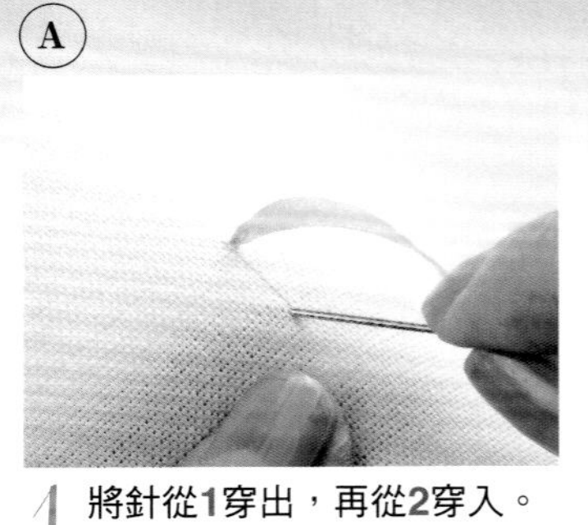

1 將針從**1**穿出，再從**2**穿入。

2 慢慢地拉動緞帶，不要拉得太緊。

Ⓑ

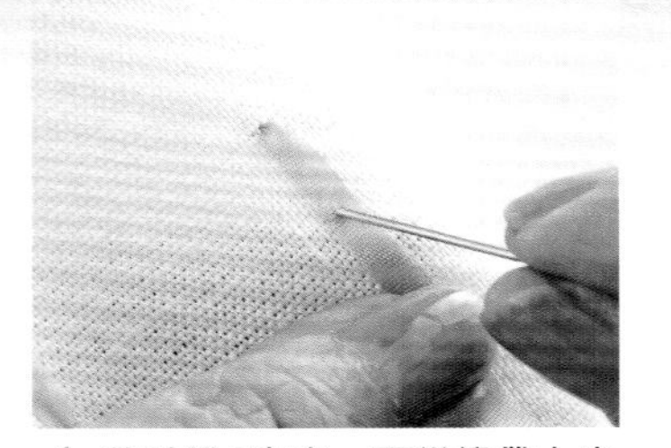

1 將針從**1**穿出，再從緞帶上方穿入**2**。

2 慢慢地拉動緞帶。這個方式將比Ⓐ更加穩固。

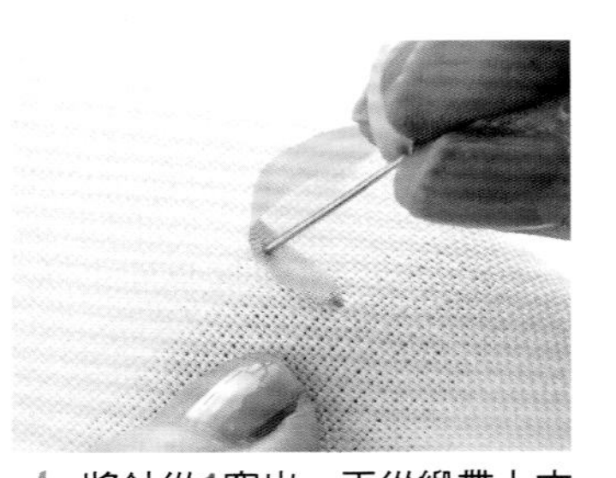

1 將針從**1**穿出，再從緞帶上方穿入**2**。

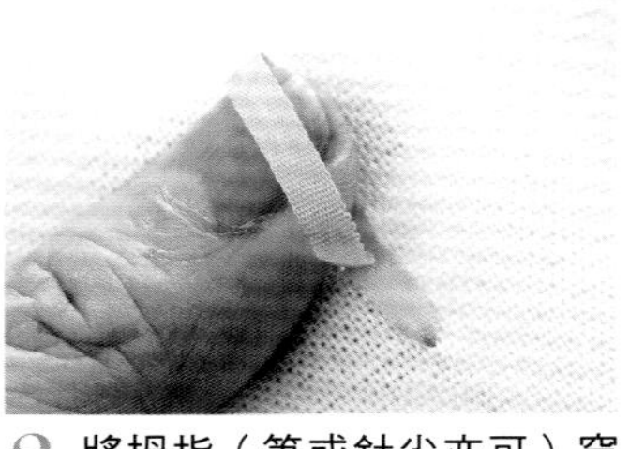

2 將拇指（筆或針尖亦可）穿入，調整緞帶環的形狀。

3 抽出拇指，直接拉動緞帶。利用拉動方式呈現針法的表情。

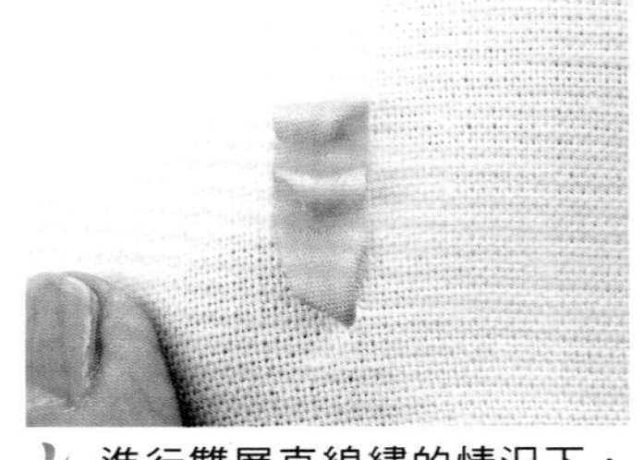

4 進行雙層直線繡的情況下，上方緞帶和下方緞帶相同，將針穿出後，再以相同要領進行刺繡。

Flat Stitches 2

緞面繡&長短針繡

Satin stitch & Long and short stitch

3 1
4 2
3 5 7
1
4 8
2
6
No.1540 −3.5mm
No.1540 −7mm
No.1541
No.1542
No.1545
No.1546
No.1547

※此為原寸刺繡圖案

緞面繡

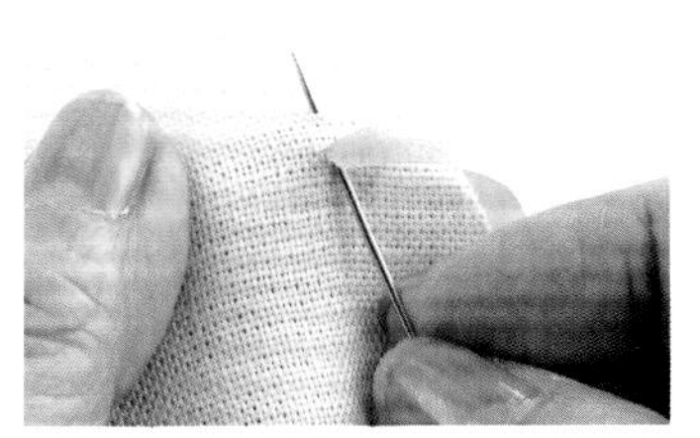

1 從圖案中心點將針穿出，繡1針後，從**1**穿出。

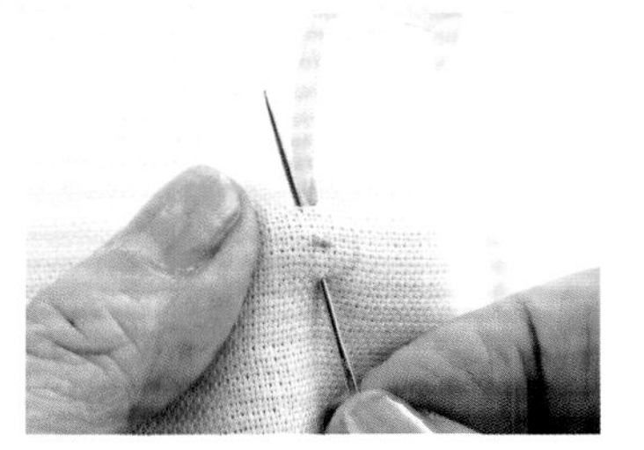

2 將針從**1**穿出後，穿入**2**，再從**3**穿出。

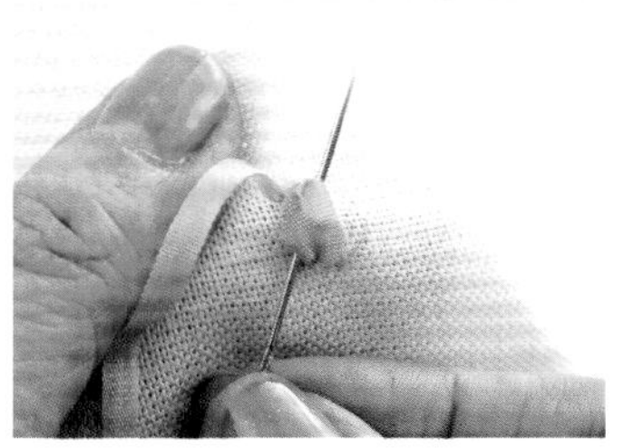

3 以相同要領繡完左側後，從右側將針穿出。

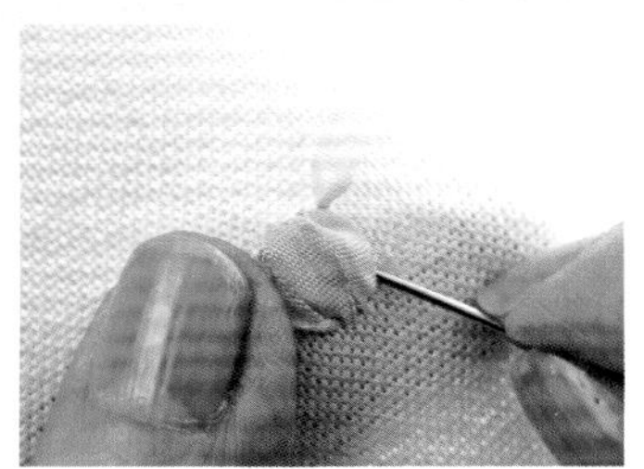

4 右側也是以相同方式進行。

長短針繡

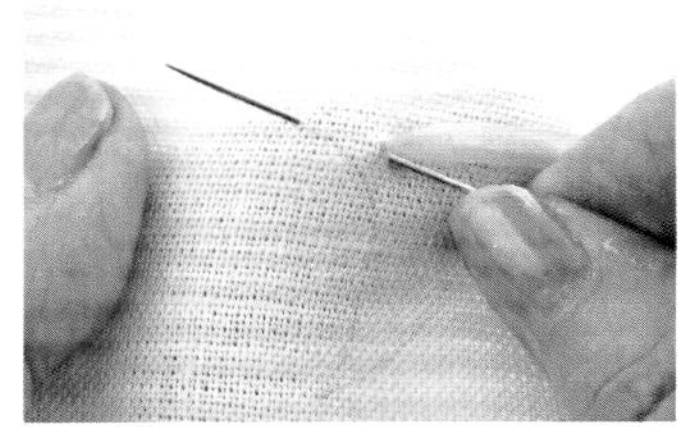

1 將針穿出，繡1針後，從**1**穿出。

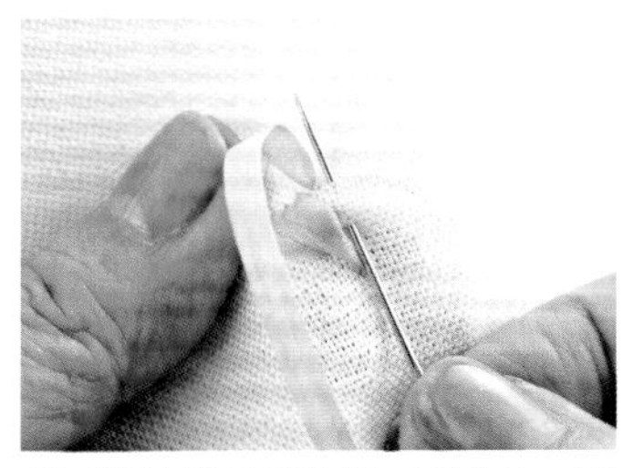

2 將針從**1**穿出後，穿入**2**，再從**3**穿出，如此往下進行。曲線部分請以短一點的針距刺繡。

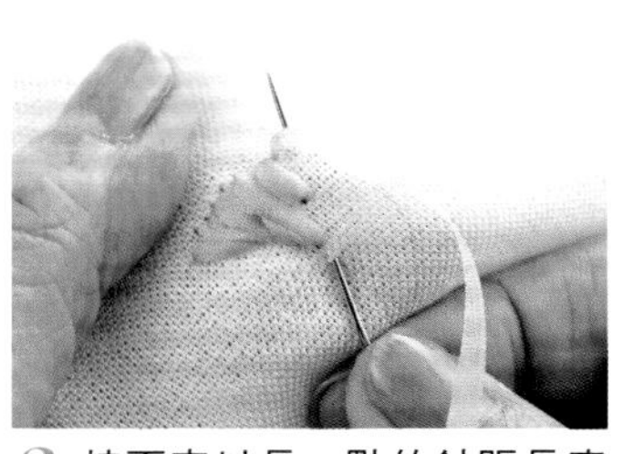

3 接下來以長一點的針距長度刺繡。

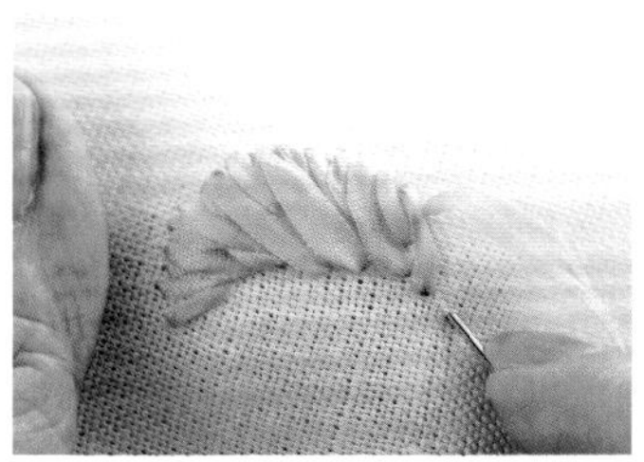

4 針距的長度並非依樣重覆，而是要依曲線形狀適度調整。

Flat Stitches 3

人字繡

Herringbone stitch

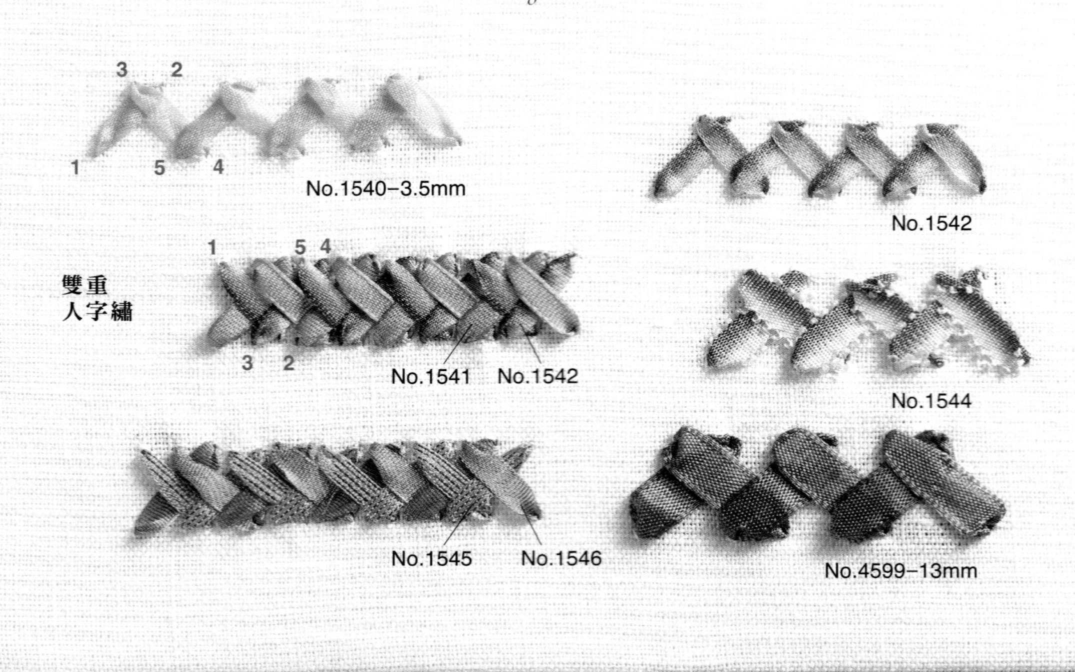

3 2
1 5 4
No.1540–3.5mm
No.1542
1 5 4
雙重
人字繡
3 2
No.1541 No.1542
No.1544
No.1545 No.1546
No.4599–13mm

※此為原寸刺繡圖案

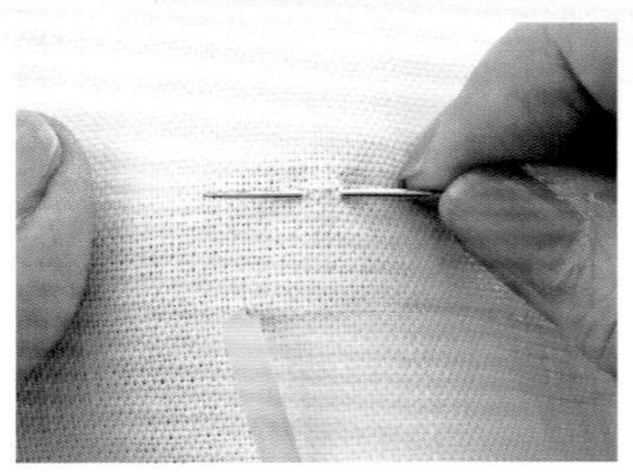

1 將針從**1**穿出後，穿入**2**，再從**3**穿出。

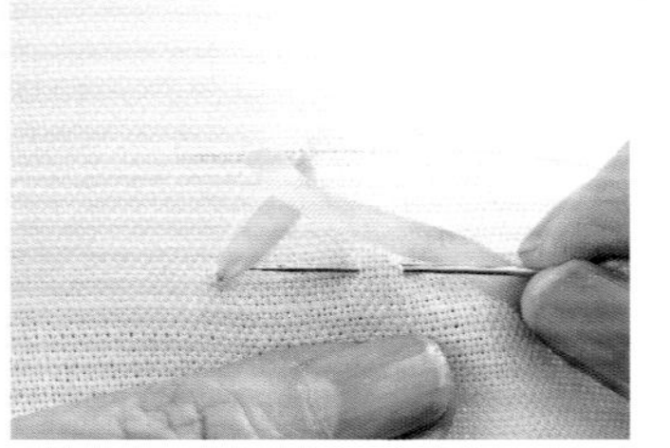

2 穿入**4**，再從**5**穿出。

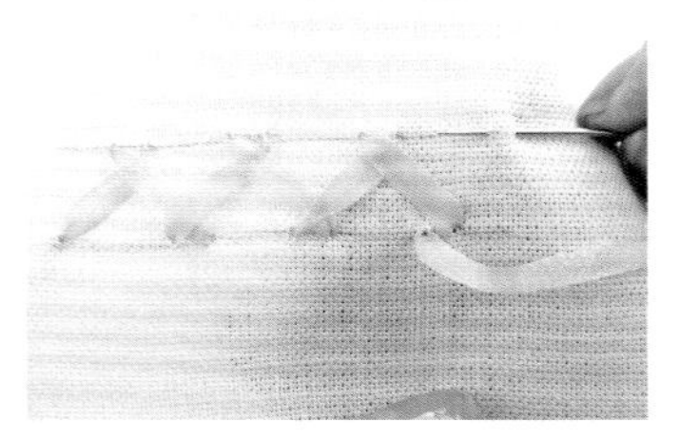

3 重覆**1**至**4**的作法。

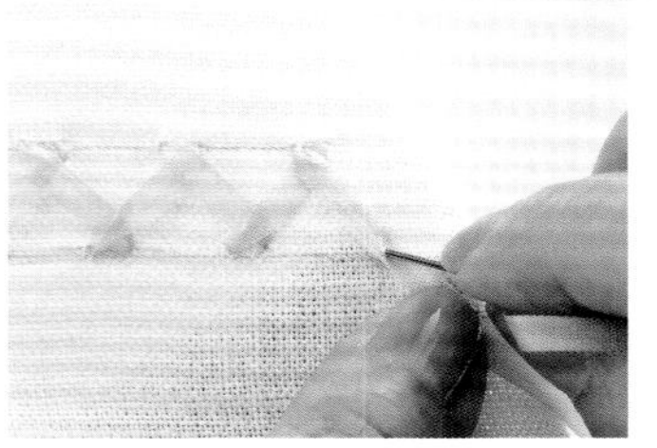

4 刺繡完成後，將針穿入緞帶。

雙重人字繡

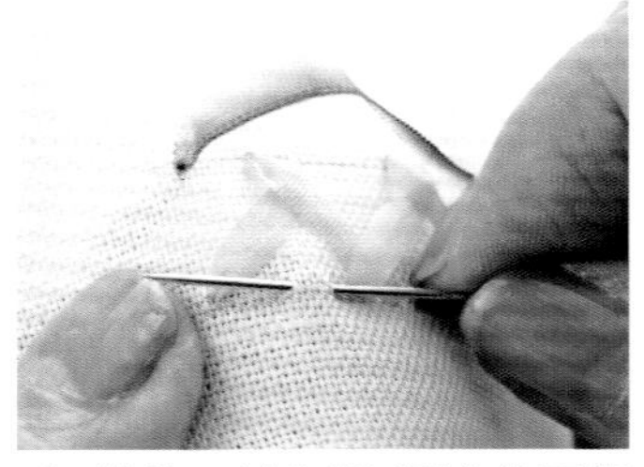

1 首先，以步驟1至4的要領進行人字繡，再疊合其他緞帶，再次進行人字繡。

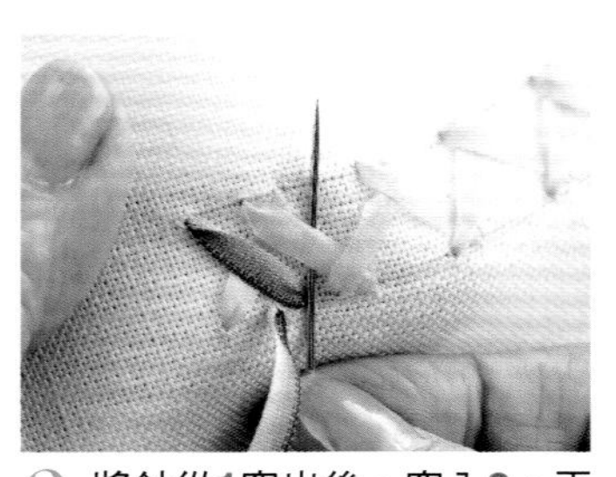

2 將針從**1**穿出後，穿入**2**，再從**3**穿出，

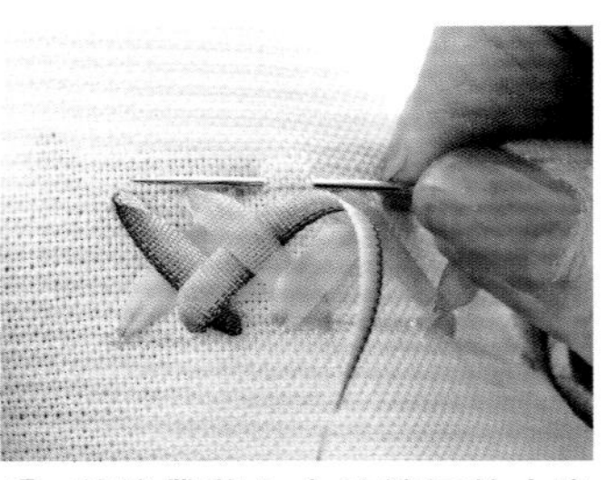

3 將緞帶藏入之前繡好的人字繡，將針穿入**4**，再從**5**穿出。

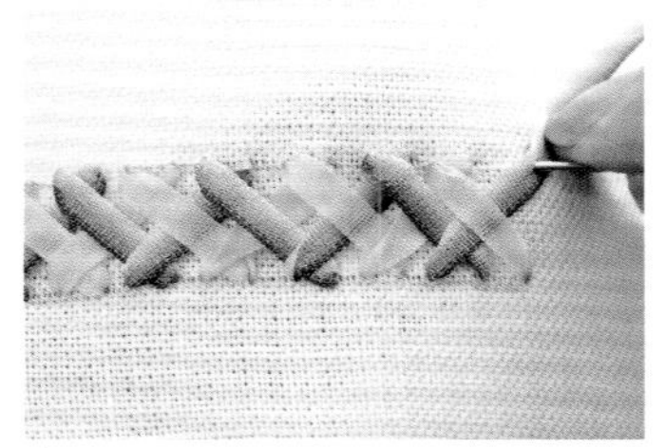

4 雖是重覆步驟**1**至**4**，但若能統一漸層色緞帶的方向，將使成品更為美觀。

Flat Stitches 4

封閉型人字繡

Closed herringbone stitch

2
3
5
4
1
No.1540
−3.5mm
No.1540
−7mm

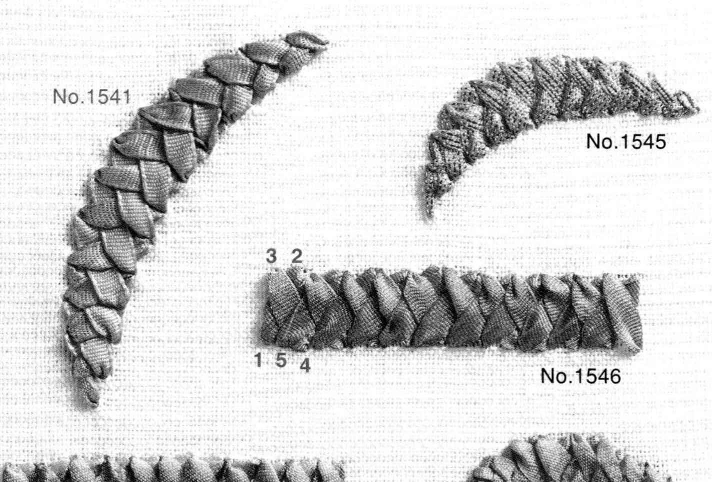
No.1541
No.1545
3 2
1 5 4
No.1546

No.1542

No.1547

※此為原寸刺繡圖案

直線刺繡時

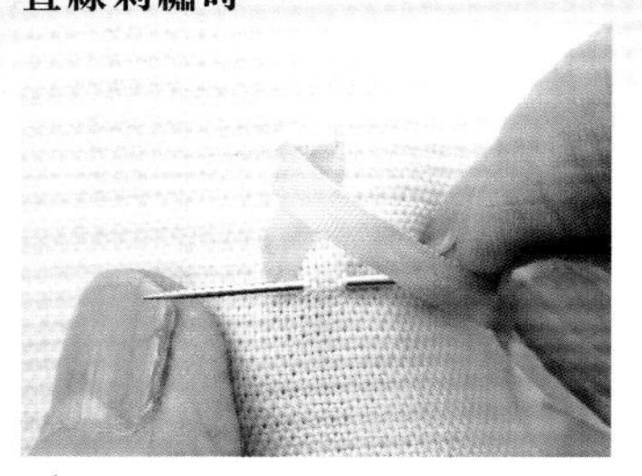

1 以與人字繡相同的要領，取固定間隔進行刺繡。

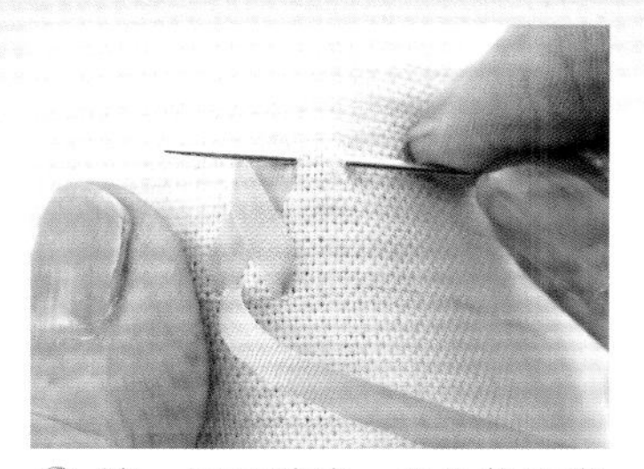

2 統一相同針法，如此往下進行。

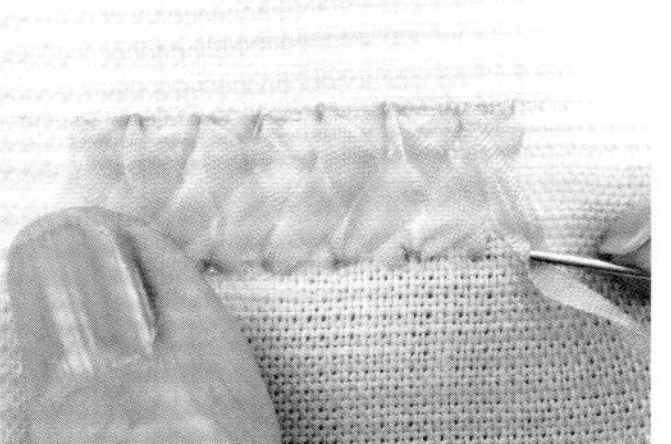

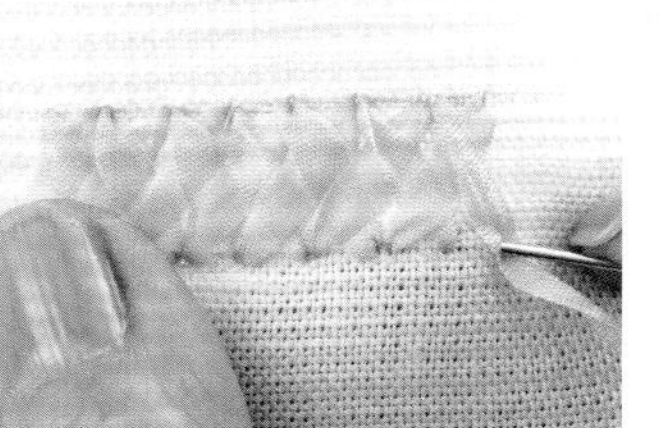

3 收針時，將針穿入緞帶。

曲線刺繡時

4 將針穿出，繡1針後，再從1穿出。接著沿著銳角稍微扭轉緞帶，使其變得較細。

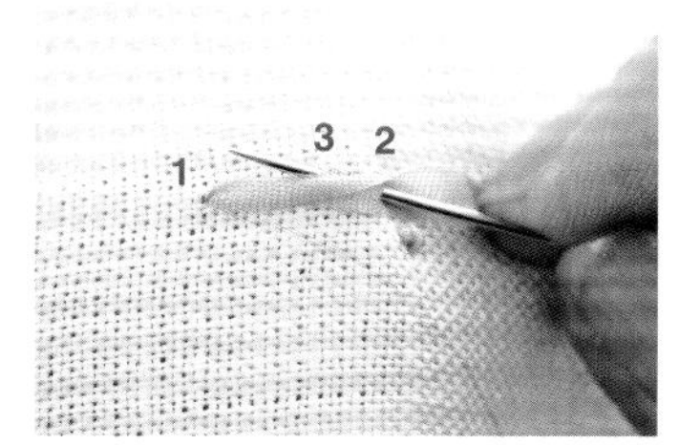
1
3 2

5 從緞帶上方將針穿入2，再從3穿出。

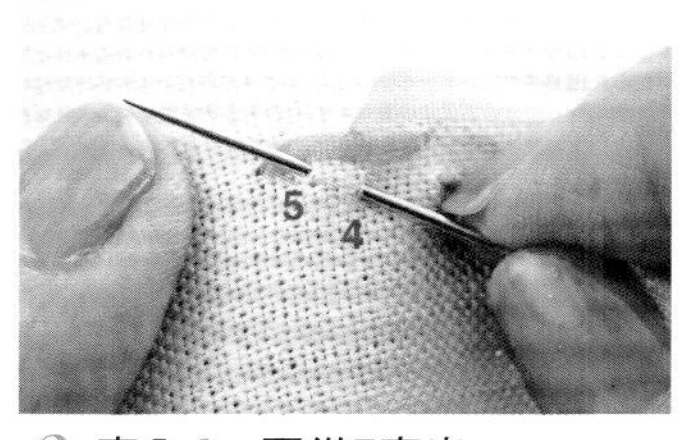
5
4

6 穿入4，再從5穿出。

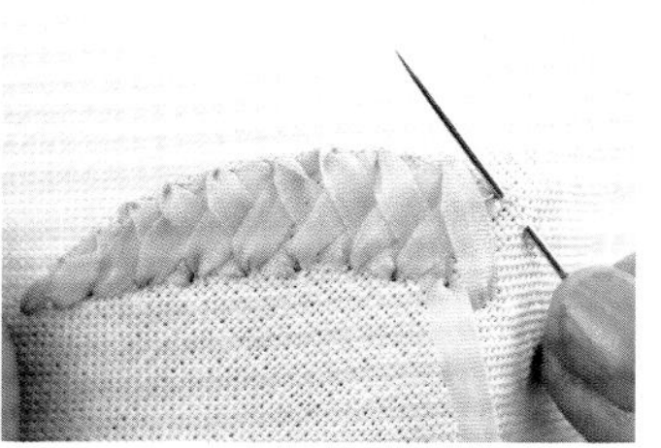

7 由於外側曲線和內側不等長，因此以針調整要挑勾的布面長度，持續往下刺繡。

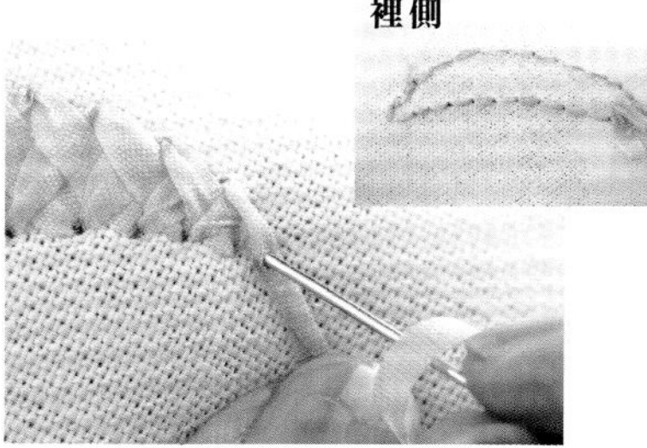
裡側

8 收針時也一樣要扭轉緞帶，再將針穿入緞帶中。

Flat Stitches 5

輪廓繡

Outline stitch

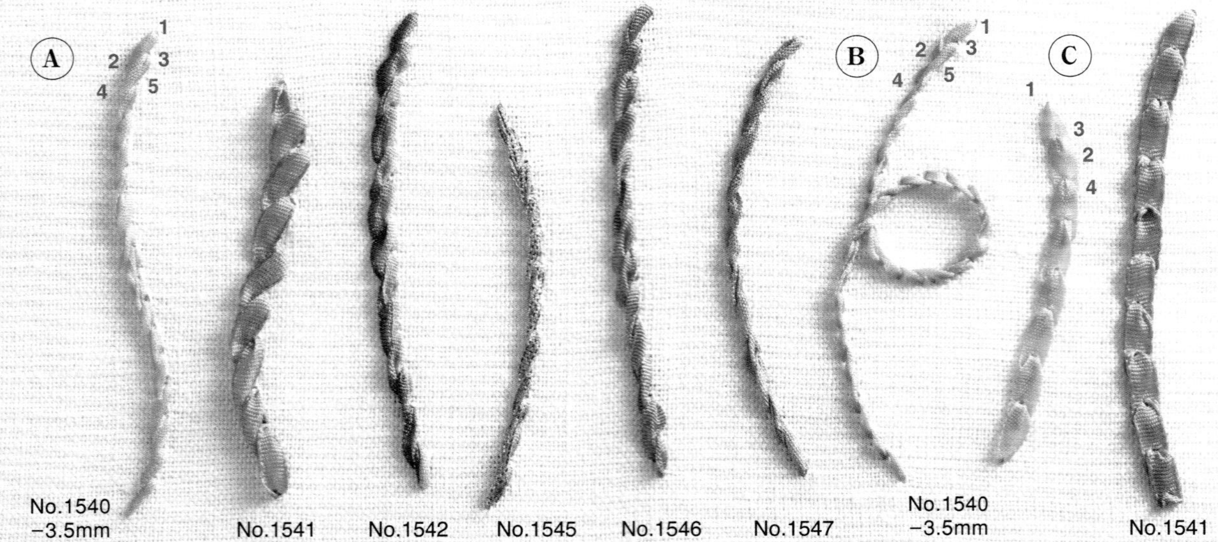
A
1
2
3
4
5
No.1540
-3.5mm
No.1541
No.1542
No.1545
No.1546
No.1547
B
1
2
3
4
5
No.1540
-3.5mm
C
1
3
2
4
No.1541

※此為原寸刺繡圖案

A

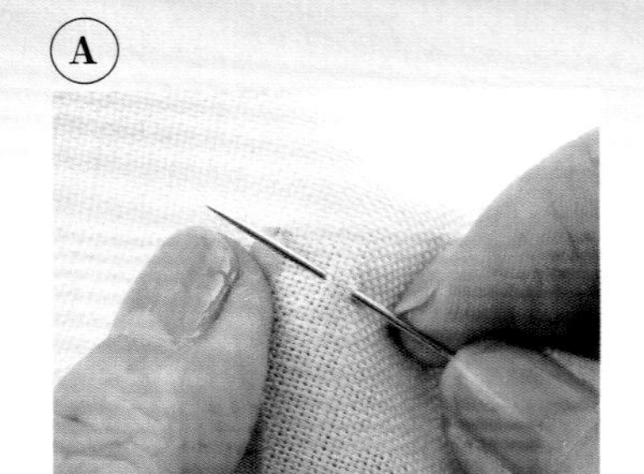

1 將針從1穿出後，穿入2，再從3穿出。

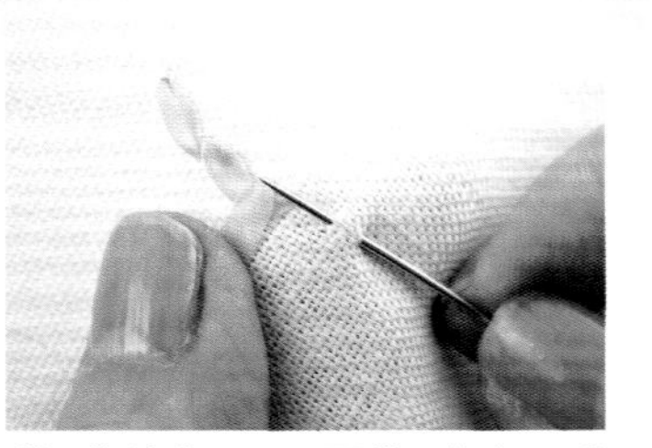

2 將針穿入4，再從5穿出，重覆進行刺繡。一邊對齊線條長度，一邊調整針距長度。

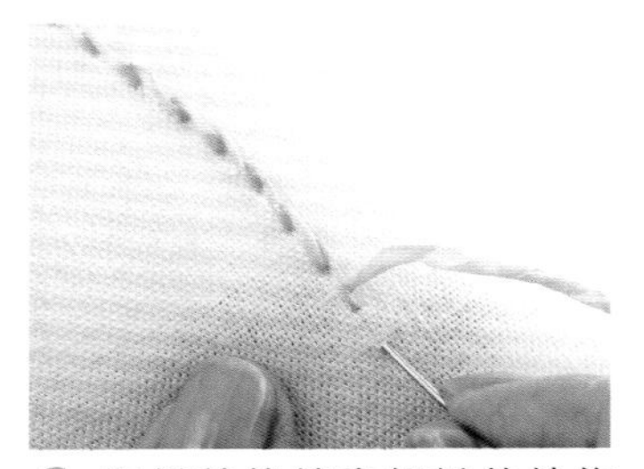

3 這樣就能繡出細緻的線條了！

B

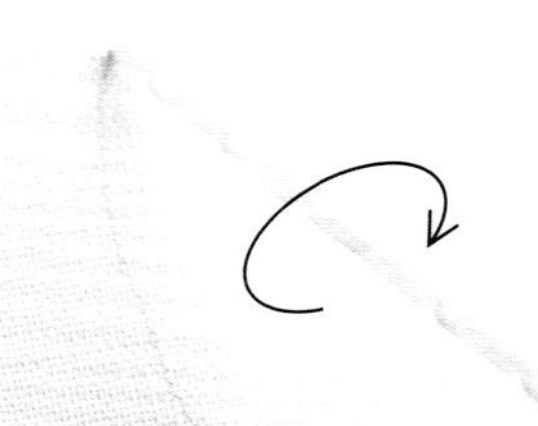

1 將針從1穿出，轉動刺繡針並扭轉緞帶。接著將針穿入2，再從3穿出。

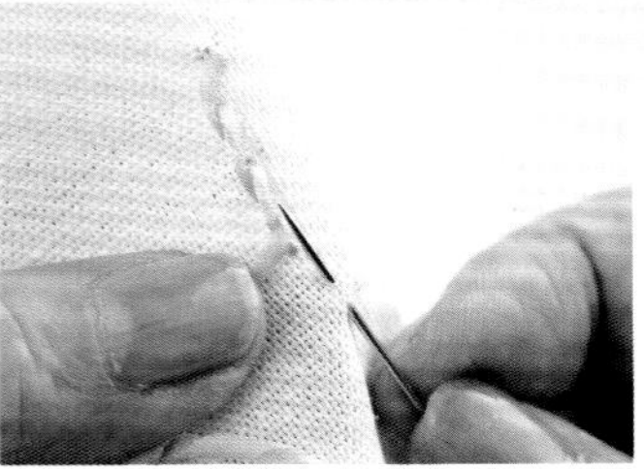

2 將針穿入4，再從5穿出，如此重覆進行刺繡。

C

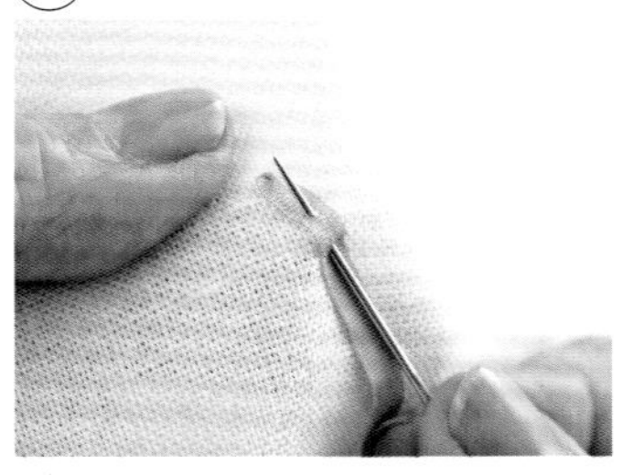

1 將針從1穿出，從緞帶上方穿入2後，再從3穿出。

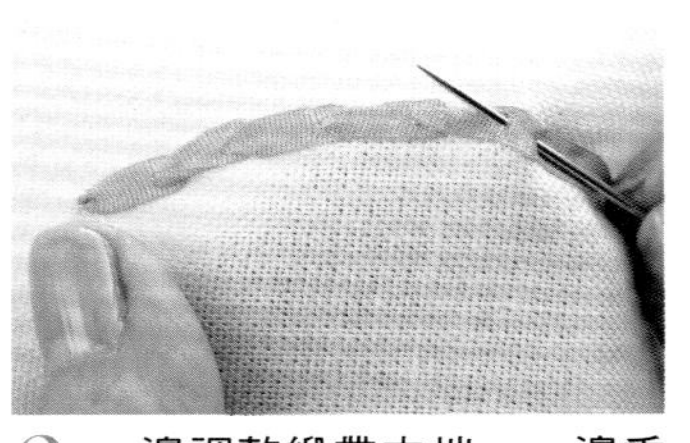

2 一邊調整緞帶末端，一邊重覆進行。

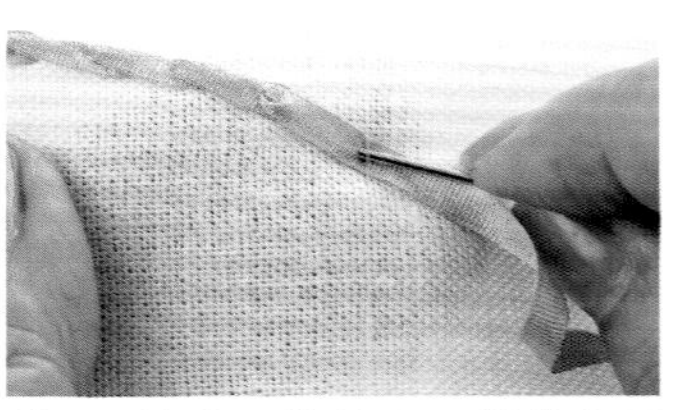

3 收針時，將針穿入緞帶中固定。

Flat Stitches 6

籃網繡

Basket stitch

1 4 5
6
3
2
5
4
1
2 3 6
No.1540
-3.5mm
No.1541
No.1542
No.1541
No.1546
No.4599
-7mm
No.1544
No.1547
No.1542
No.1548

※此為原寸刺繡圖案

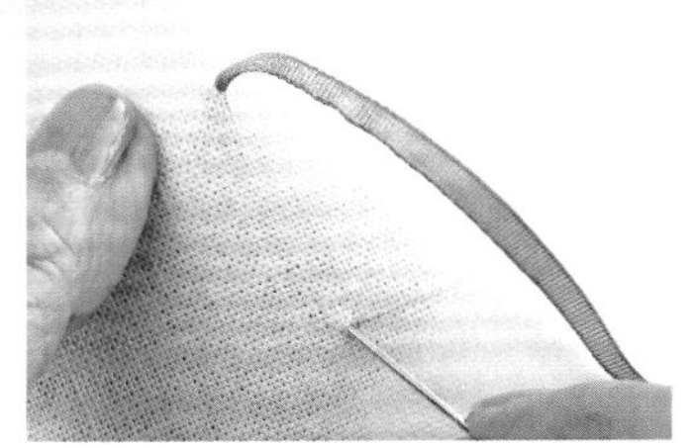

1 首先，進行縱向緞帶繡。將針從1穿出後，再從2穿入。

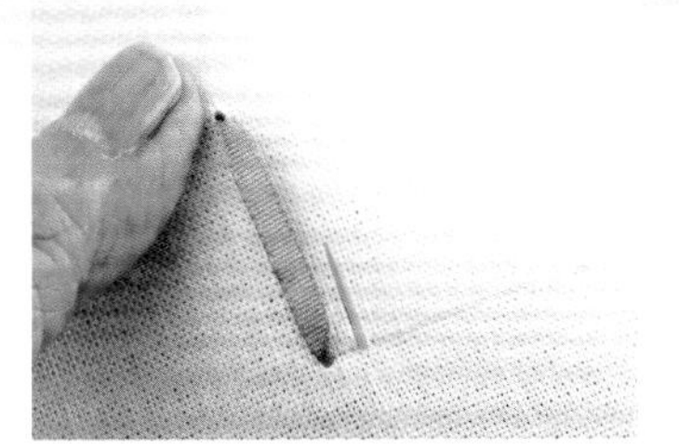

2 將針從2旁邊的3穿出後，再從4穿入。

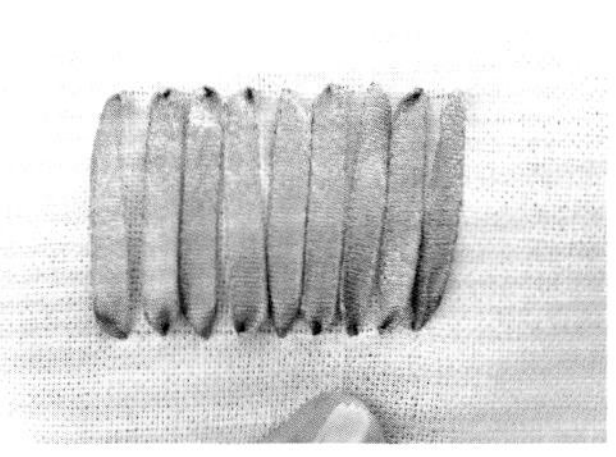

3 重覆步驟1至4，縱向緞帶便刺繡完成。

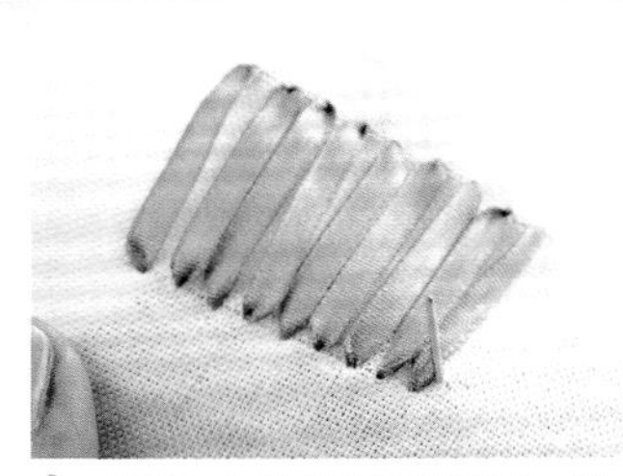

4 接著，進行橫向緞帶繡。換成末端圓潤的針（編織用），從右側緞帶的末端出針。

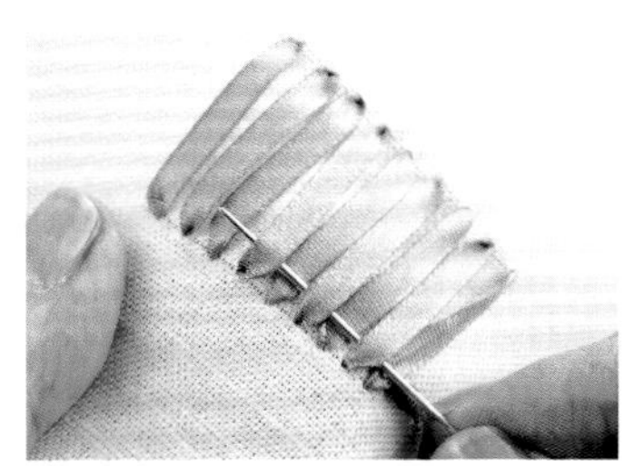

5 將緞帶一條一條地交互勾織。

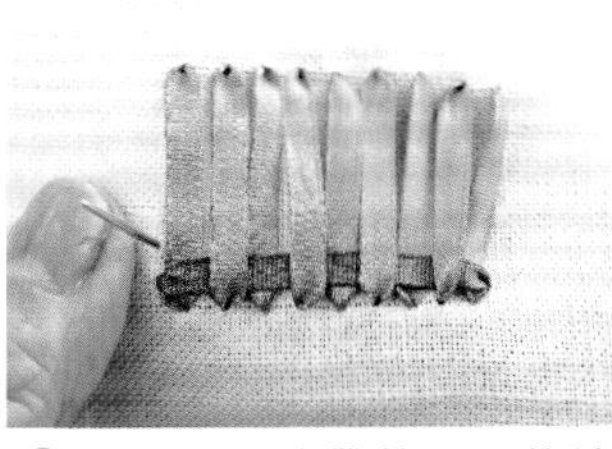

6 將扭曲的緞帶整平，將針穿入2後，再從3穿出。

7 如此交互穿針，使緞帶呈現格狀，收針時再將針穿入布面。

如果沒有末端圓形的針…

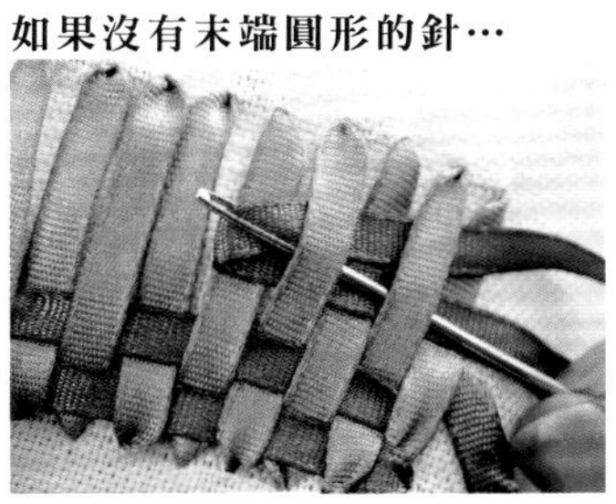

8 以末端圓潤的針來勾織緞帶是最好的，但若沒有這樣的針，以一般針的針孔末端進行亦可。

Flat Stitches 7

魚骨繡A

Fishbone stitch A

1
3
5
6
4
2
No.1540
–3.5mm
No.1540
–7mm
No.1541
No.1542
No.1546
No.1547
No.1544
No.1548
No.1545
No.1547

※此為原寸刺繡圖案

＊成品較魚骨繡B平坦。

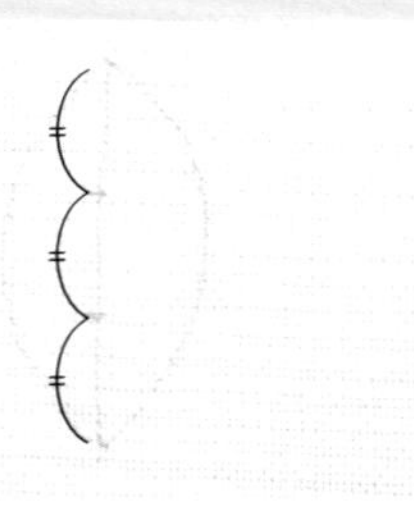

1 葉片圖案描繪完成後，為了刺繡角度準確，在中央線上作三等分的記號。

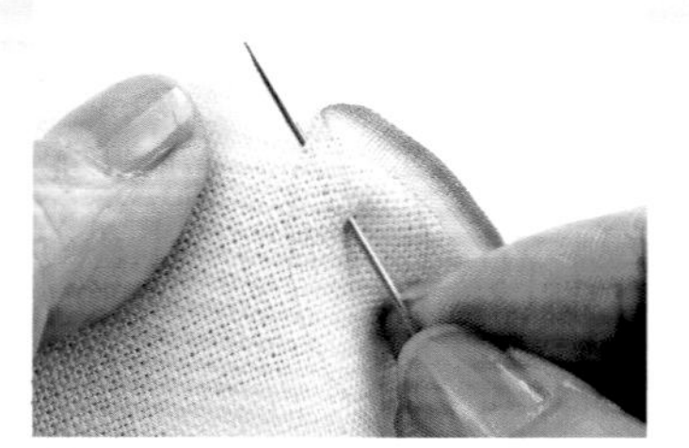

2 將針從**1**穿出並穿入**2**（中央線的1/3位置），從**3**穿出。

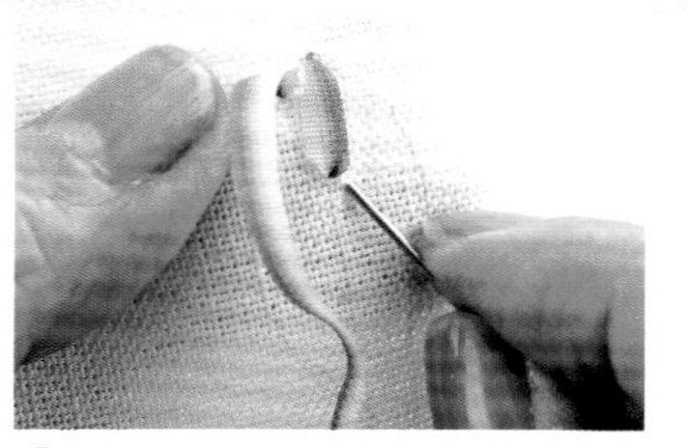

3 將針穿入**4**（距離中線右方約1mm處）。

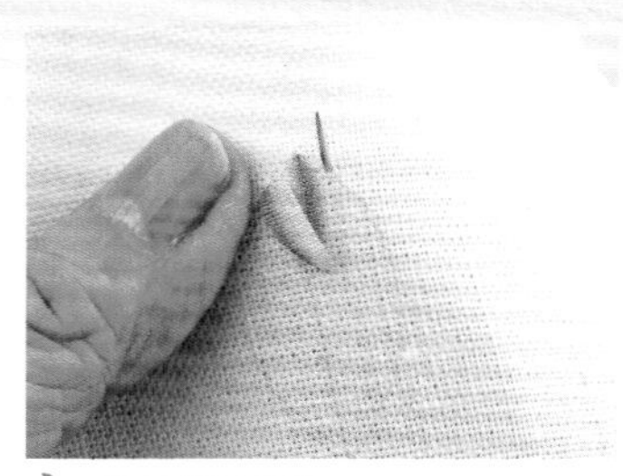

4 將針從**5**穿出，

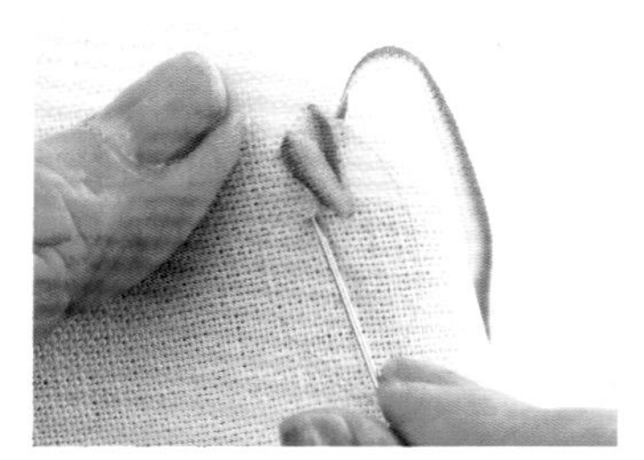

5 再穿入**6**（距離中線左方約1mm處）。

6 一邊注意漸層色緞帶的方向，一邊重覆步驟**3**至**6**，但進行到一個階段後，將針穿入緞帶，一邊固定一邊進行刺繡，可使成品更加美觀。

7 收針時，將針穿入緞帶中。

裡側

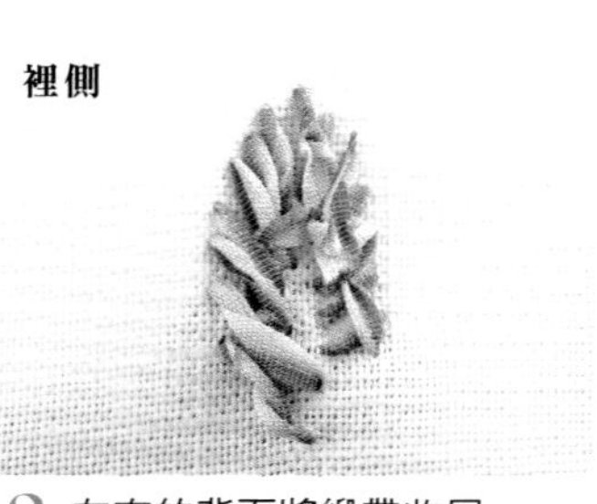

8 在布的背面將緞帶收尾。

Flat Stitches 8

魚骨繡B

Fishbone stitch B

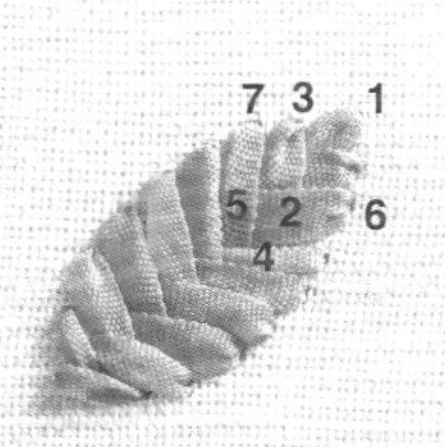
7 3 1
5 2 6
4

No.1540
-3.5mm

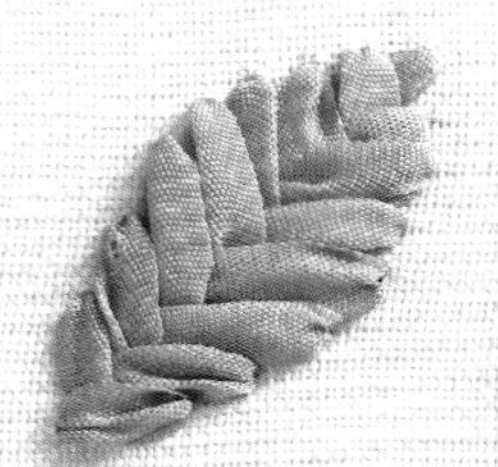

No.1540
-7mm

No.1541

No.1542

No.1545

No.1540-3.5mm

No.1546

No.1547

※此為原寸刺繡圖案

＊成品較魚骨繡A蓬鬆凸出。

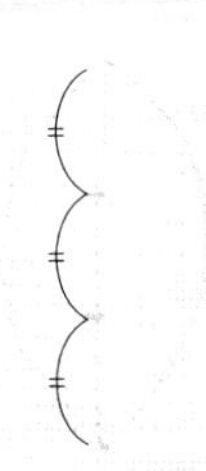

1 葉片圖案描繪完成後，為了刺繡角度準確，在中央線上作三等分的記號。

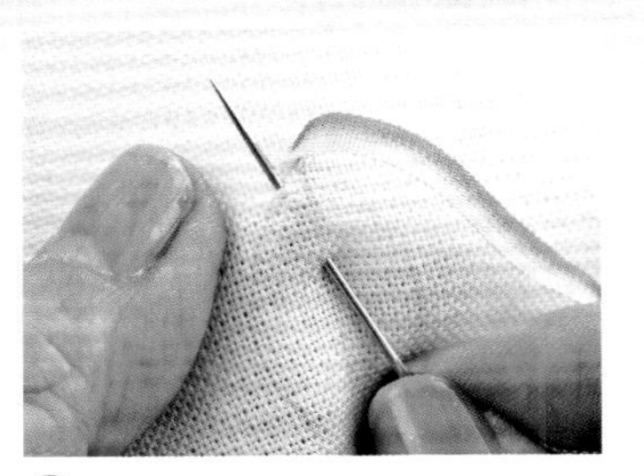

2 將針從**1**穿出、並穿入**2**（中央線的1/3位置），從3穿出。

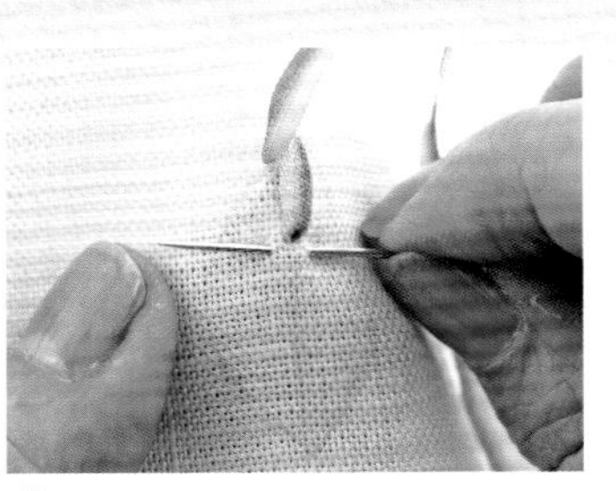

3 將針穿入**4**（距離中線右方約1mm處），再橫向勾織，將針從**5**穿出。

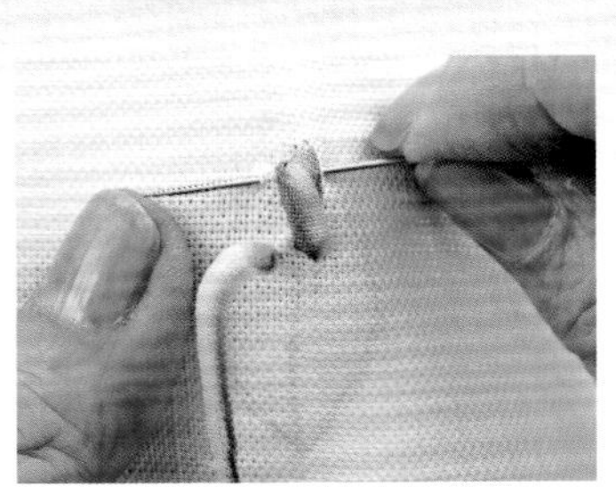

4 將針從**6**穿入並從**7**穿出。

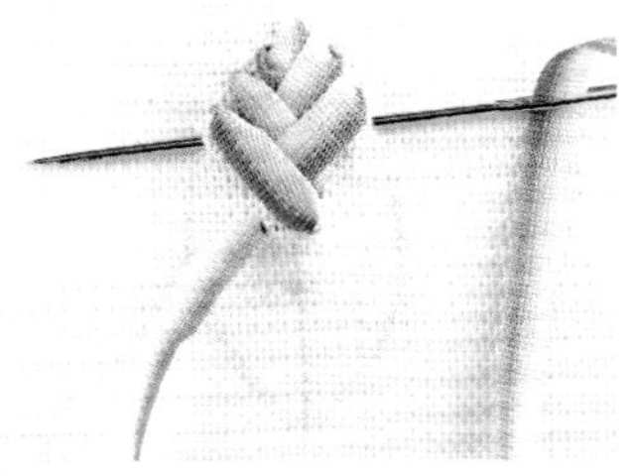

5 以針挑勾**4**&**5**，再將針從**6**&**7**穿出。

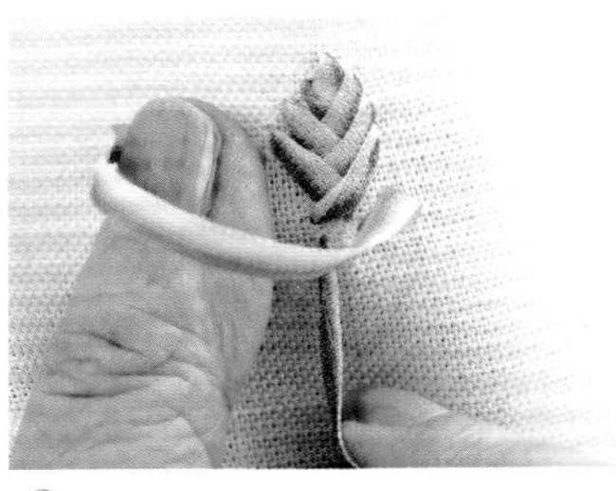

6 一邊注意漸層色緞帶的方向，一邊拉動緞帶，加以調整。

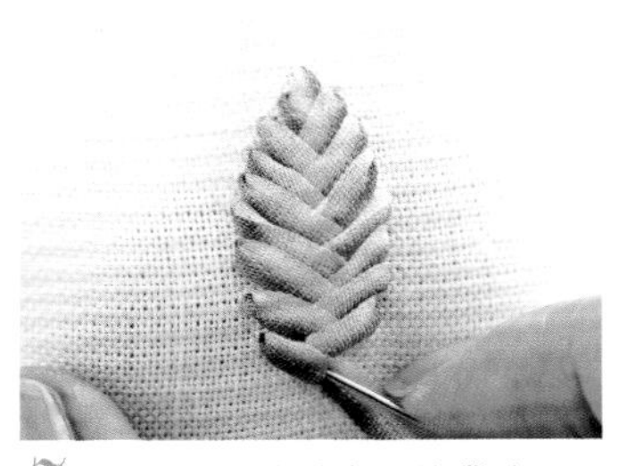

7 收針時，將針穿入緞帶中。

8 在布的背面將緞帶收尾。與魚骨繡A相較，此針法有更多緞帶疊合，因此能夠呈現較佳的立體感。

Chained Stitches & Looped Stitches

鎖鍊繡&環狀繡

材料

刺繡緞帶

（No.1540−3.5mm）col.035　col.095　col.163　col.175　col.357　col.364　col.366

（No.1540−7mm）col.163　col.034

（No.1541）col.015

（No.1542）col.4　col.14

※此為原寸刺繡圖案

Chained Stitches & Looped

鎖鍊繡&環狀繡

兩種都是將緞帶掛在針尖上進行刺繡的針法，
無論從左邊或右邊開始掛針均可。
依針法不同，其刺繡行進方向無論從上、下、左、右均可。
為了呈現形狀美麗的緞帶環，沒有持針的那隻手就一邊壓著緞帶一邊進行刺繡吧！

玫瑰形鎖鍊繡
1541（015）
扭轉雛菊繡
1540−3.5mm
（357）
葉形繡
1540−3.5mm
（163）
雛菊繡
1542（4）
飛行繡
1540−3.5mm（357）
克里特繡
1540−3.5mm
（035）
1540−3.5mm
（366）
扭轉鎖鍊繡
1540−3.5mm（364）
雛菊繡
1540−7mm（163）
1540−3.5mm
（163）
雙重飛行繡
1541（015）
羽毛繡
1542（14）
克里特繡
1540−3.5mm
（095）
雛菊繡
1542（4）
1540−3.5mm
（163）
1540−3.5mm
（175）
1542（4）
1540−3.5mm
（163）
1540−3.5mm
（175）
1540−3.5mm
（163）
1540−3.5mm
（364）
1540−3.5mm
（364）
扭轉雛菊繡
1540−3.5mm
（035）
1540−3.5mm
（035）
1542
（4）
葉形繡
1540−3.5mm
（175）
1540−3.5mm
（364）
毛邊繡
1540−3.5mm
（357）
1540−3.5mm
（357）
扭轉鎖鍊繡
1540−3.5mm
（366）
1540−7mm
（034）
扭轉鎖鍊繡
1540−3.5mm（175）
1540−7mm
（035）
1540−7mm
（163）
扭轉雛菊繡
1542（14）

（　）內為緞帶色號

抱枕

運用扭轉鎖鍊繡針法，在麻質布面繡上格子，
格子中配置三種花朵圖樣。
本章的針法，都是將緞帶掛針後進行刺繡。

作法 P.88

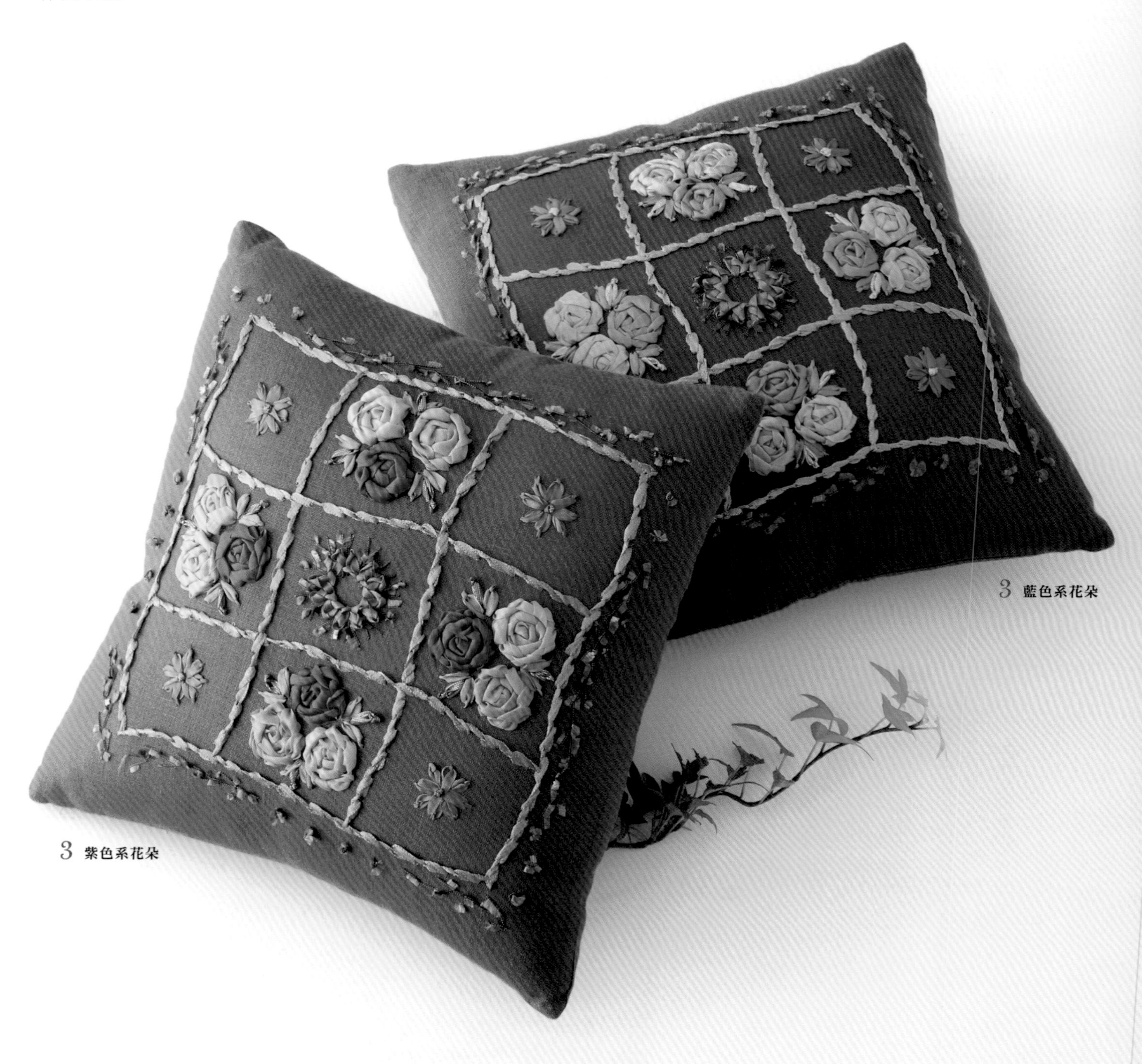

3 藍色系花朵

3 紫色系花朵

Chained Stitches & Looped Stitches 9
鎖鍊繡
Chain stitch
No.1540–3.5mm
No.1540–7mm
No.1541
No.1542
No.1542
No.1545
No.1546
No.1547

※此為原寸刺繡圖案

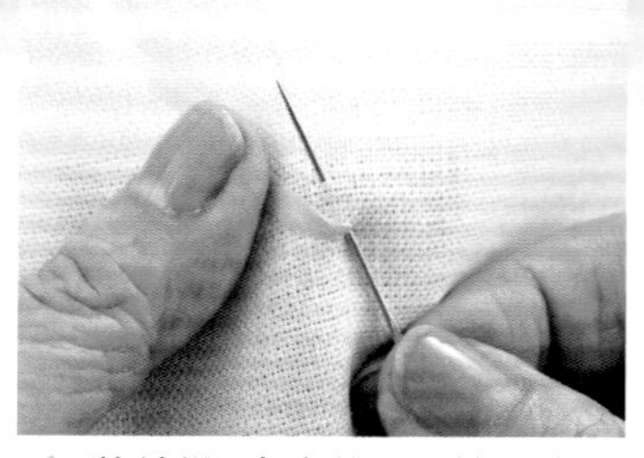

1 將針從1穿出後，一邊以左手按壓緞帶，一邊穿入2，再從3穿出。

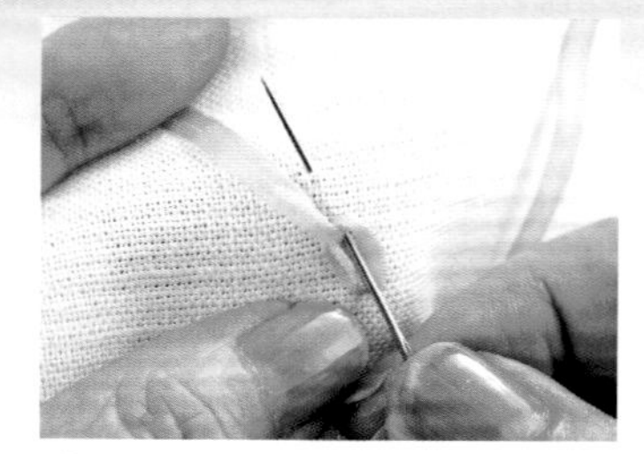

2 緩慢拉動緞帶，繞成環狀後，再將針穿入3旁邊的4中。

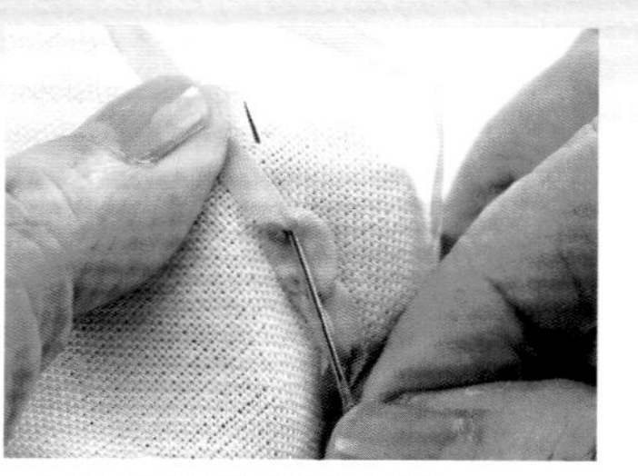

3 以相同要領進行刺繡。

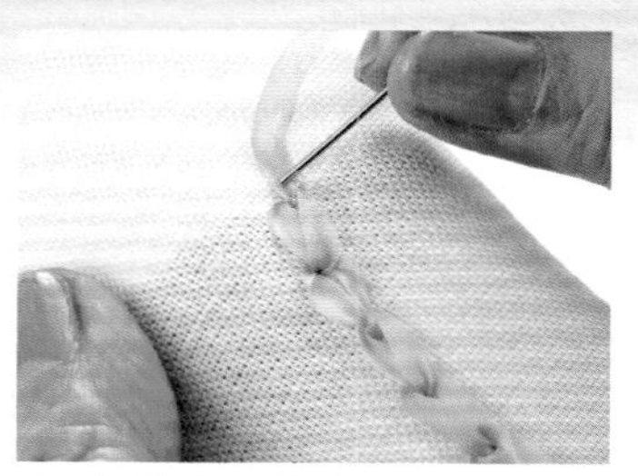

4 收針時，將針從3的位置穿出，再從緞帶上方穿入，加以固定。

緞帶鎖鍊繡

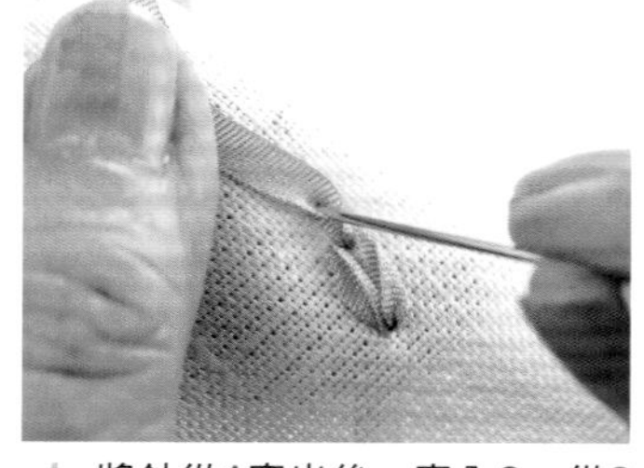

1 將針從1穿出後，穿入2，從3穿出，再將緞帶掛針，緩慢拉動並繞成環狀後，再將針從緞帶上方穿入4（距離3的位置上方3mm左右處）。

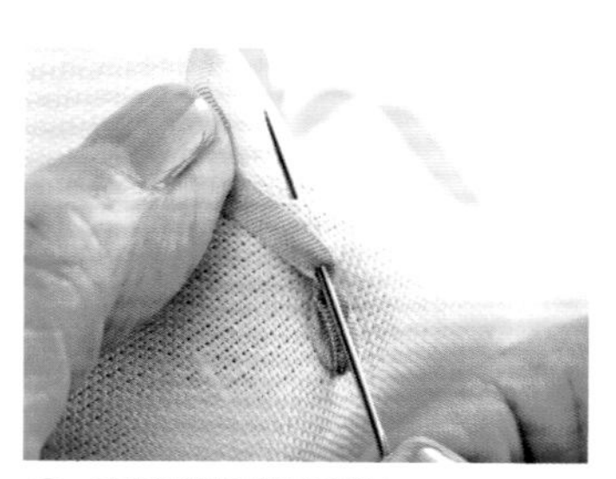

2 直接將針從5穿出。

3 以相同要領進行刺繡。

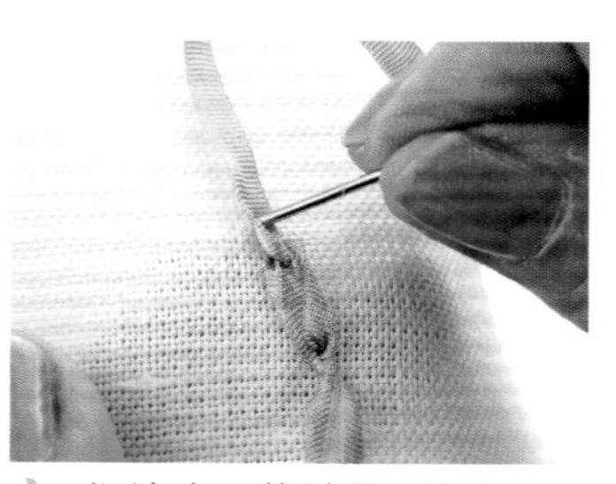

4 收針時，將針從3的位置穿出，再從緞帶上方穿入，加以固定。

Chained Stitches & Looped Stitches 10

扭轉鎖鍊繡

Twisted chain stitch

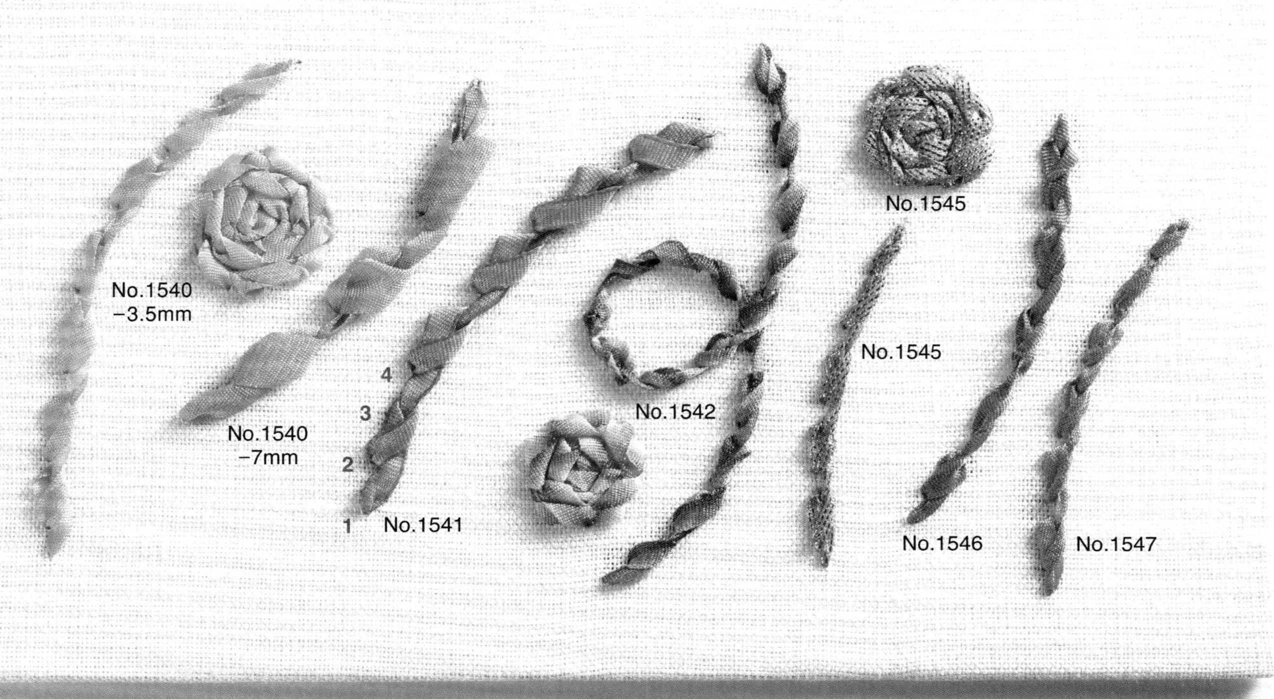
No.1540
−3.5mm
No.1540
−7mm
4
3
2
1
No.1541
No.1542
No.1545
No.1545
No.1546
No.1547

※此為原寸刺繡圖案

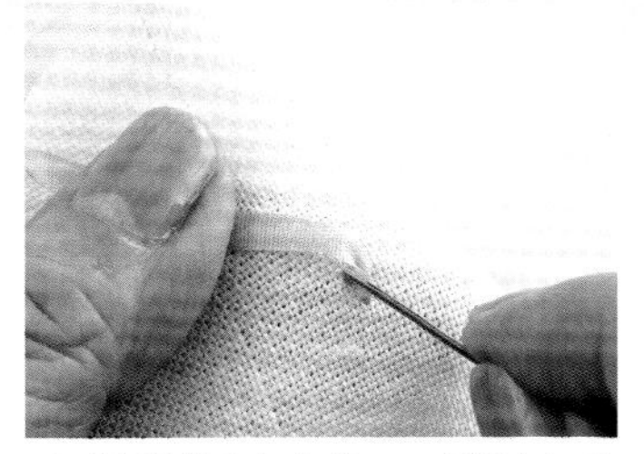

1 將針從1穿出後，一邊以左手按壓緞帶，一邊穿入2（圖案線上）。

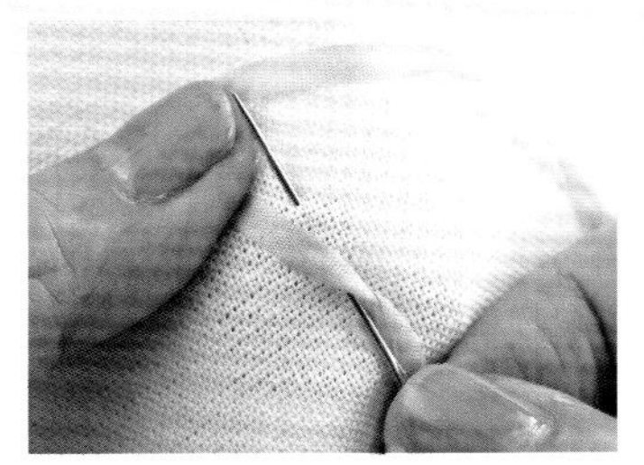

2 將針從3穿出（圖案線上）。

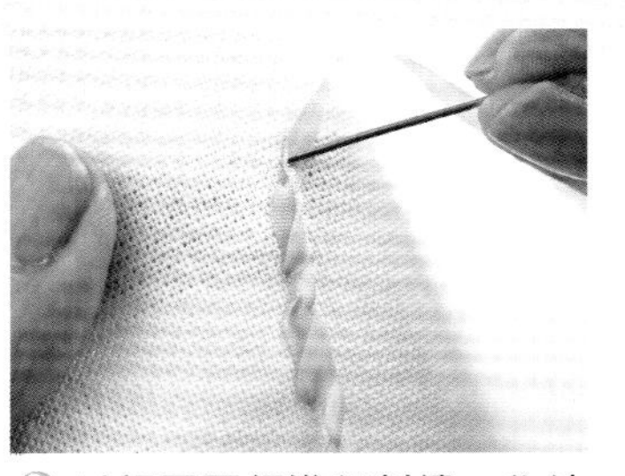

3 以相同要領進行刺繡，收針時，將針從3的位置穿出，再從緞帶上方穿入，加以固定。

進行花朵刺繡時

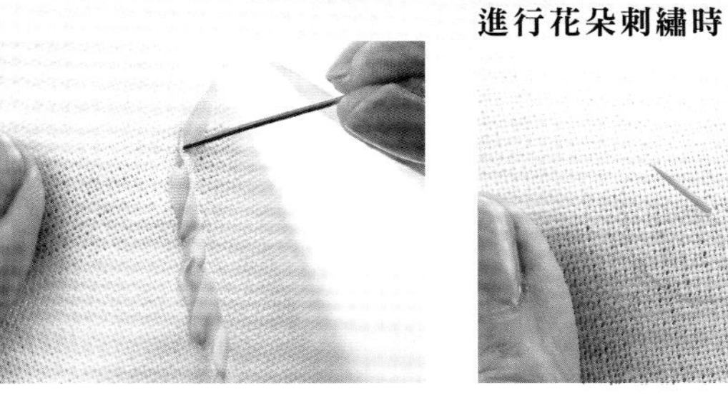

1 首先，將針從花朵輪廓線的中心點穿出。

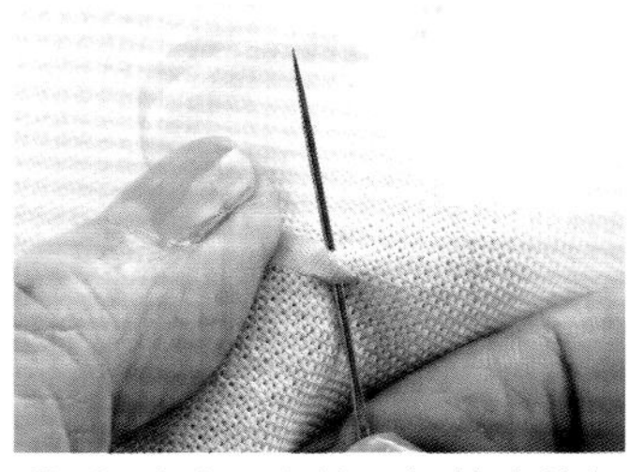

2 起針時，先繡一個較小的扭轉鎖鍊繡。

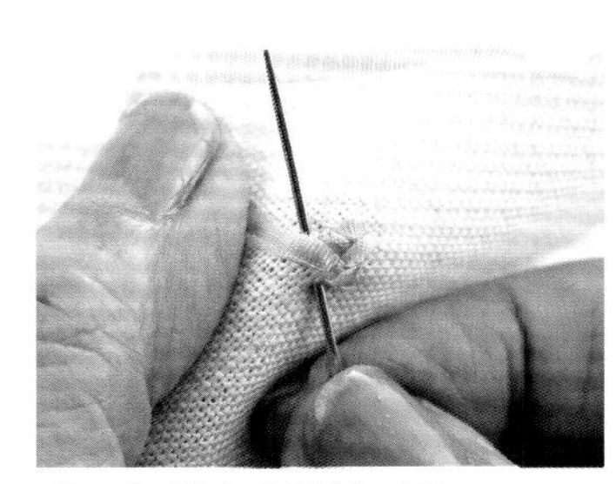

3 以3針左右繞繡一圈。

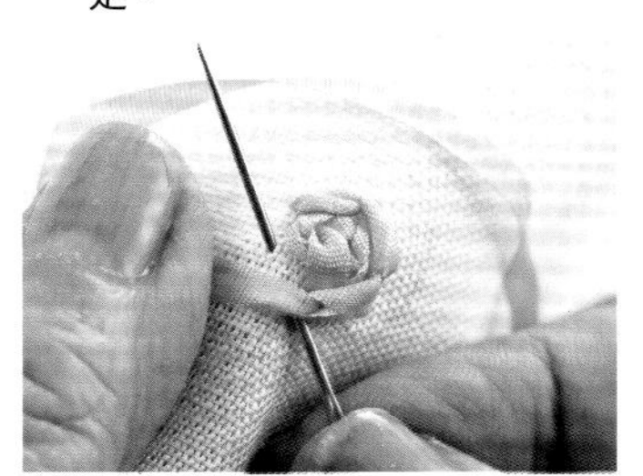

4 接著往外繞繡，一點一點地加大針目，過程中讓緞帶自然地扭轉，繼續往下進行。

5 收針時，將針目藏在緞帶底下不醒目之處即完成。

Chained Stitches & Looped Stitches 11

玫瑰形鎖鍊繡

Rosette chain stitch

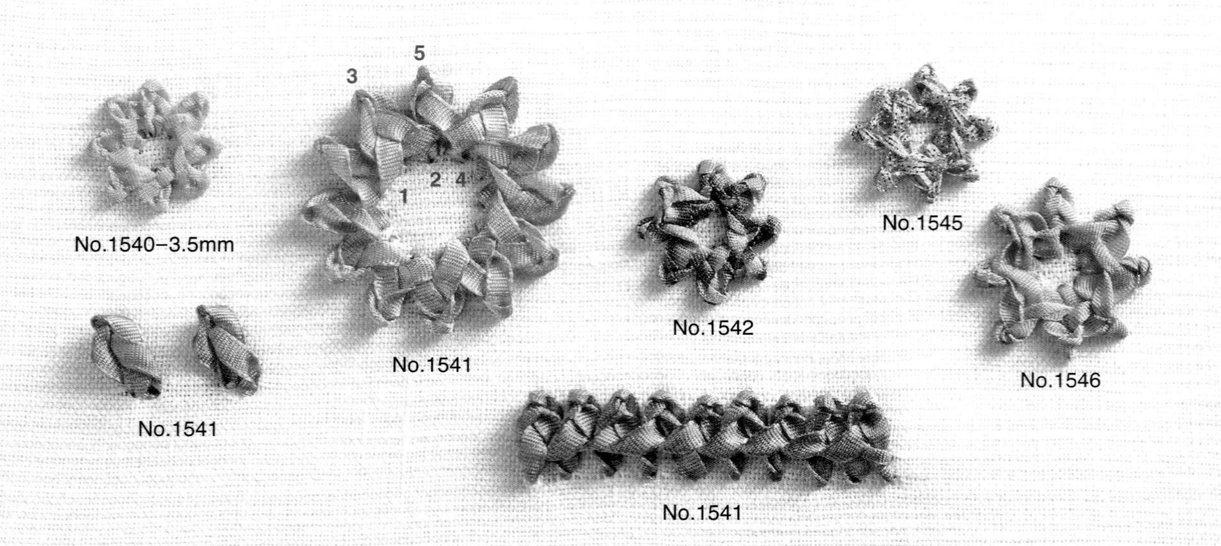

3
5
2
4
1
No.1540–3.5mm
No.1541
No.1541
No.1542
No.1545
No.1546
No.1541

※此為原寸刺繡圖案

1 進行圓形圖案刺繡時，先在外圓和內圓上作好分割記號，且記號數量必需為偶數。

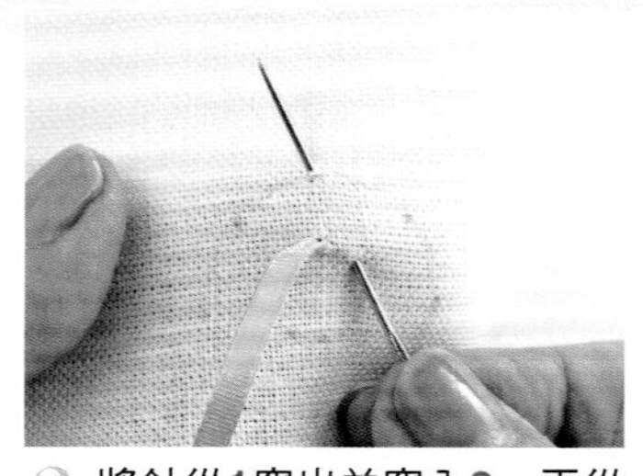
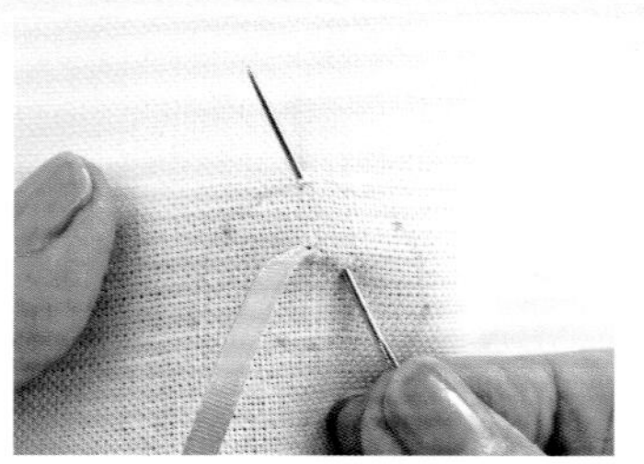

2 將針從**1**穿出並穿入**2**，再從**3**穿出。

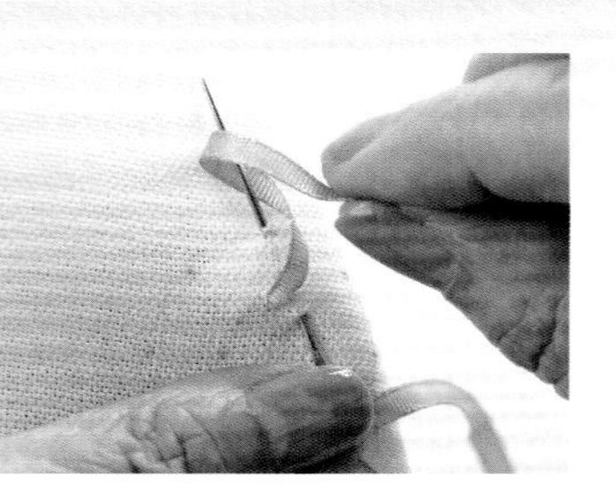

3 將緞帶從右側繞掛在針上。

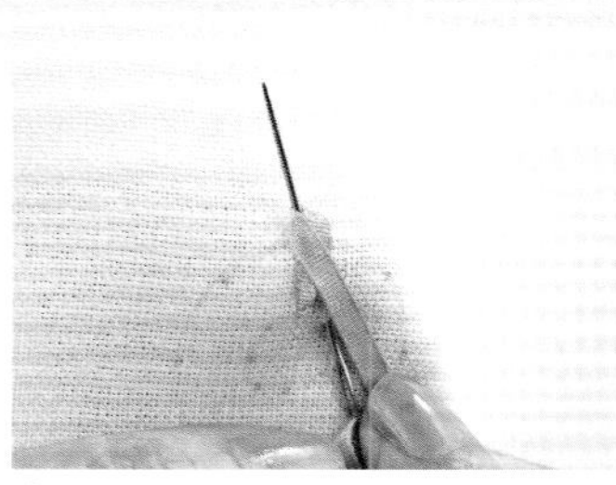

4 一邊按壓緞帶，一邊將針抽出。

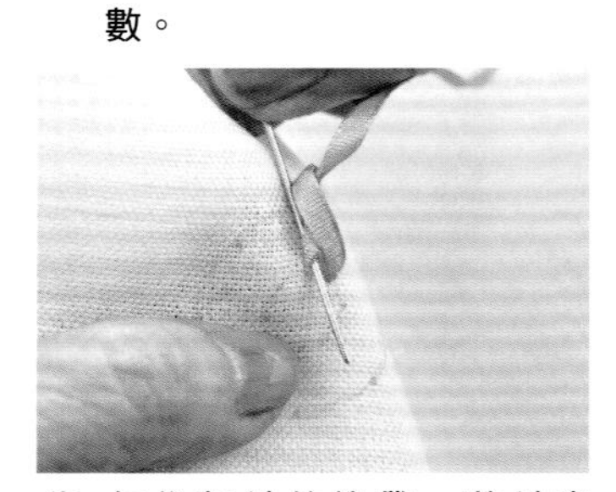

5 勾住起針的緞帶，將針穿入。

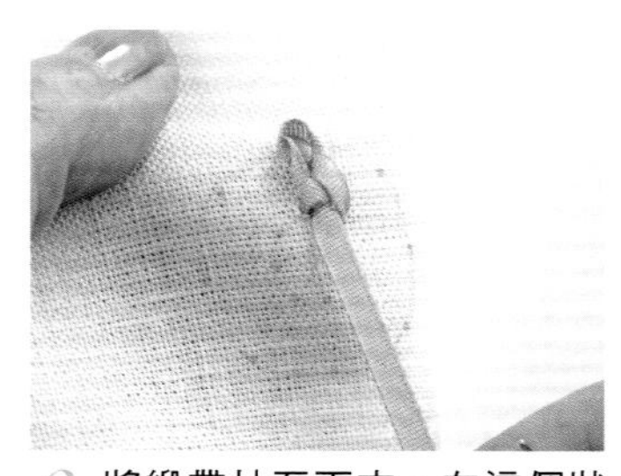

6 將緞帶拉至下方。在這個狀態下，將針穿入布的背面，就能形成一個宛如花朵蓓蕾般的針法。

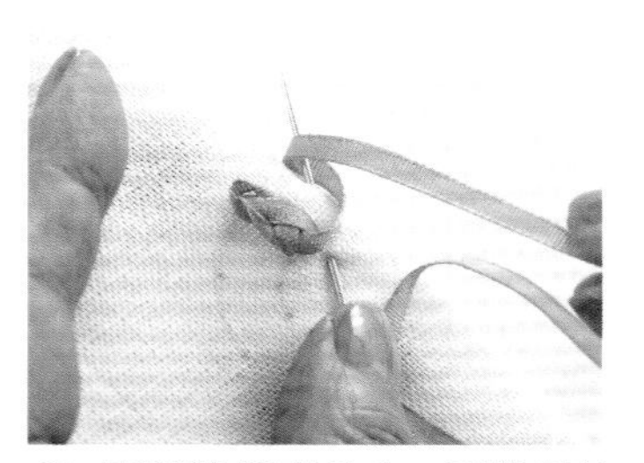

7 接著將針穿入**4**，再從**5**穿出。

8 繞繡一圈後，將針穿入**1**的下方即完成。

Chained Stitches & Looped Stitches 12

扭轉雛菊繡&種子繡

Twisted lazy daisy stitch & seed stitch

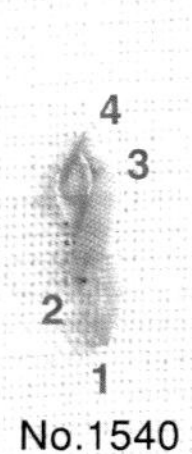
4
3
2
1
No.1540
-3.5mm

No.1540
-7mm

No.1541

No.1542

No.1545

No.1546

No.1547

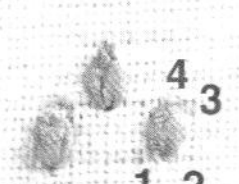
4
3
1 2
No.1540
-3.5mm

No.1541

No.1542

No.1545

No.1546

No.1547

※此為原寸刺繡圖案

扭轉雛菊繡

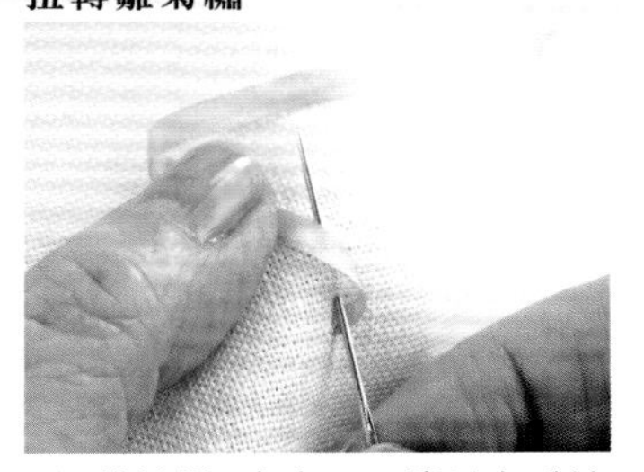

1 將針從1穿出，一邊以左手按壓緞帶，一邊穿入2（圖案線上），再從3（圖案線上）穿出。

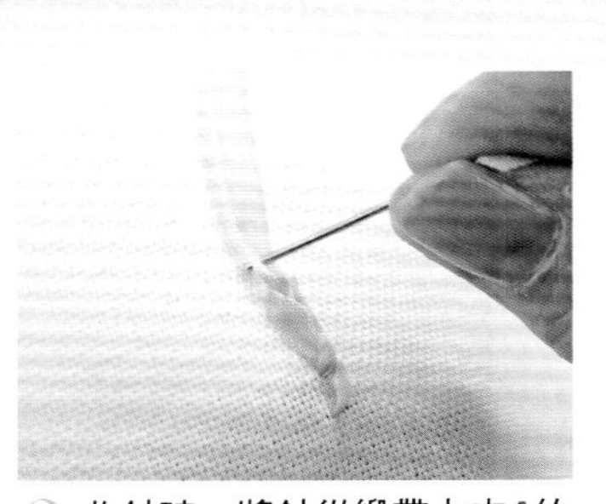

2 收針時，將針從緞帶上方4的位置穿入，加以固定。

使用寬版緞帶時

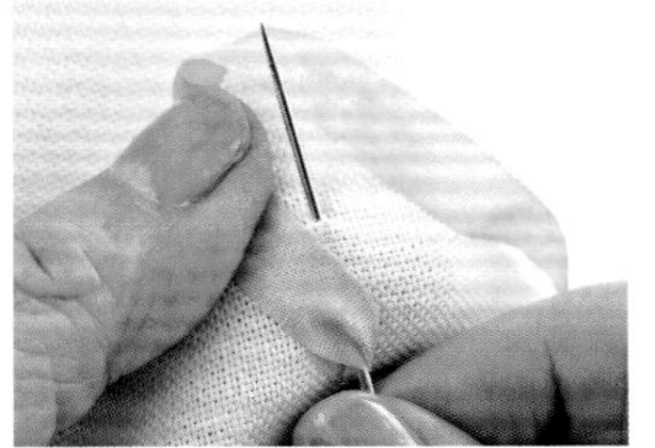

1 若緞帶較寬，亦可運用相同要領進行刺繡。

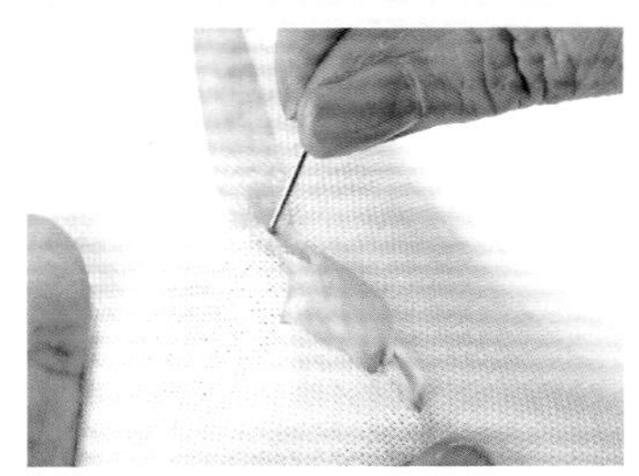

2 收針時，將針從緞帶上方4的位置穿入，加以固定。

種子繡

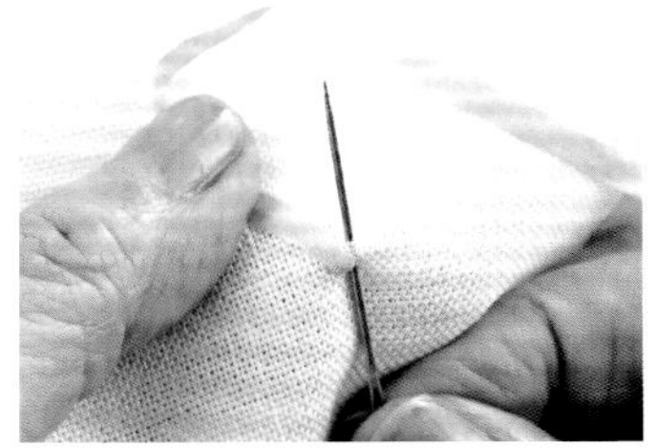

1 將針從1穿出，一邊以左手按壓緞帶，一邊穿入2（圖案線上）。

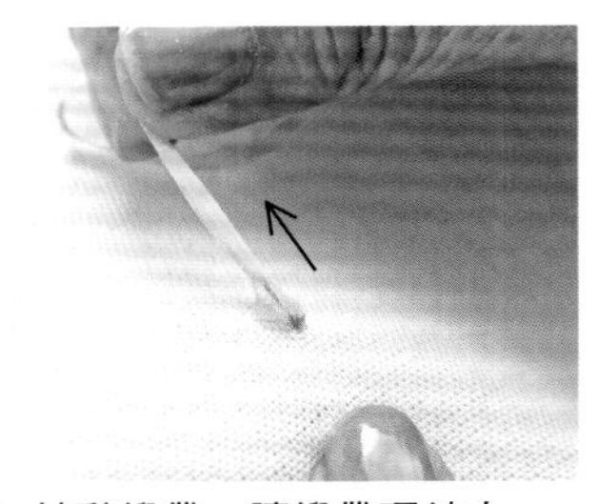

2 拉動緞帶，讓緞帶環縮小。

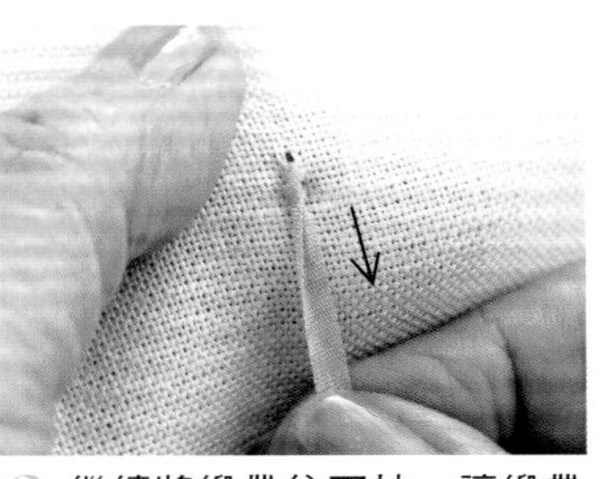

3 繼續將緞帶往下拉，讓緞帶環縮小。

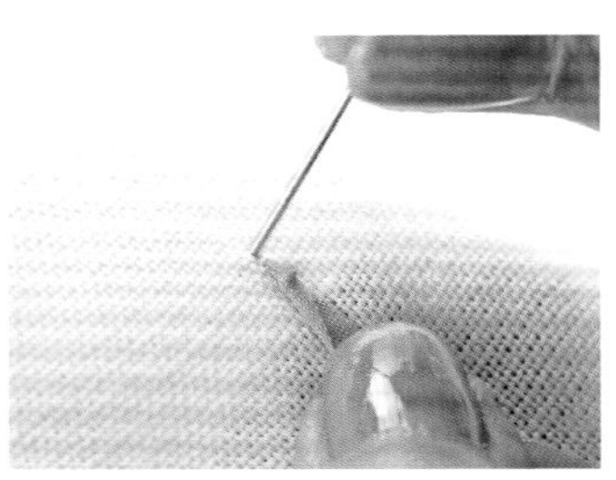

4 將針穿入4，加以固定。

Chained Stitches & Looped Stitches 13
雛菊繡
Lazy daisy stitch
4
3
1
2
No.1540
-3.5mm
No.1540
-7mm
No.1541
No.1542
No.1544
No.1548
No.1545
No.1546
No.1547
No.1547
No.1545
No.1541
No.1540
-3.5mm
1
3
4
2
No.1540
-7mm
No.1542
No.1546
No.4599
-7mm

※此為原寸刺繡圖案

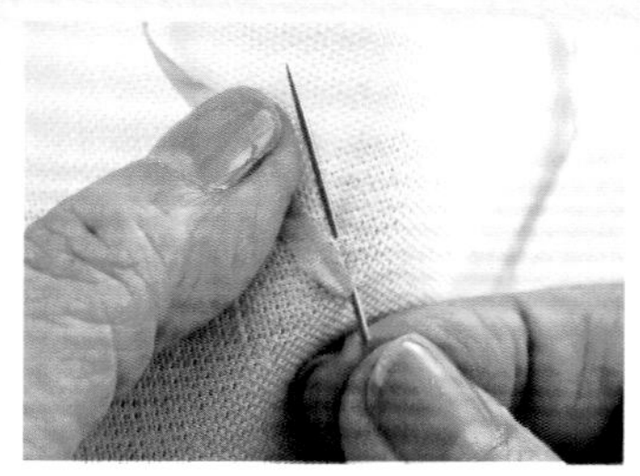

1 將針從1抽出，一邊以左手按壓緞帶，一邊穿入2，再從3穿出。

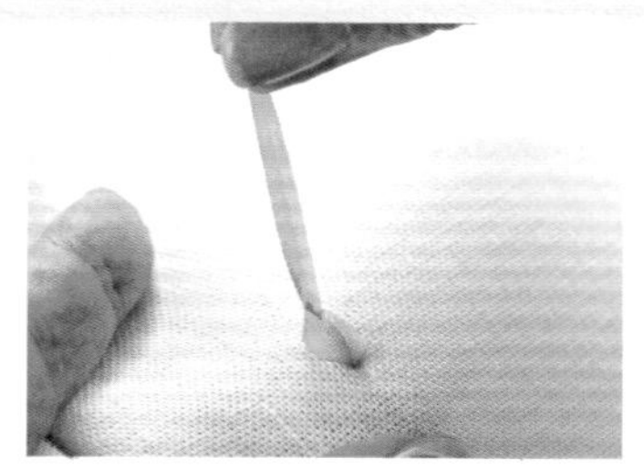

2 將緞帶掛針，緩慢拉動，作成環狀，再手持緞帶，一邊垂直搖動，一邊將緞帶環收緊。

3 調整緞帶環的形狀。

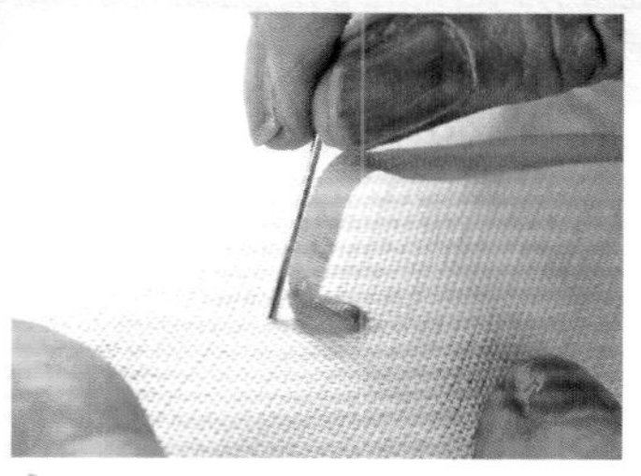

4 將針穿入**4**，加以固定。

使用寬版緞帶時

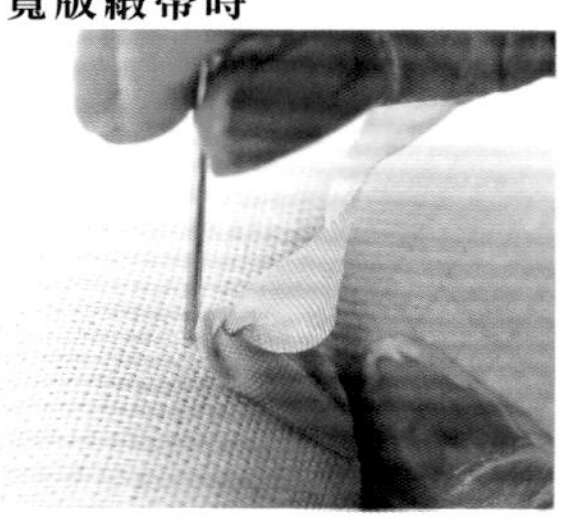

若緞帶較寬，亦可運用相同要領進行刺繡。

末端較長時

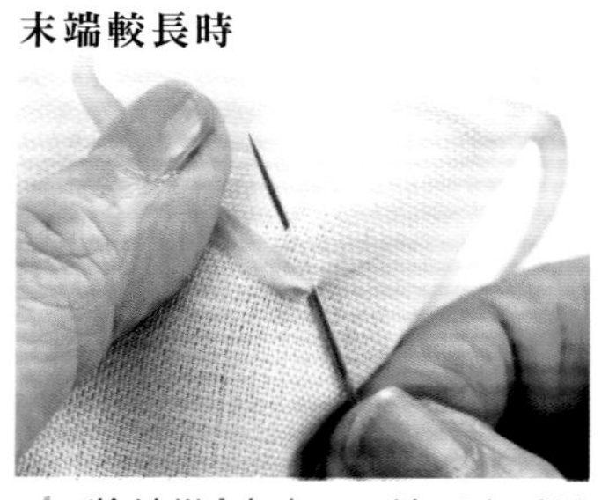

1 將針從**1**穿出，一邊以左手按壓緞帶，一邊穿入**2**（圖案線上），再從**3**穿出。

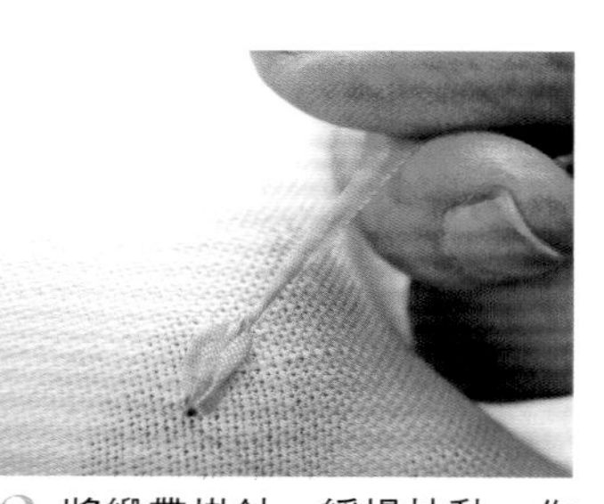

2 將緞帶掛針，緩慢拉動，作成環狀，再手持緞帶，一邊垂直搖動，一邊將緞帶環收緊，再調整緞帶環的形狀。

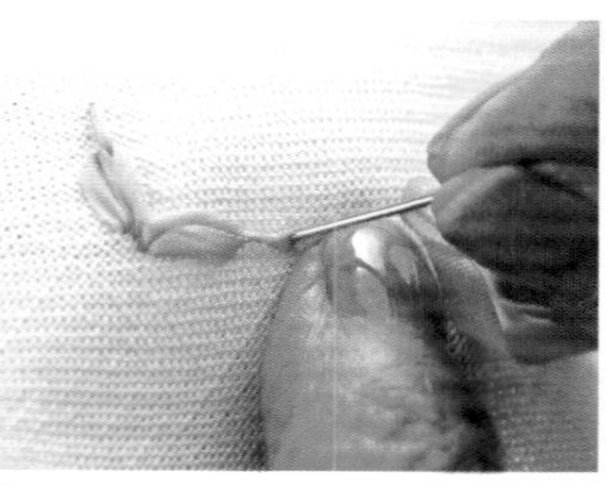

3 將針從緞帶上方繡入**4**加以固定，使針法更加穩固。

Chained Stitches & Looped Stitches 14

飛行繡&雙重飛行繡
Fly stitch & Double fly stitch

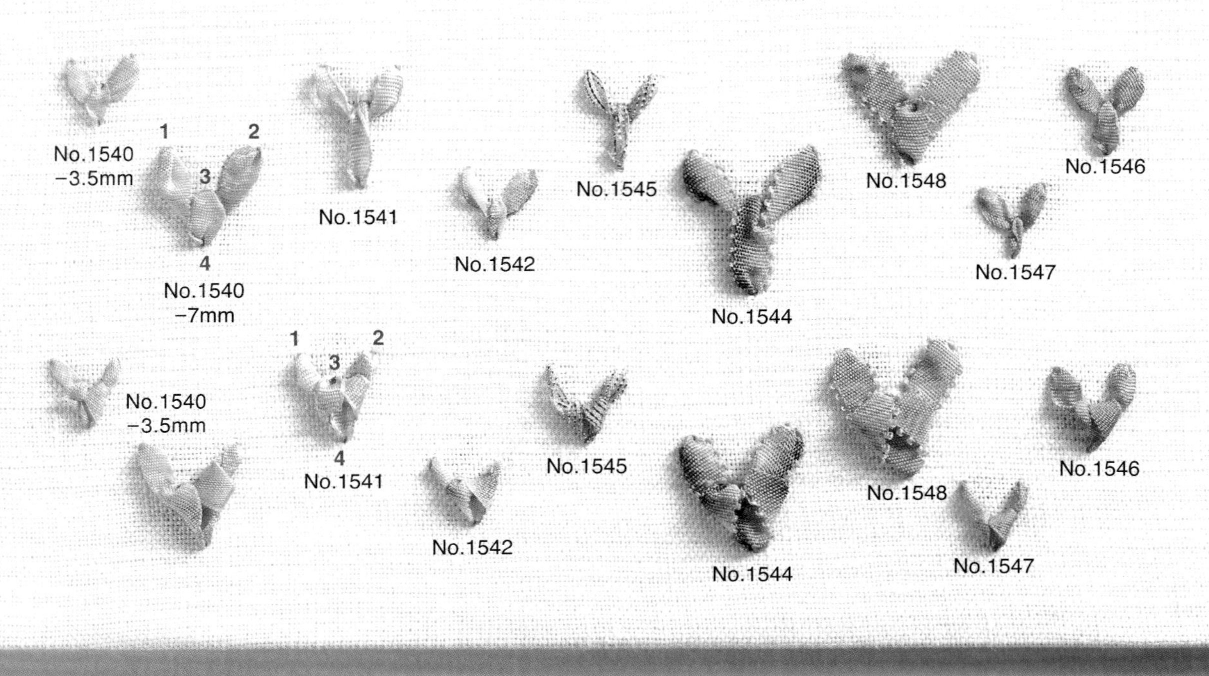

No.1540
-3.5mm
1
2
3
4
No.1540
-7mm
No.1541
No.1542
No.1545
No.1544
No.1548
No.1546
No.1547
No.1540
-3.5mm
1
2
3
4
No.1541
No.1542
No.1545
No.1544
No.1548
No.1546
No.1547

※此為原寸刺繡圖案

飛行繡

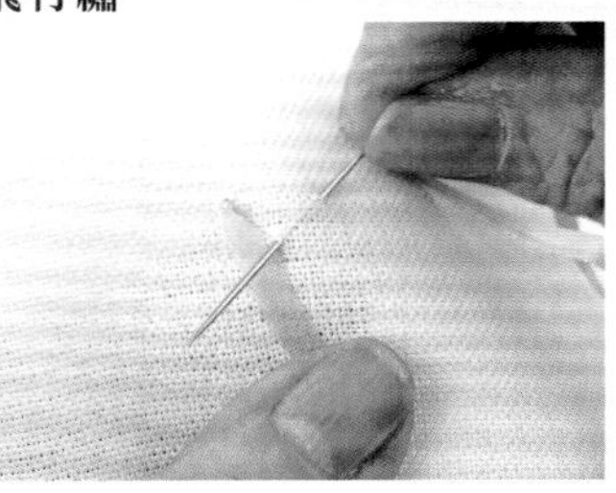

1 將針從**1**穿出，一邊以左手按壓緞帶，一邊穿入**2**，再從**3**穿出。

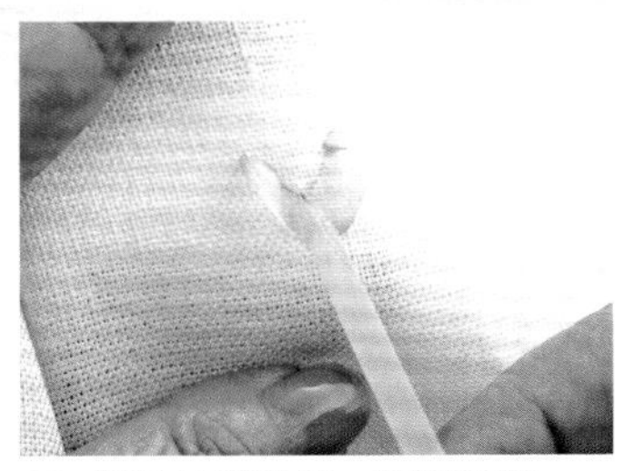

2 緩慢拉動緞帶，調整形狀。

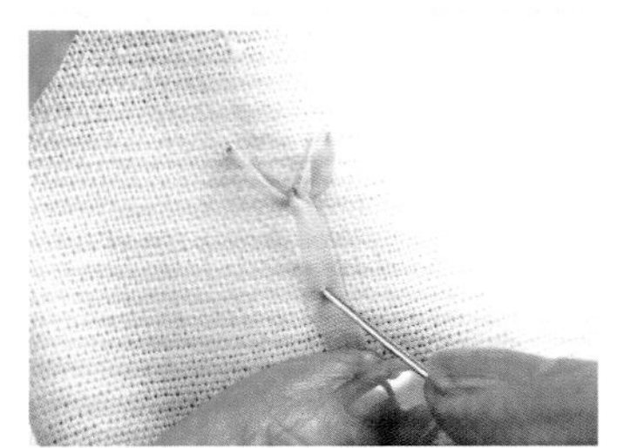

3 將針從緞帶上方穿入**4**，加以固定。

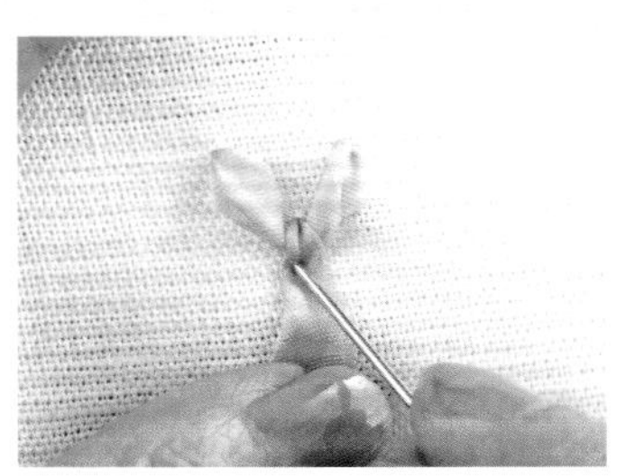

4 要固定的較短時，就如上圖般加以固定。

雙重飛行繡

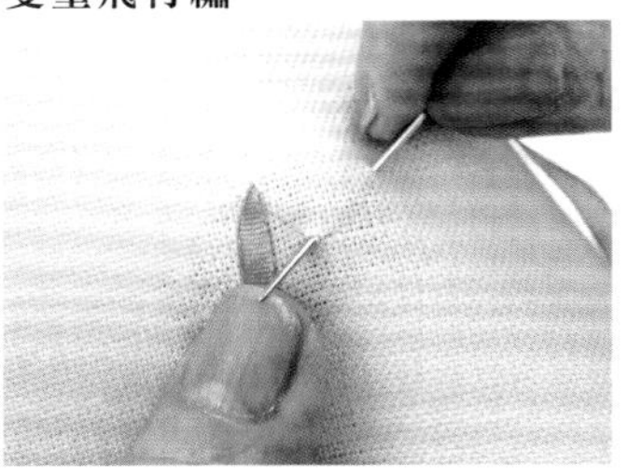

1 將針從**1**穿出，一邊以左手按壓緞帶，一邊穿入**2**，再從**3**穿出。

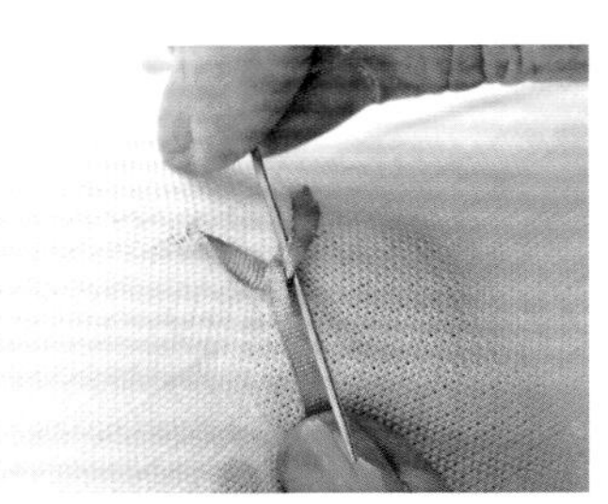

2 緩慢拉動緞帶，調整形狀，再將**3**旁邊的緞帶勾起，將針穿入。

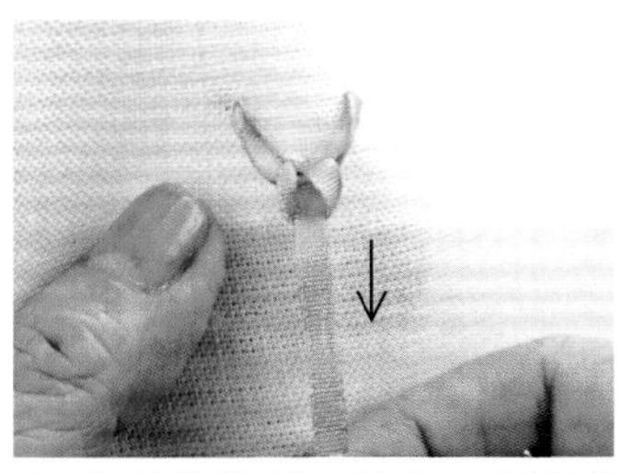

3 將緞帶往下方拉動，調整形狀。

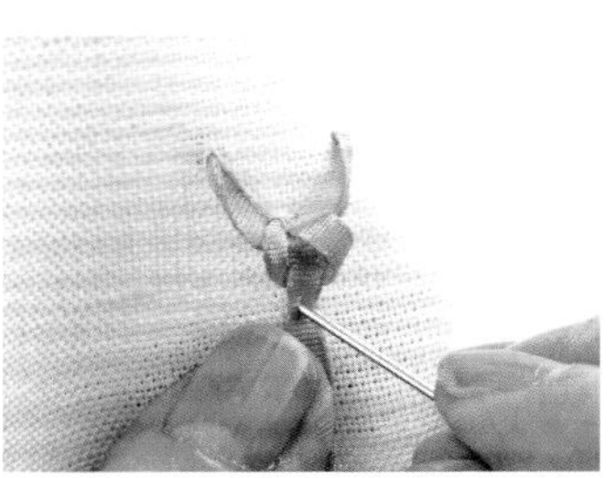

4 將針從緞帶上方繡入**4**，加以固定。

Chained Stitches & Looped Stitches 15
羽毛繡
Feather stitch
A
B
C
1
2
3
4
5
6
No.1540–3.5mm
No.1540
–7mm
No.1541
No.1542
No.1545
No.1546
No.1547

※此為原寸刺繡圖案

Ⓐ

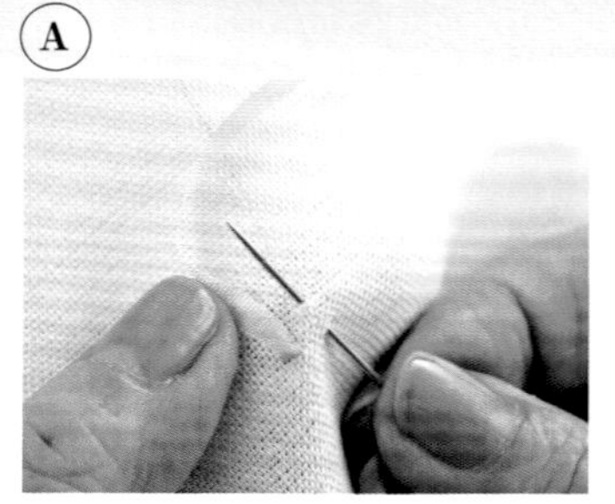

1 讓布上下顛倒，以此狀態起針。將針從**1**（圖案線上）穿出，一邊利用左手按壓緞帶，一邊穿入**2**（圖案線右方），再從**3**（圖案線上）穿出。

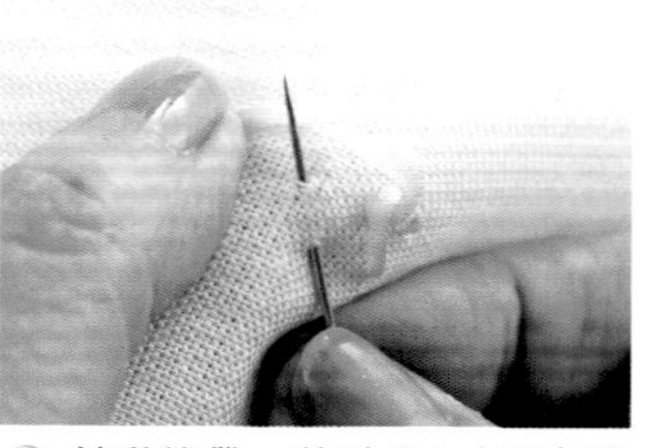

2 拉動緞帶，將針從**4**（圖案線左方）穿入，再從**5**（圖案線上）穿出。

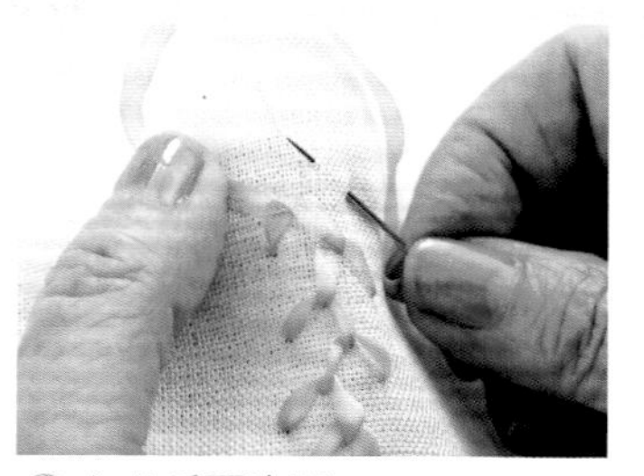

3 如此重覆步驟1&2。

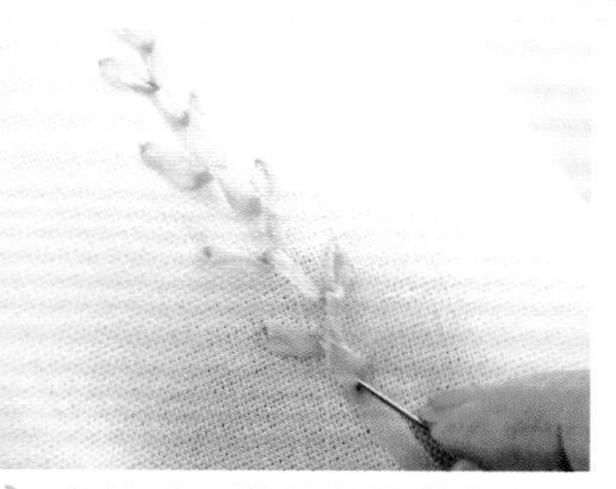

4 收針時，將針從緞帶上方繡入，加以固定。

Ⓑ

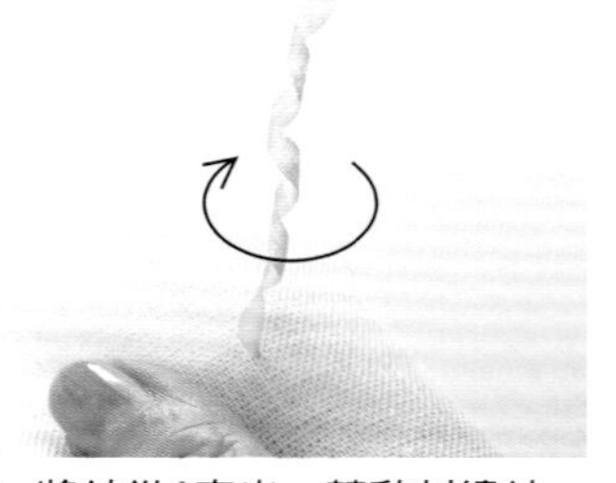

1 將針從**1**穿出，轉動刺繡針，使緞帶隨之扭轉。

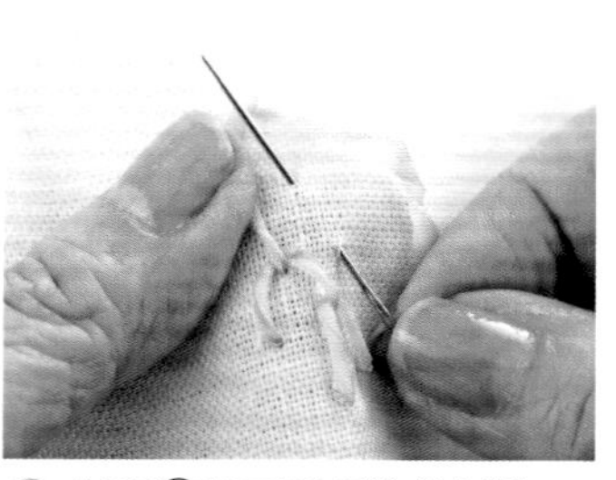

2 以和Ⓐ相同要領進行刺繡。

Ⓒ

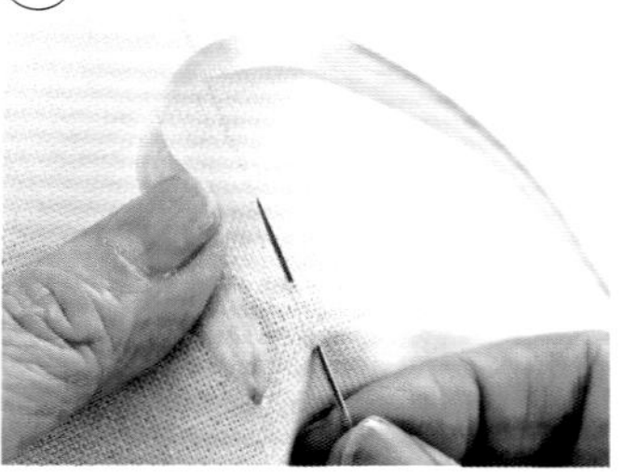

1 將布上下顛倒，將針從**1**（圖案線上）抽出，一邊以左手按壓緞帶，一邊穿入**2**（圖案線右方），再從**3**（圖案線上）穿出。

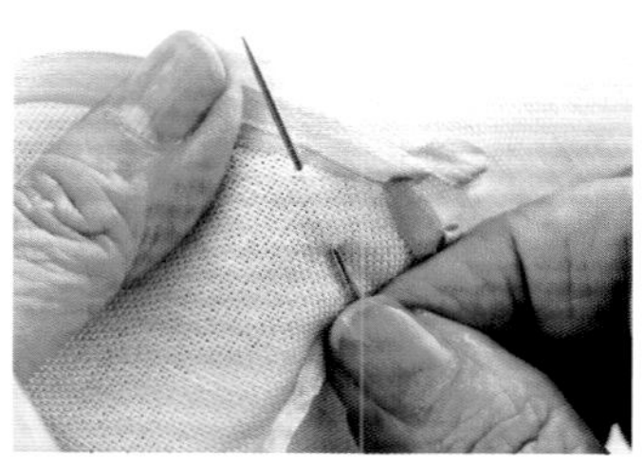

2 拉動緞帶，將針穿入**4**（圖案線左方），再從**5**（圖案線上）穿出。如此重覆步驟1、2。

Chained Stitches & Looped Stitches 16

毛邊繡

Blanket stitch

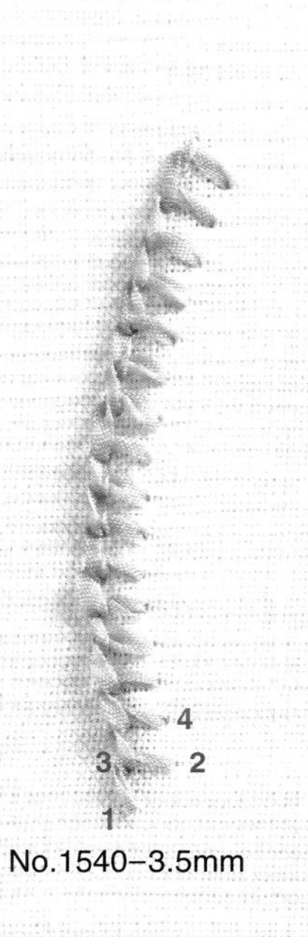

4
3
2
1

No.1540–3.5mm

No.1541

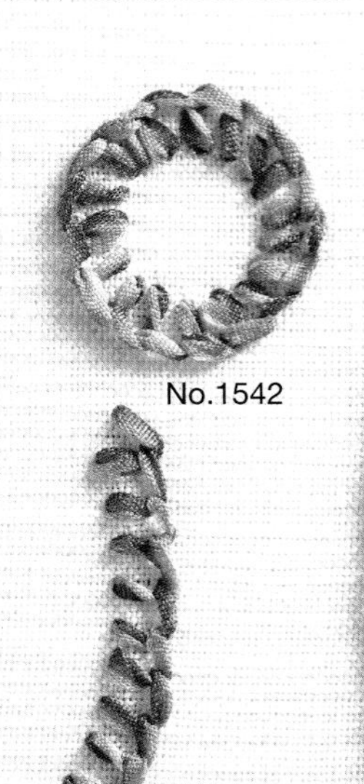
No.1542

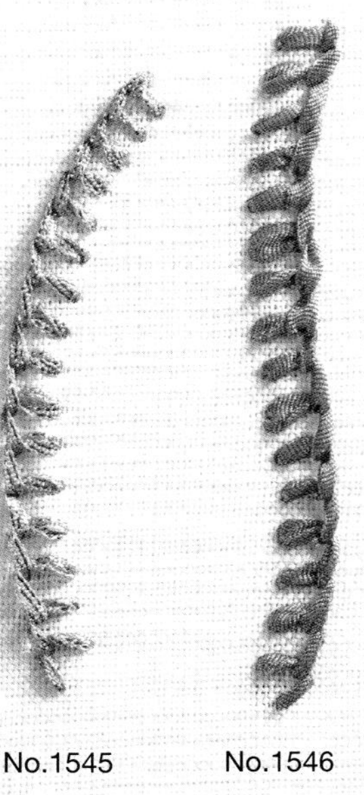
No.1545

No.1546

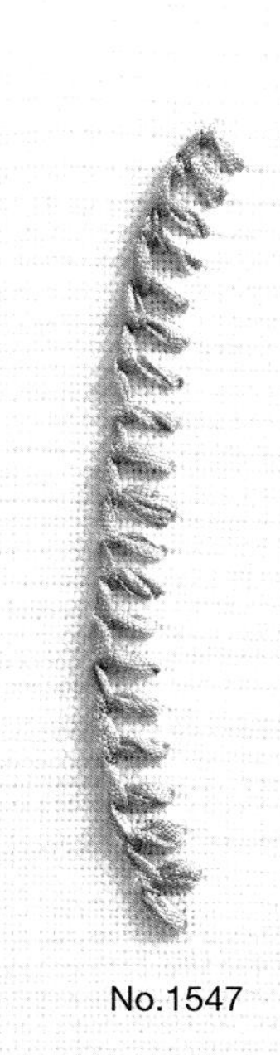
No.1547

※此為原寸刺繡圖案

1 將針從**1**抽出，一邊以左手按壓緞帶，一邊穿入**2**，再從**3**穿出。

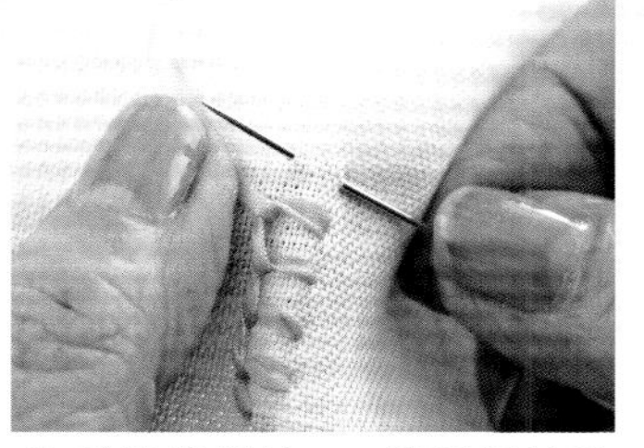
2 將緞帶掛針，一邊緩慢拉動並調整形狀，一邊重覆步驟**2** & **3**。

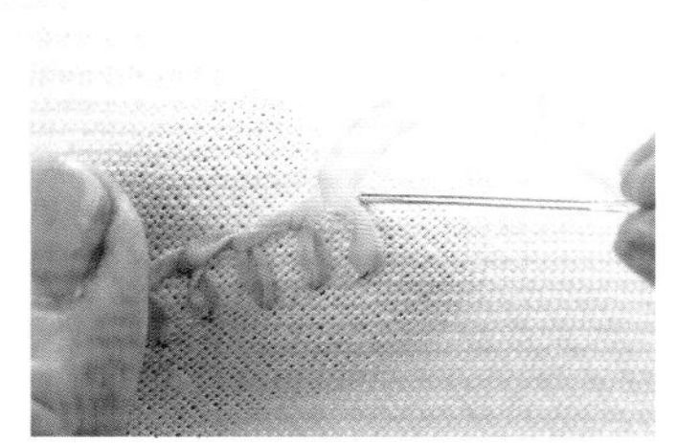
3 收針時，將針穿入布即可。

改變針法方向時

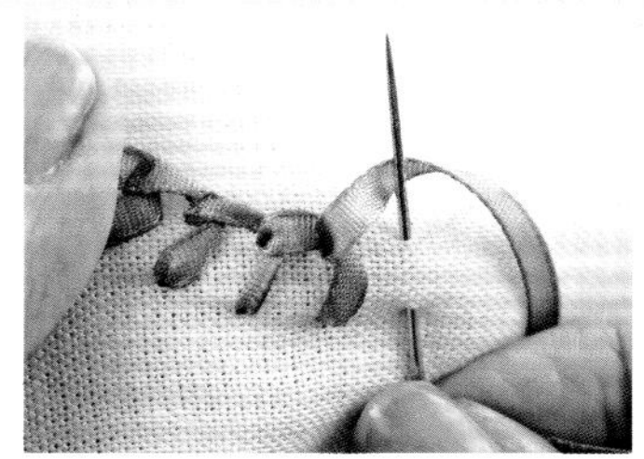
1 以相同要領進行刺繡，直到想要改變方向的位置。

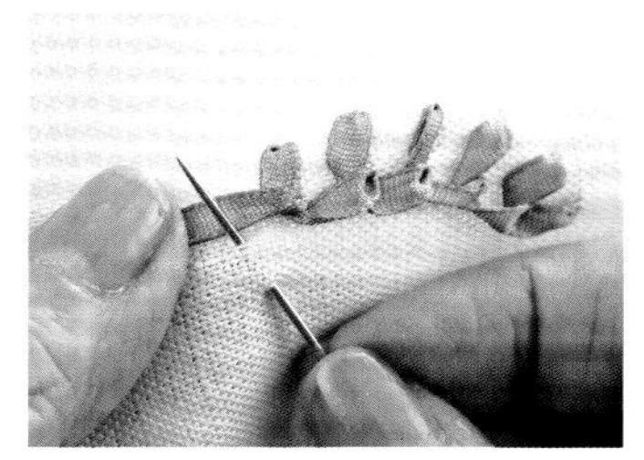
2 將布上下顛倒，一邊以左手按壓緞帶，一邊夾住圖案線，再將針從另一側穿入。

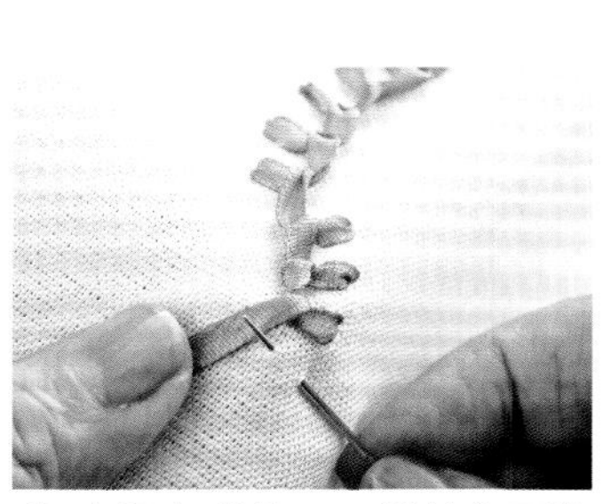
3 在這個狀態下，繼續往下進行刺繡。（無論從哪個方向進行均可）

與最初入針處接合時

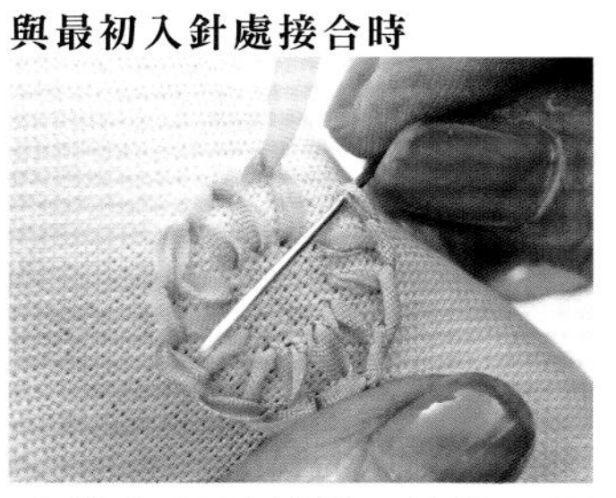
1 進行圓形刺繡，繞繡一圈後，就勾起起針的緞帶，將針穿入。

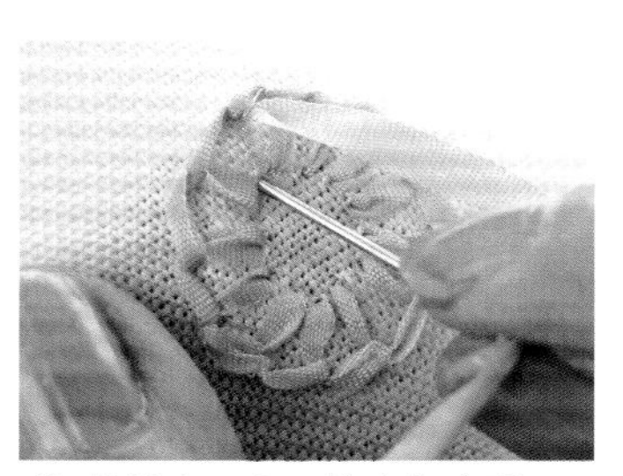
2 將針穿入布，接合起來即可。

Chained Stitches & Looped Stitches 17
葉形繡
Leaf stitch
1
3
4
5
2
6
No.1540
-3.5mm
No.1540
-7mm
No.1541
No.1542
No.1546
No.1547
No.1544
No.1548
No.1545
No.1547

※此為原寸刺繡圖案

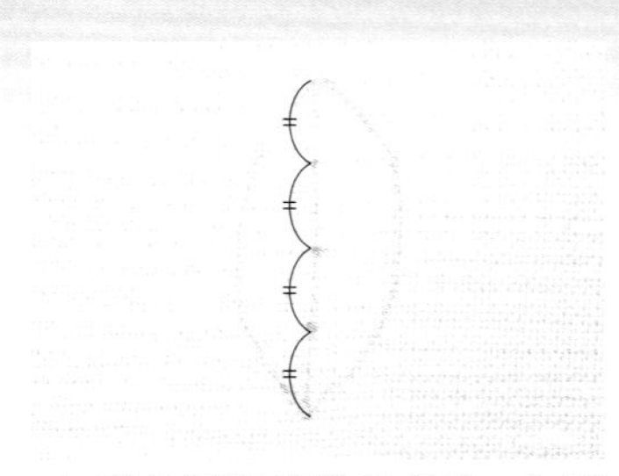

1 葉片圖案描繪完成後，為了刺繡角度準確，在中央線上作四等分的記號。

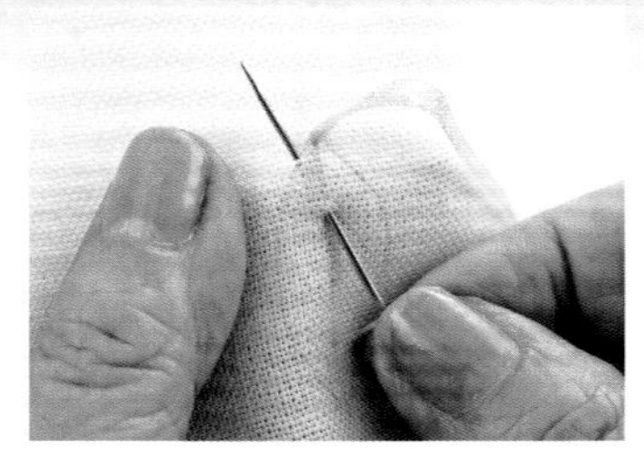

2 將針從**1**穿出、穿入**2**，再從**3**穿出。

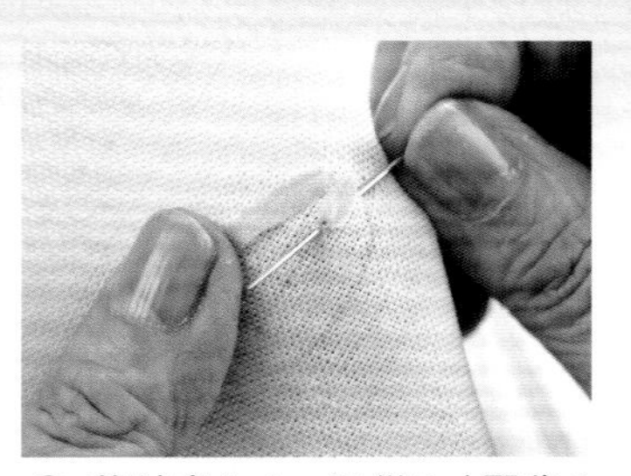

3 將針穿入**4**，再從**5**（緊靠**2**的下方處）穿出。

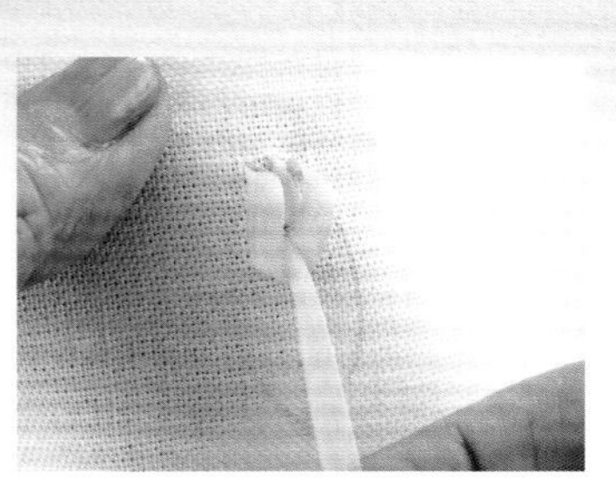

4 緩慢拉動已掛針的緞帶。

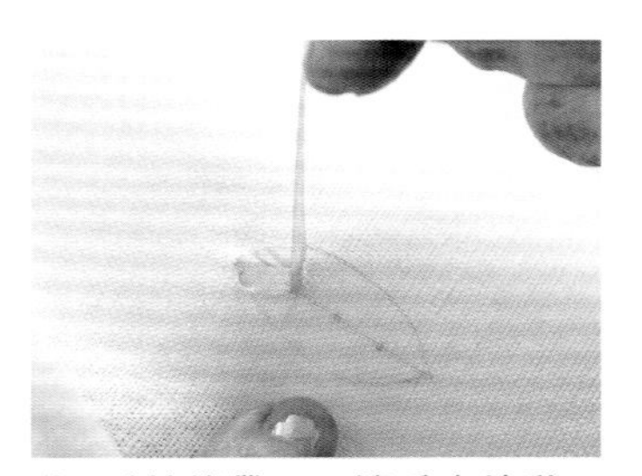

5 手持緞帶，一邊垂直搖動，一邊調整形狀。

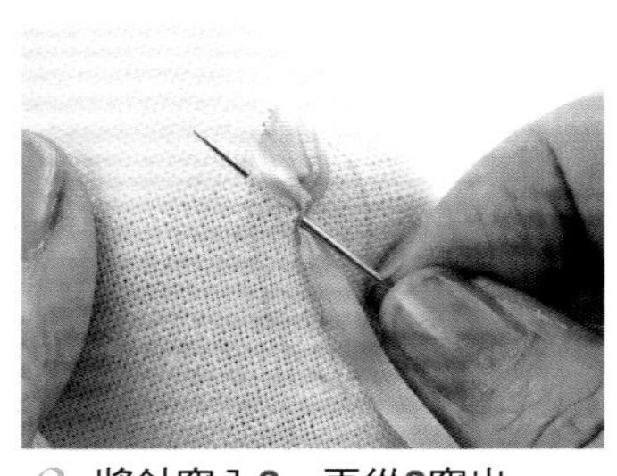

6 將針穿入**6**，再從**3**穿出。

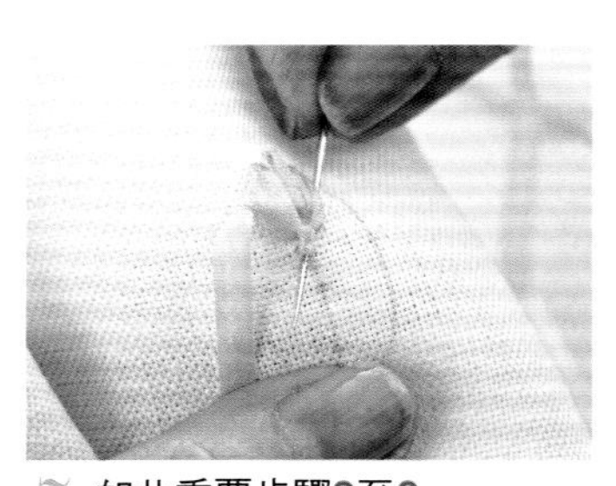

7 如此重覆步驟**3**至**6**。

8 收針時，將針從緞帶上方繡入，加以固定。

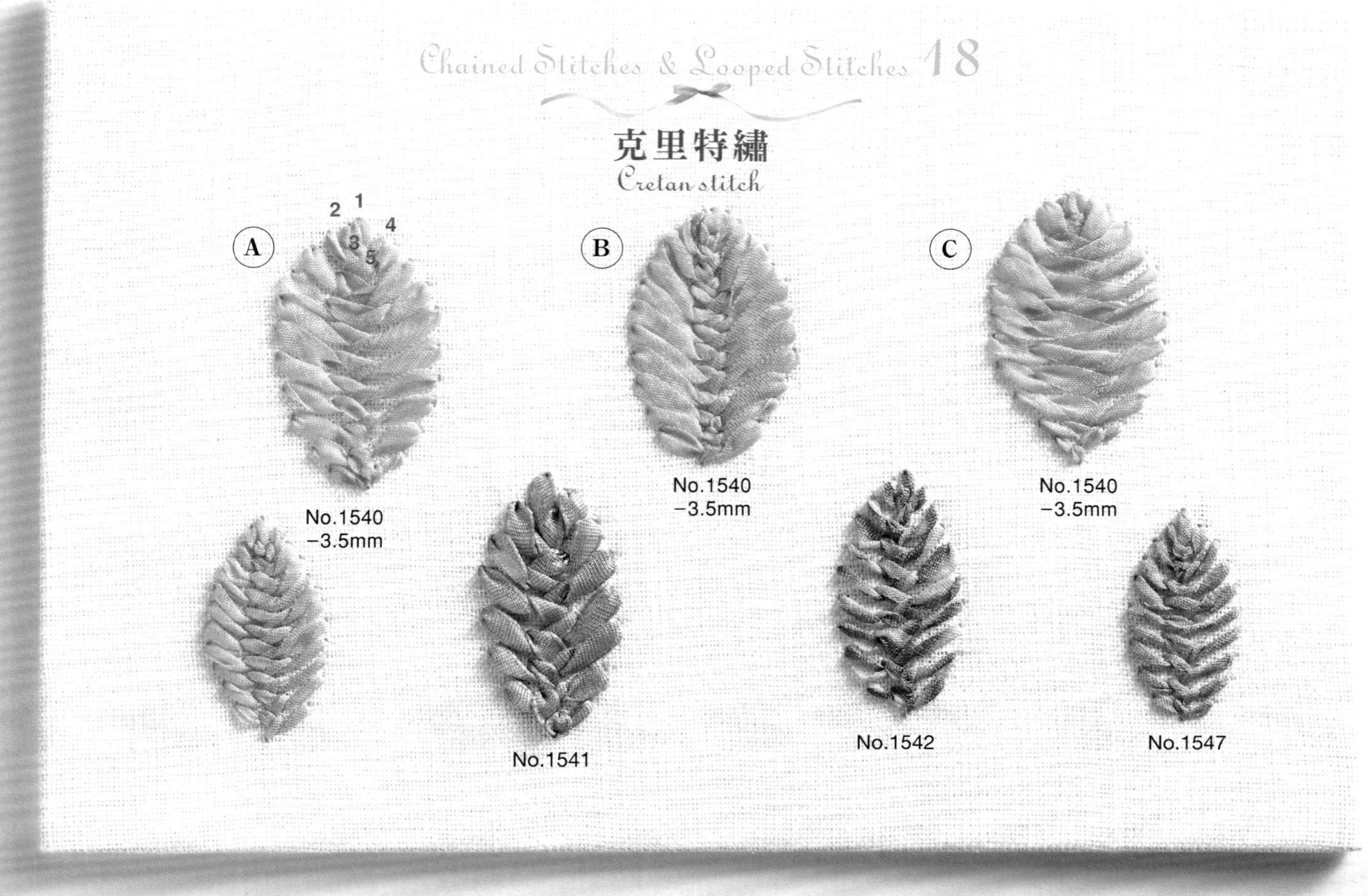
Chained Stitches & Looped Stitches 18
克里特繡
Cretan stitch
2 1 4 3 5
A
B
C
No.1540
-3.5mm
No.1540
-3.5mm
No.1540
-3.5mm
No.1541
No.1542
No.1547

※此為原寸刺繡圖案

Ⓐ

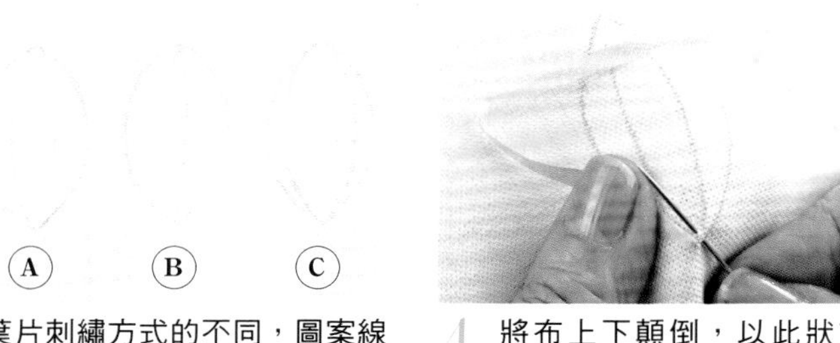
A
B
C

依葉片刺繡方式的不同，圖案線的描繪方式也會有所差異，如圖進行準備。

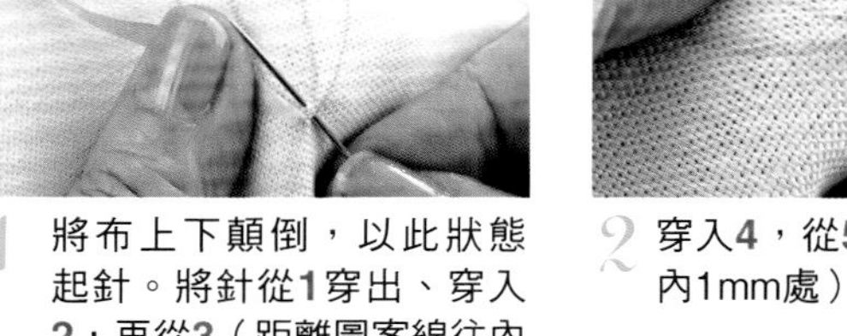

1 將布上下顛倒，以此狀態起針。將針從**1**穿出、穿入**2**，再從**3**（距離圖案線往內1mm處）穿出。

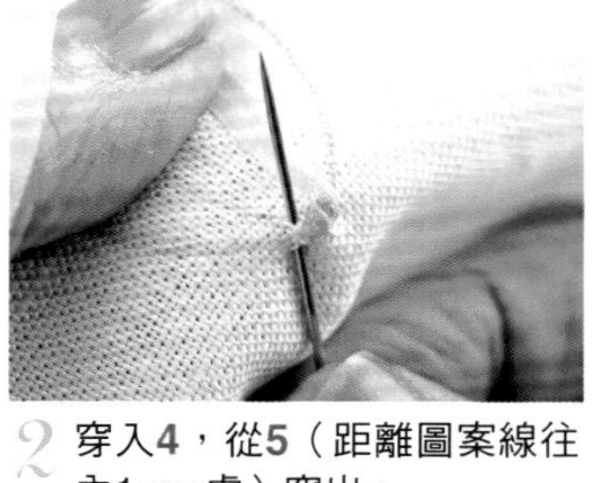

2 穿入**4**，從**5**（距離圖案線往內1mm處）穿出。

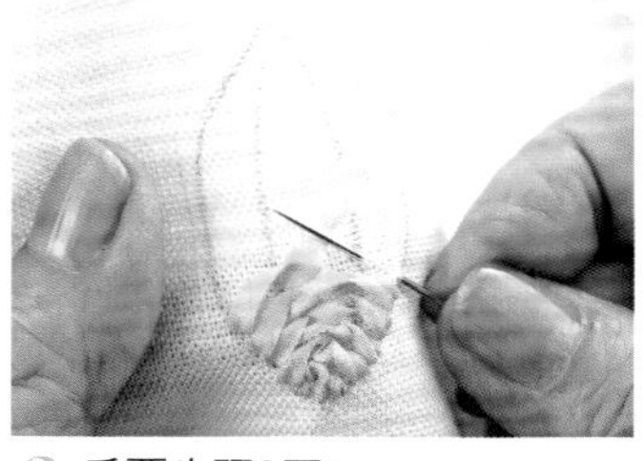

3 重覆步驟**2**至**5**。

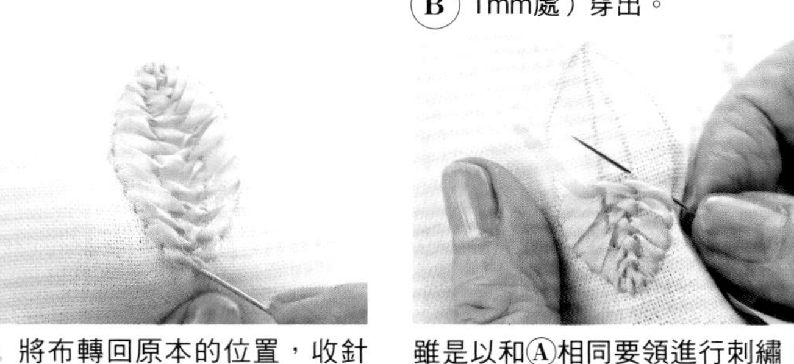

4 將布轉回原本的位置，收針時，將針從緞帶上方繡入，加以固定。

Ⓑ

雖是以和Ⓐ相同要領進行刺繡，但由於利用針勾起緞帶的分量較多，因此中央的重疊處就會變少。

Ⓒ

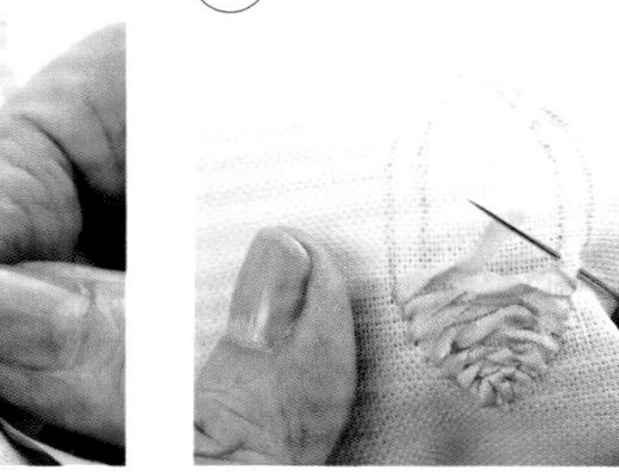

雖是以和Ⓐ相同要領進行刺繡，但由於利用針勾起緞帶的分量較少，因此中央的重疊處就會變多。

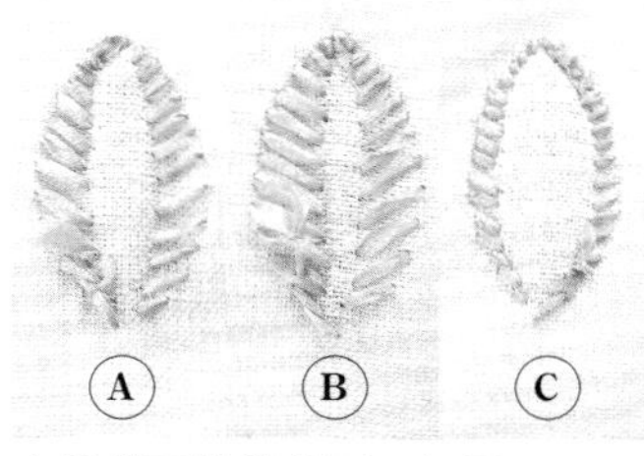
A
B
C

布的背面緞帶位置，如圖。

Knotted Stitches & Composite Stitches

與線結繡組合而成的繡法

材料

刺繡緞帶

（No.1540-3.5mm）col.095　col.357　col.364　（No.1540-7mm）col.034　col.035　col.163　col.356

（No.1541）col.015　col.102　col.143　col.429　（No.1544）col.3　col.5

（No.1545）col.4　（No.1546）col.17　（No.1547-4mm）col.33

DMC5號繡線　col.3053

※此為原寸刺繡圖案

Knotted Stitches & Composite

與線結繡組合而成的繡法

與線結繡組合而成的繡法，比平面式針法蓬鬆且立體，
因此適合用來繡花心，也能運用在想作一點變化時。
組合式的針法因為搭配了二至三種針法，
可創造出充滿立體而豪華的感覺，
由於是以簡單的針法組合，請務必挑戰看看！

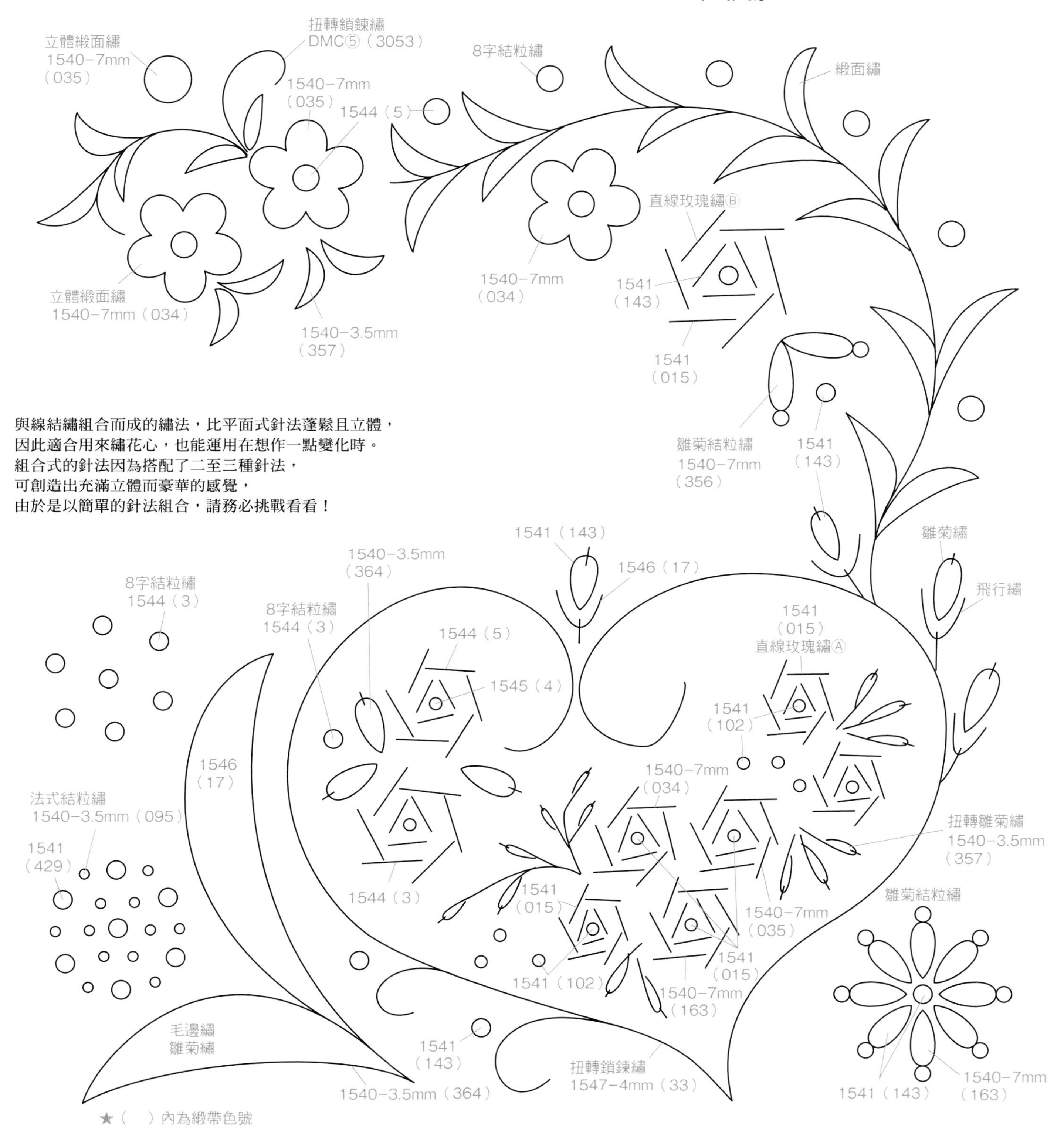
立體緞面繡
1540-7mm
（035）
扭轉鎖鍊繡
DMC⑤（3053）
1540-7mm
（035）
1544（5）
8字結粒繡
緞面繡
直線玫瑰繡Ⓑ
1540-7mm
（034）
1541
（143）
1541
（015）
立體緞面繡
1540-7mm（034）
1540-3.5mm
（357）
雛菊結粒繡
1540-7mm
（356）
1541
（143）
1541（143）
1546（17）
1540-3.5mm
（364）
雛菊繡
飛行繡
8字結粒繡
1544（3）
8字結粒繡
1544（3）
1544（5）
1545（4）
1541
（015）
直線玫瑰繡Ⓐ
1541
（102）
1546
（17）
1540-7mm
（034）
法式結粒繡
1540-3.5mm（095）
1541
（429）
扭轉雛菊繡
1540-3.5mm
（357）
1544（3）
1541
（015）
1540-7mm
（035）
雛菊結粒繡
1541
（015）
1541（102）
1540-7mm
（163）
毛邊繡
雛菊繡
1541
（143）
扭轉鎖鍊繡
1547-4mm（33）
1540-3.5mm（364）
1541（143）
1540-7mm
（163）
★（　）內為緞帶色號

小包

8字結粒繡、法式結粒繡這類的線結針法，
不僅能夠作成花芯，亦能展現有如蓓蕾般的小巧花朵，
或以數量多的線結針法來呈現花朵的樣貌，
是十分可愛的針法喲！

作法 P.90

4
5

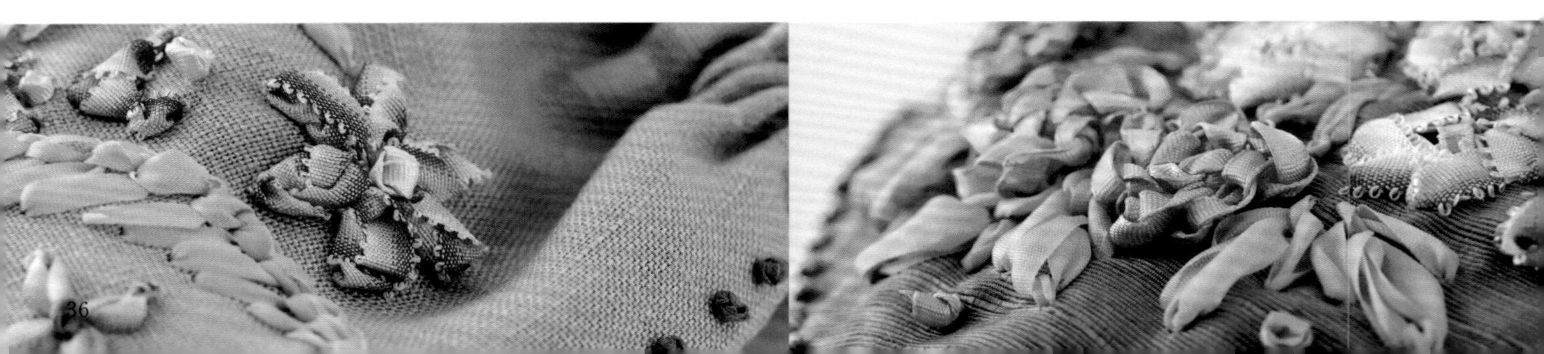

化妝包

運用在葉片部分的雛菊結粒繡Ⓑ，
是將法式結粒繡繡在扭轉雛菊繡末端的組合。
花朵部分的直線玫瑰繡Ⓑ，
則是將直線玫瑰繡Ⓐ和毛邊繡分別組合而成，
呈現出饒富趣味的畫面。

作法 P.92

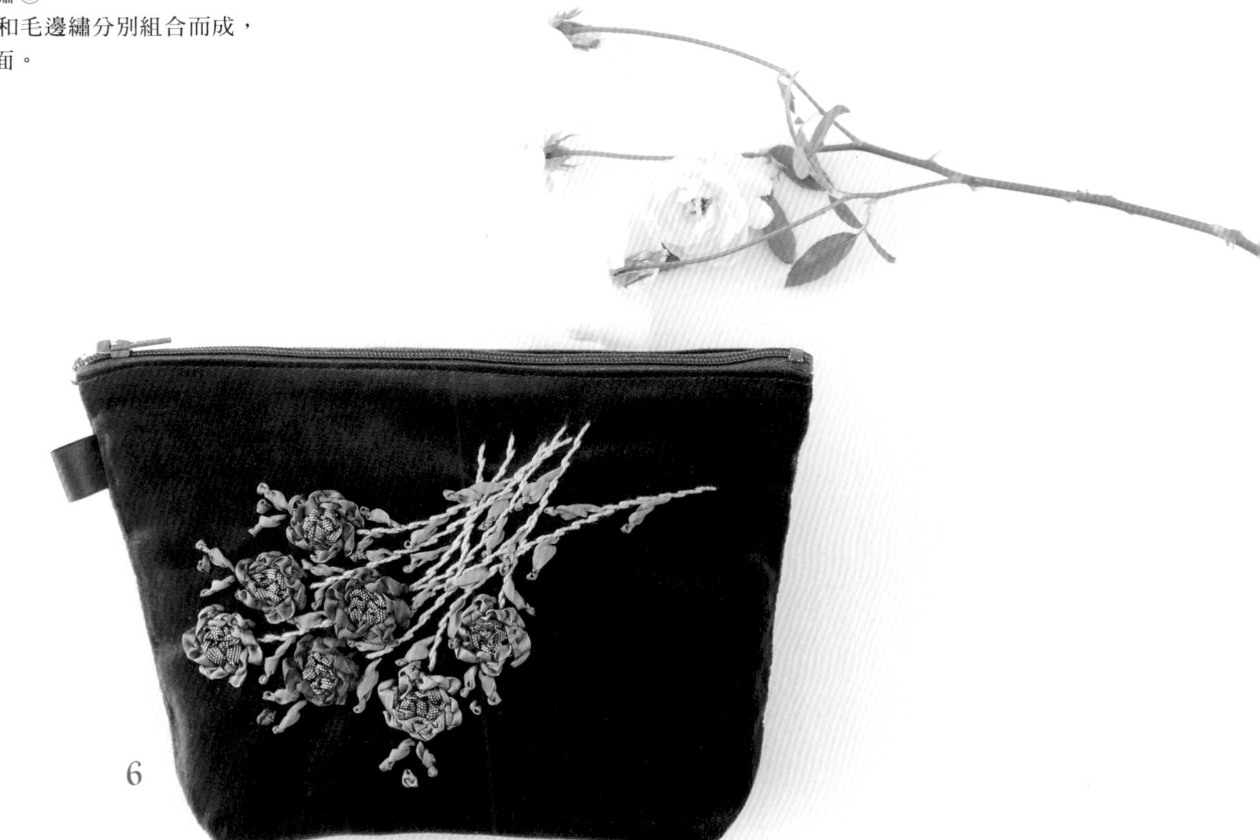

6

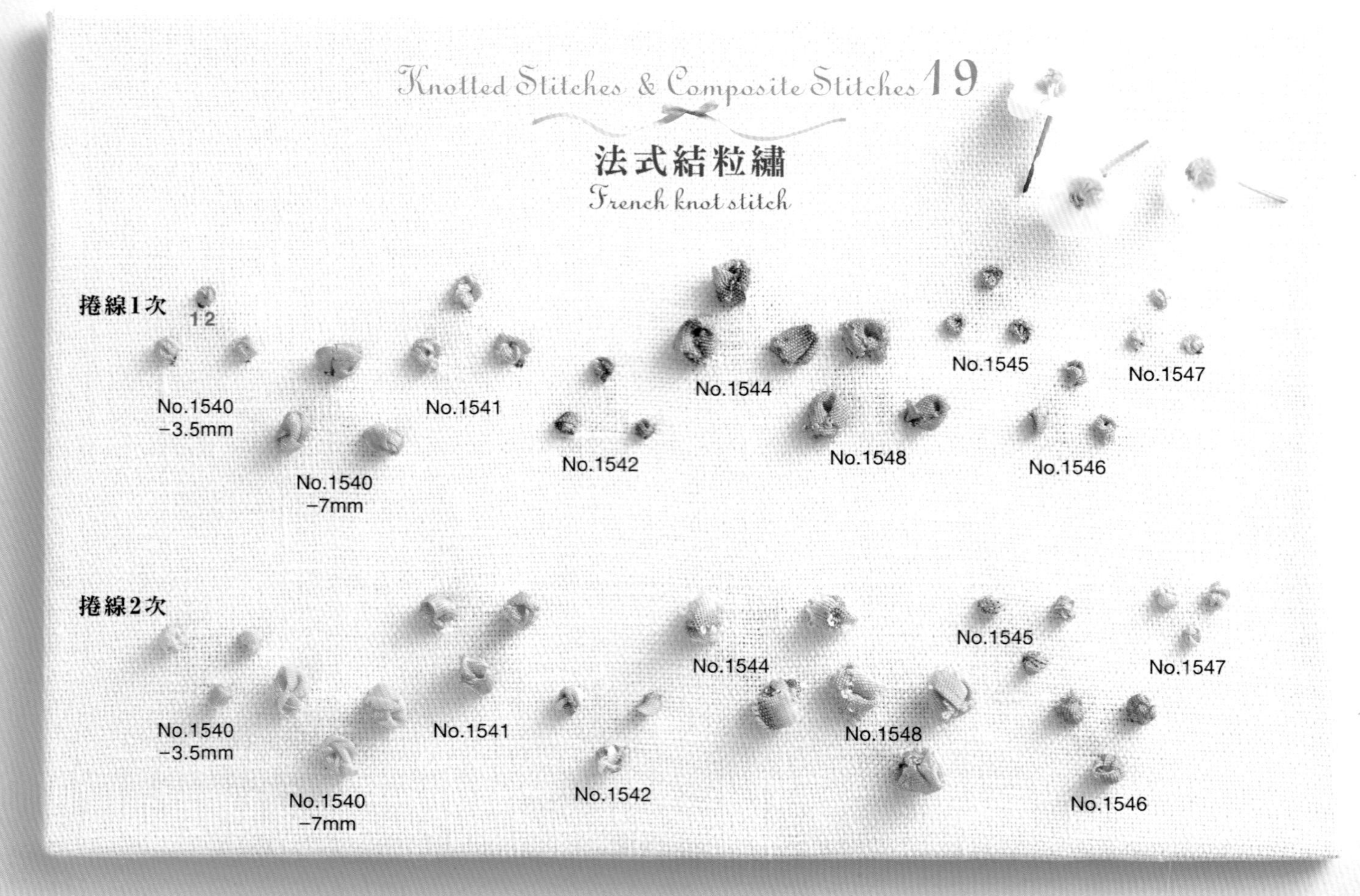
Knotted Stitches & Composite Stitches 19
法式結粒繡
French knot stitch
捲線1次
1 2
No.1540
-3.5mm
No.1540
-7mm
No.1541
No.1542
No.1544
No.1548
No.1545
No.1546
No.1547
捲線2次
No.1540
-3.5mm
No.1540
-7mm
No.1541
No.1542
No.1544
No.1548
No.1545
No.1546
No.1547

※此為原寸刺繡圖案

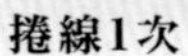
捲線1次

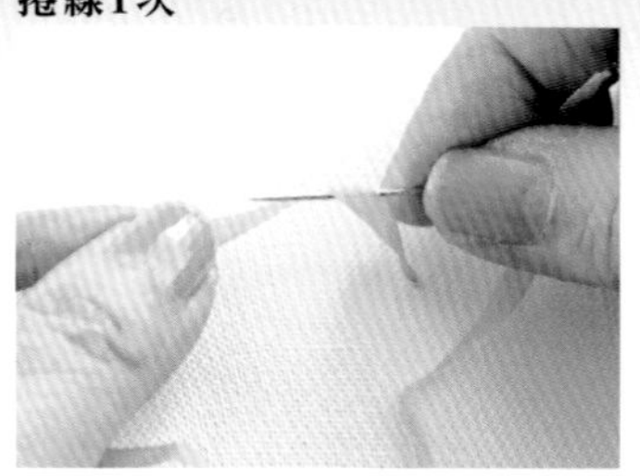
1 將針從1穿出，再將緞帶往針上捲一圈。

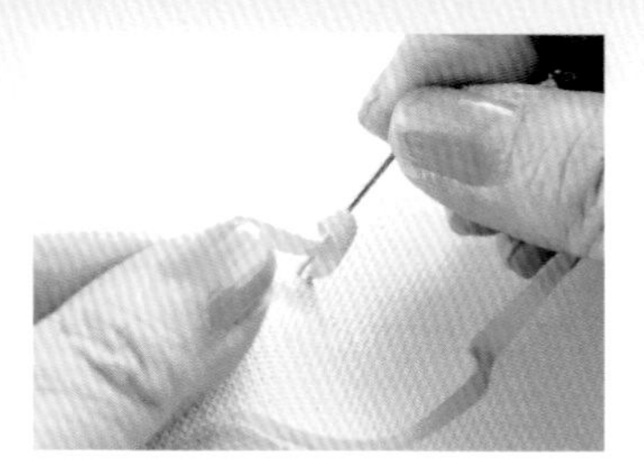
2 將針穿入旁邊2的位置。

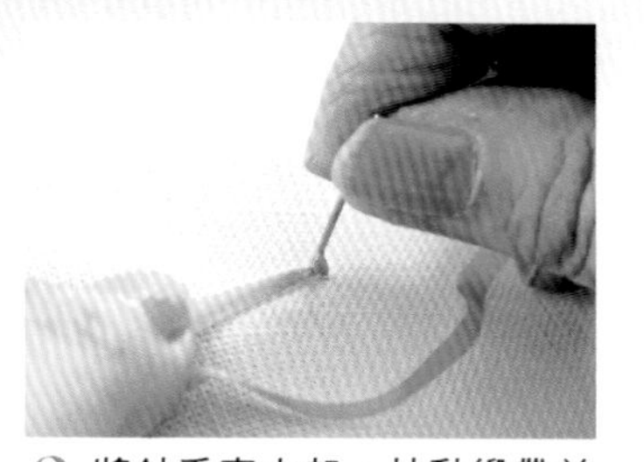
3 將針垂直立起，拉動緞帶並整理形狀。

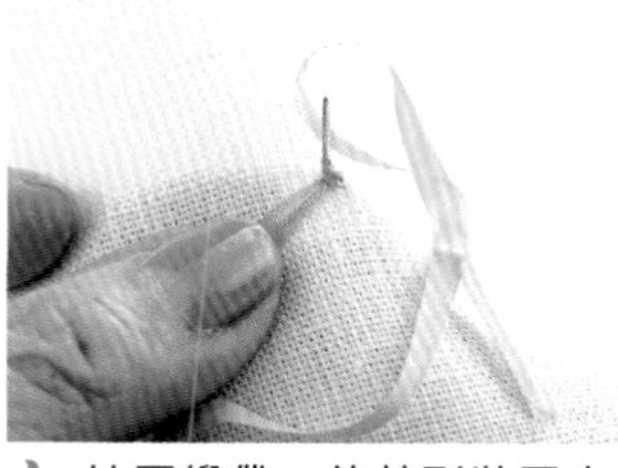
4 按壓緞帶，使其形狀固定，再將針抽出。

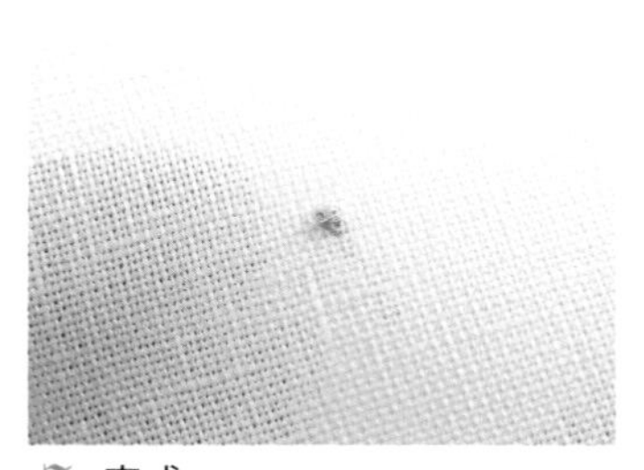
5 完成。

捲線2次

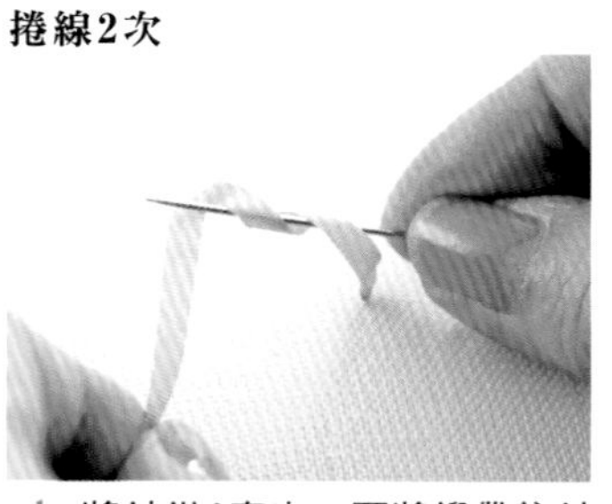
1 將針從1穿出，再將緞帶往針上捲兩圈。

2 在這個狀態下將針垂直立起，拉動緞帶並整理形狀。

3 按壓緞帶，使其形狀固定，再將針抽出後即完成。

Knotted Stitches & Composite Stitches 20

8字結粒繡

Colonial knot stitch

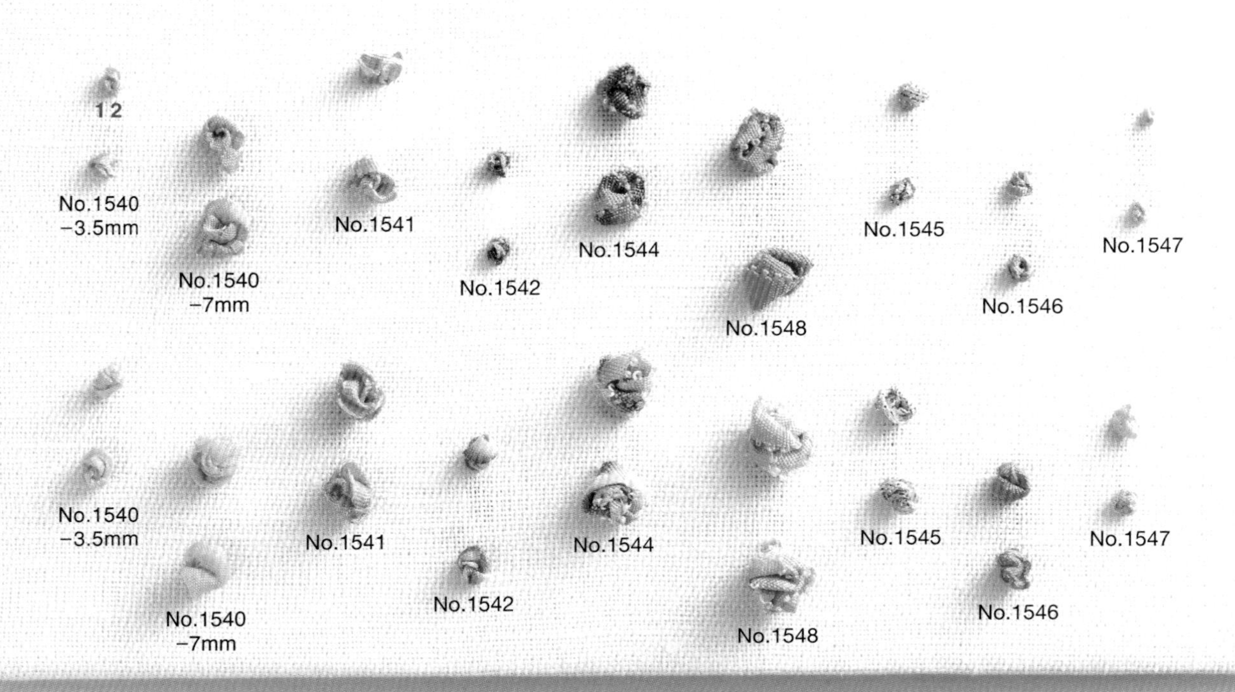

1 2
No.1540 −3.5mm
No.1540 −7mm
No.1541
No.1542
No.1544
No.1548
No.1545
No.1546
No.1547
No.1540 −3.5mm
No.1540 −7mm
No.1541
No.1542
No.1544
No.1548
No.1545
No.1546
No.1547

※此為原寸刺繡圖案

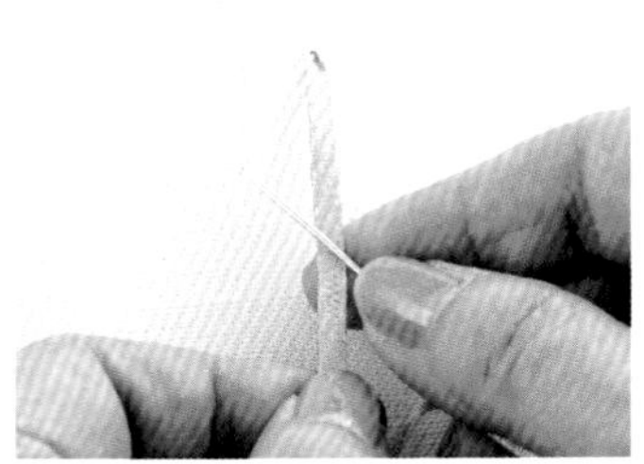

1 將針從1穿出後，以左手捏住末端，再以右手將針抵住緞帶。

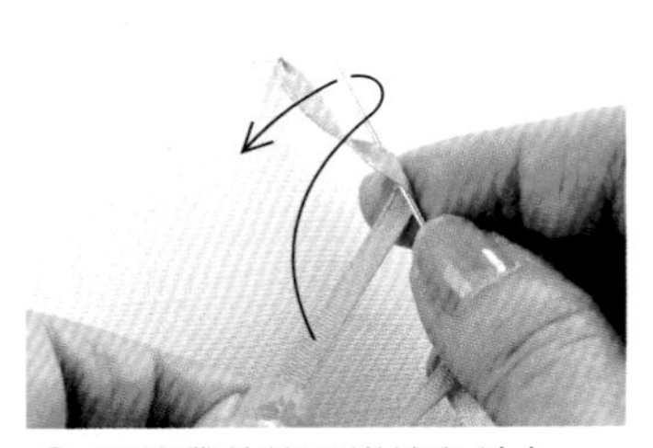

2 將緞帶依箭頭掛捲在針上。

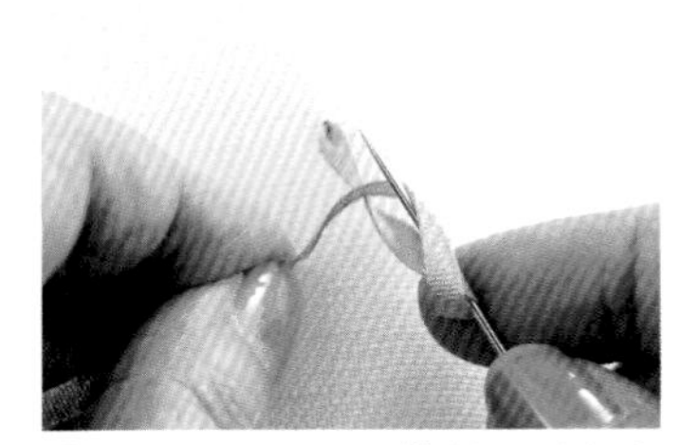

3 將針穿入2（緞帶將在針上繞成8字形）。

4 將針垂直立起，拉動緞帶。

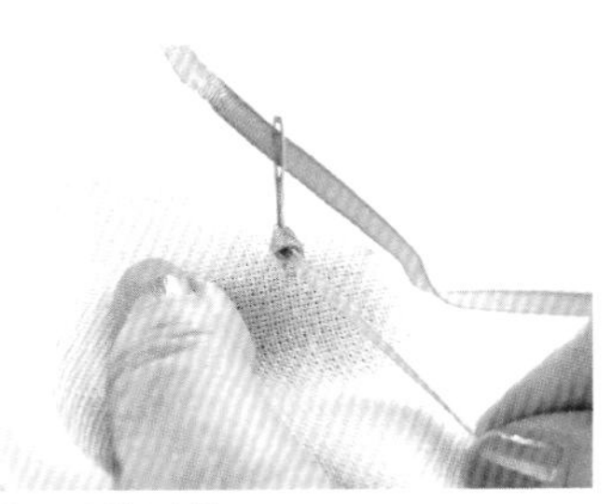

5 調整形狀。

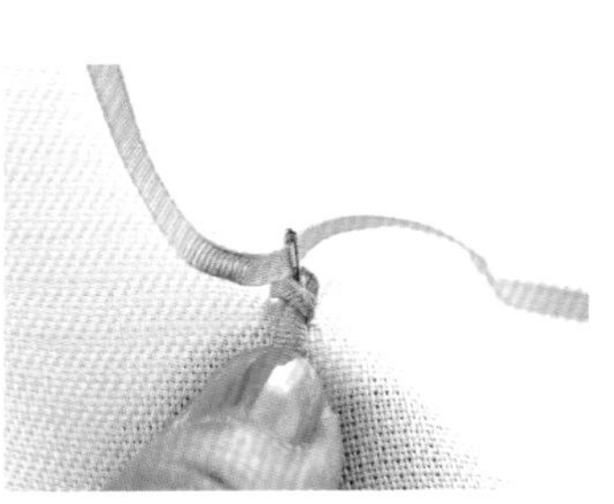

6 按壓緞帶，使其形狀固定，再將針抽出。

7 完成。

選用硬式緞帶時

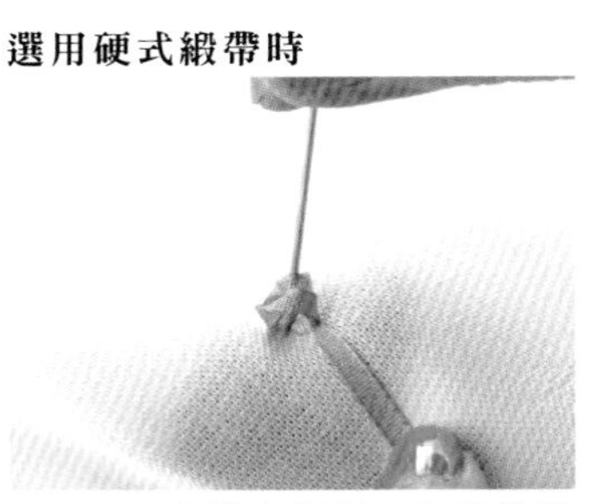

以相同要領進行刺繡。在緞帶鬆弛的情況下將針抽出。

Knotted Stitches & Composite Stitches 21

直線玫瑰繡 A

Straight rose stitch A

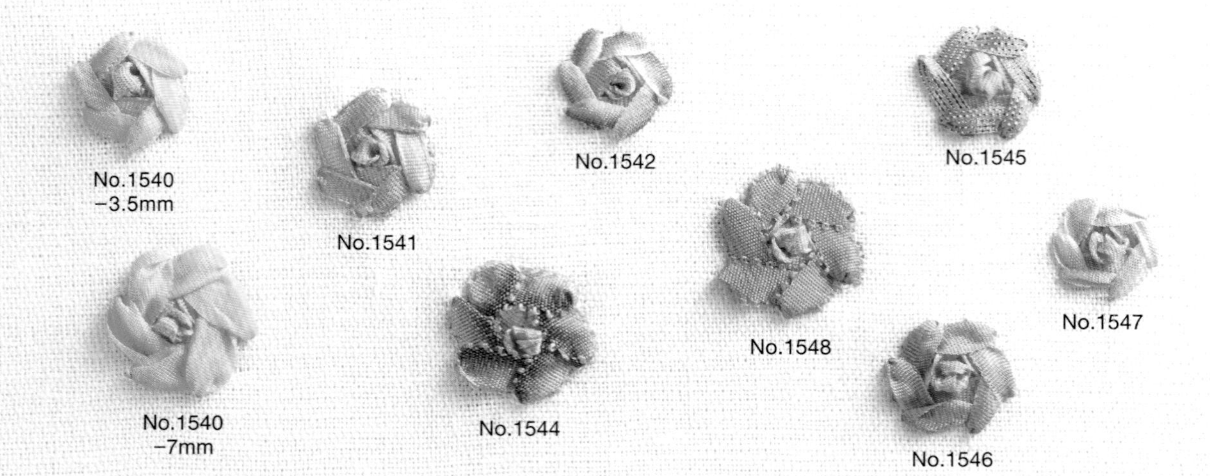

No.1540
–3.5mm
No.1541
No.1542
No.1545
No.1548
No.1547
No.1540
–7mm
No.1544
No.1546

※此為原寸刺繡圖案

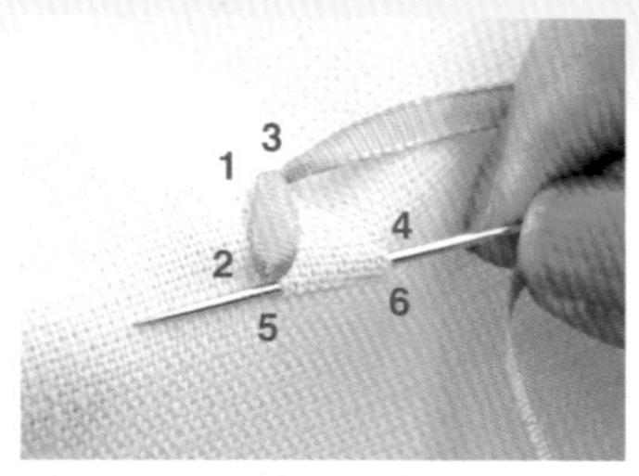

1
3
2
4
5
6

1 將針從**1**抽出，穿入**2**，再從**3**穿出，接著從**4**穿入，再從**5**穿出。

2 將針穿入**6**，再從三角形的中心穿出。

3 進行捲線1次的法式結粒繡（→P.38）。

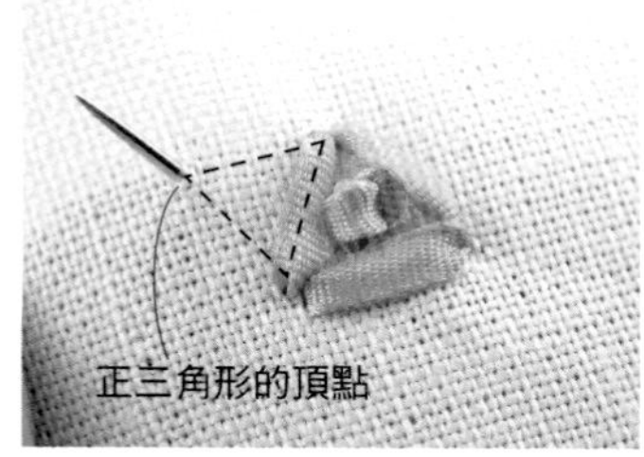

正三角形的頂點

4 在布的背面將緞帶末端作收尾處理。將新緞帶穿入針孔，再從正三角頂點的位置穿出。

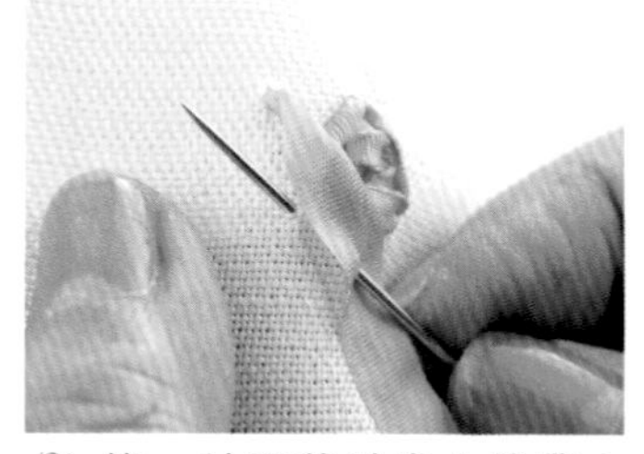

5 第一針要將針穿入緞帶中心，再勾起緞帶，使其變得比半針分量稍短。

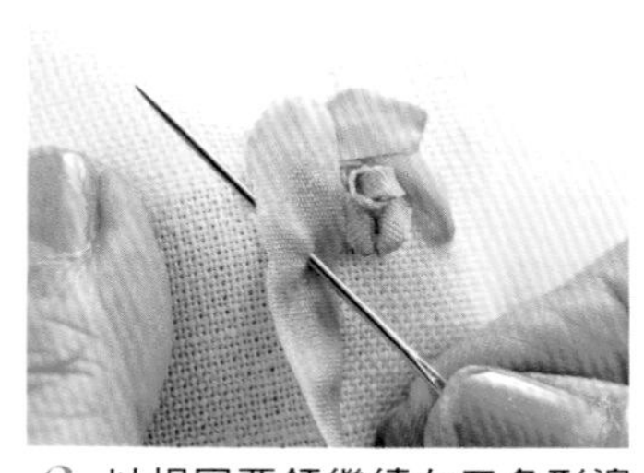

6 以相同要領繼續在三角形邊緣進行刺繡。

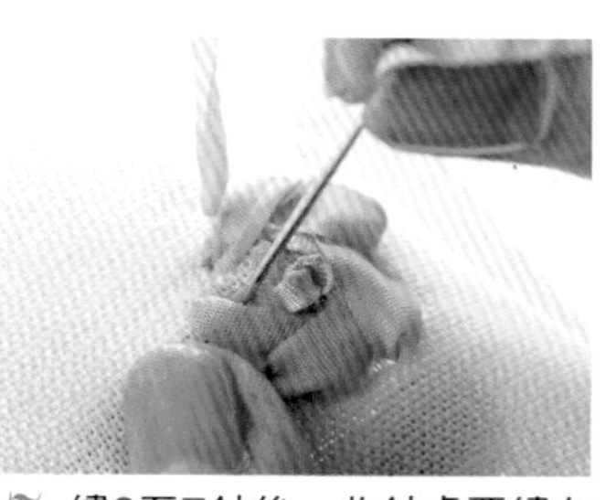

7 繡**6**至**7**針後，收針處要繡在起針處的一針內側上。

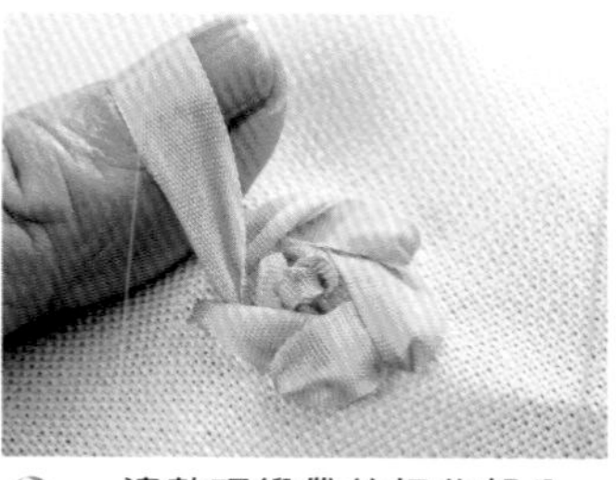

8 一邊整理緞帶的扭曲部分，一邊緩慢拉出。

Knotted Stitches & Composite Stitches 22

直線玫瑰繡B

Straight rose stitch B

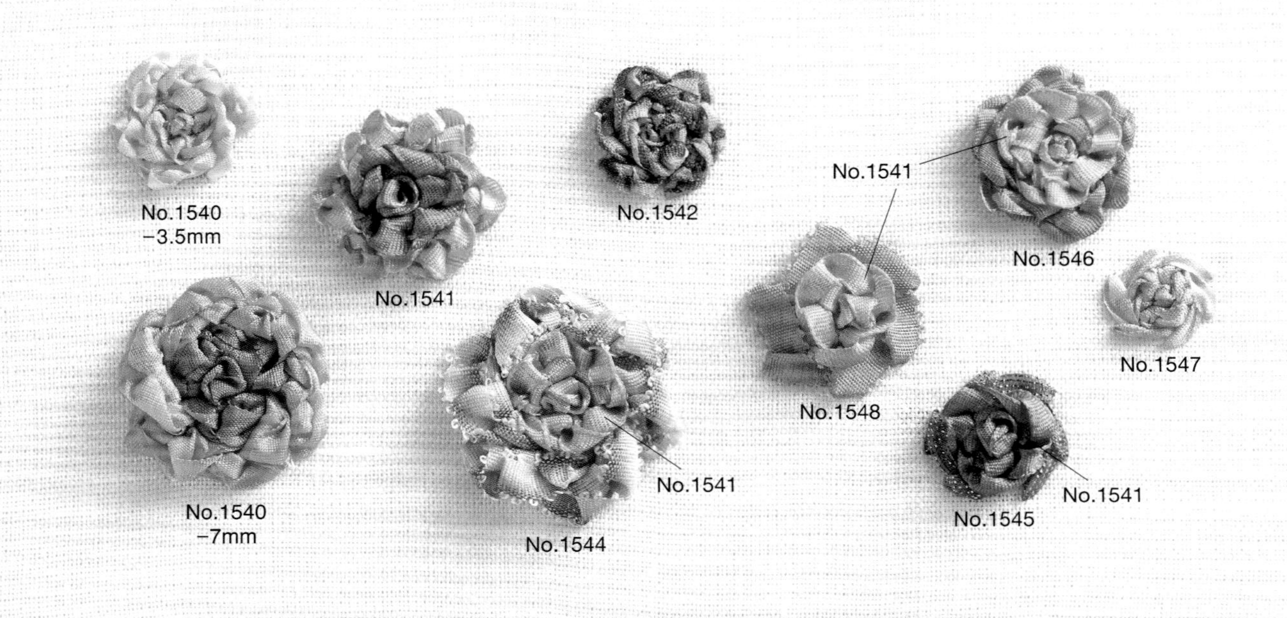

No.1540
-3.5mm
No.1541
No.1542
No.1541
No.1546
No.1547
No.1540
-7mm
No.1544
No.1541
No.1548
No.1545
No.1541

※此為原寸刺繡圖案

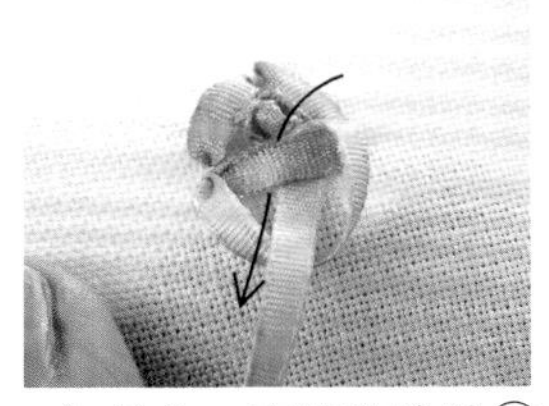

1 首先，直線玫瑰繡Ⓐ（→P.40）步驟1至3般地進行刺繡。更換緞帶，從起針處將針穿出，再穿過已繡好的緞帶，打結固定。

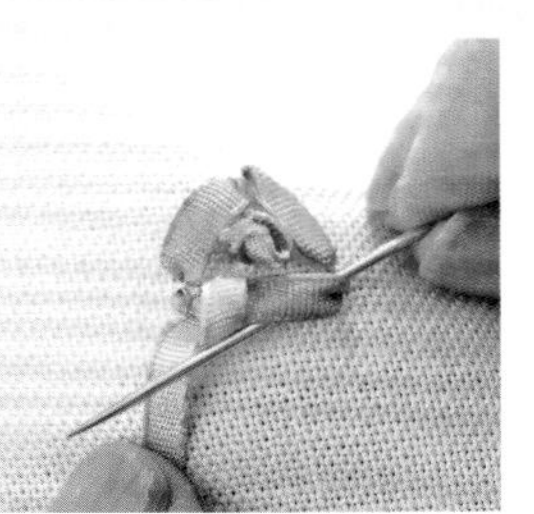

2 如同毛邊繡般將緞帶在每一個單邊都繡上2針。

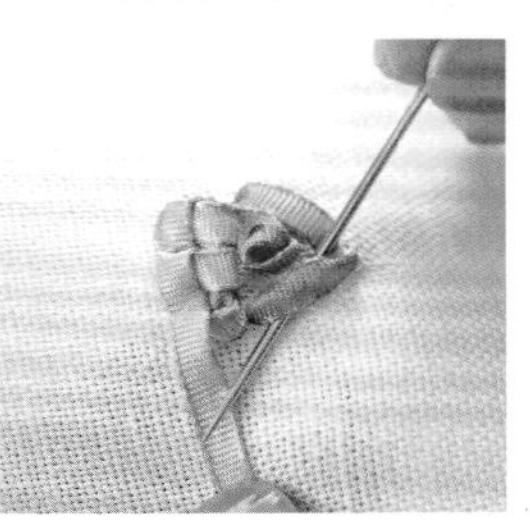

3 在這個狀態下，繼續往下一條緞帶單邊進行。

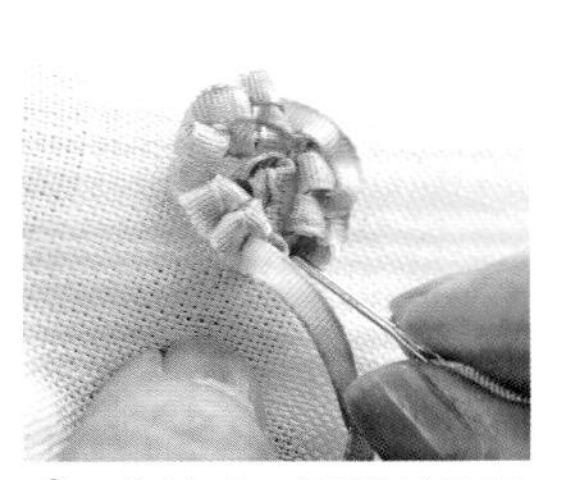

4 收針時，要將針穿入起針處的緞帶位置。

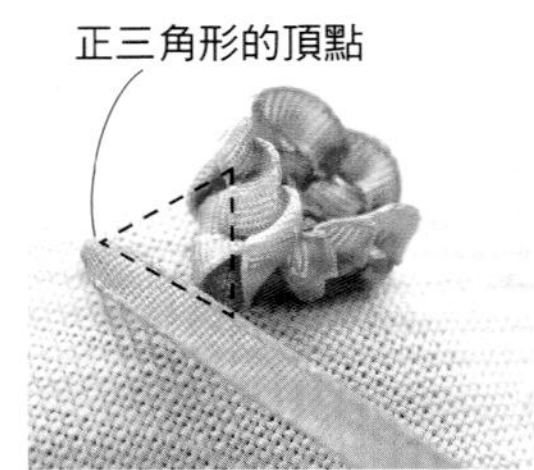

正三角形的頂點

5 將新緞帶穿入針孔，再從正三角形頂點的位置穿出。

6 依直線玫瑰繡Ⓐ（→P.40）步驟4至8般地進行刺繡。

7 要將花朵繡得更大時，將針從起針位置穿出。

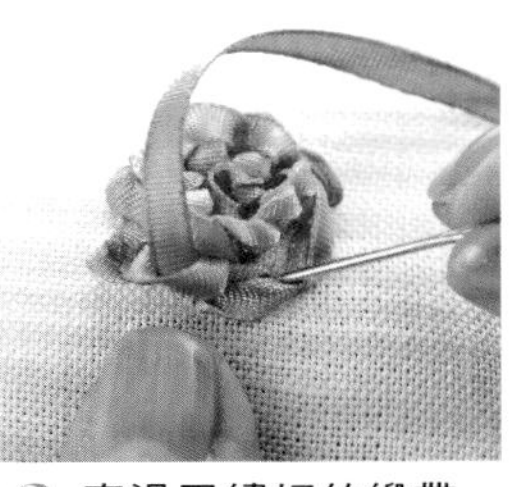

8 穿過已繡好的緞帶，如同毛邊繡般地將緞帶繡上。

9 將緞帶在每一個單邊都繡上3針，再次穿出後，再繡上邊緣，如此重覆進行。

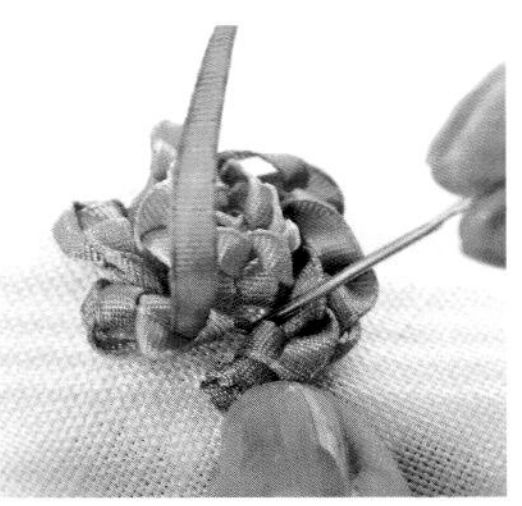

10 收針時，要將針穿入起針處的緞帶位置。

Knotted Stitches & Composite Stitches 23

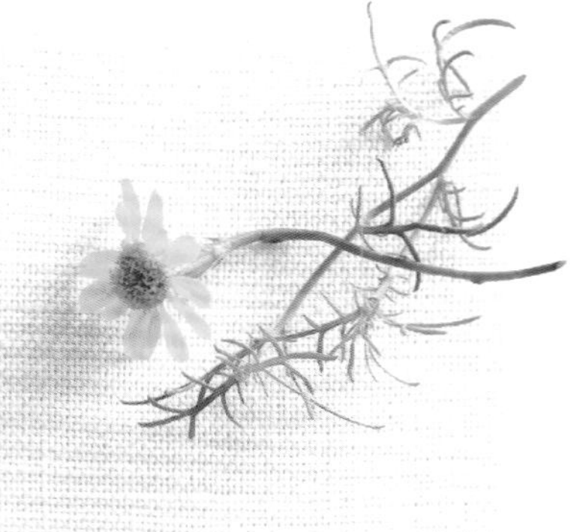

雛菊結粒繡
Lazy daisy knot stitch

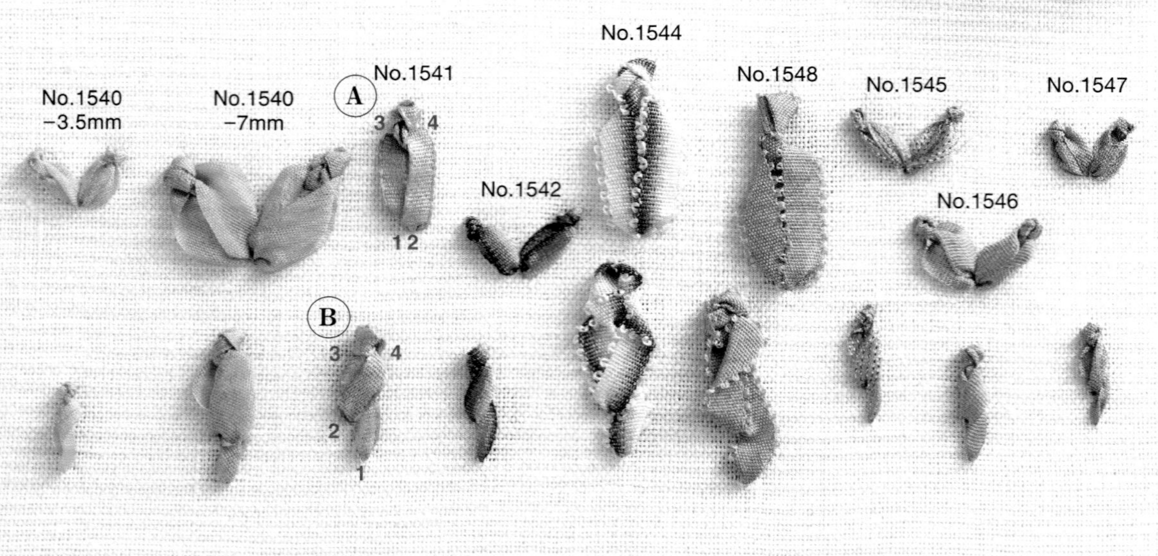
No.1540
-3.5mm
No.1540
-7mm
A
No.1541
3
4
1 2
B
3
4
2
1
No.1542
No.1544
No.1548
No.1545
No.1546
No.1547

※此為原寸刺繡圖案

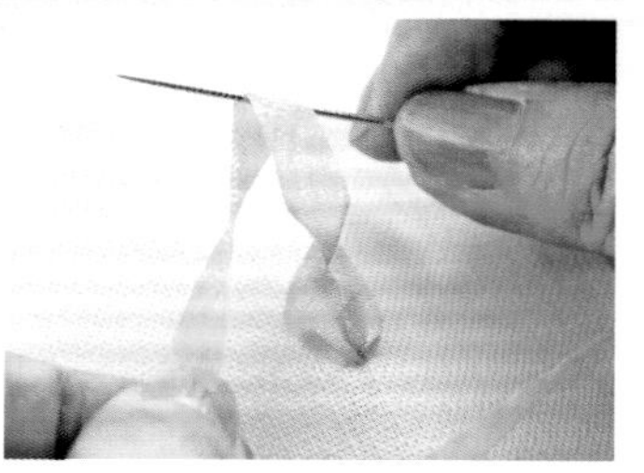

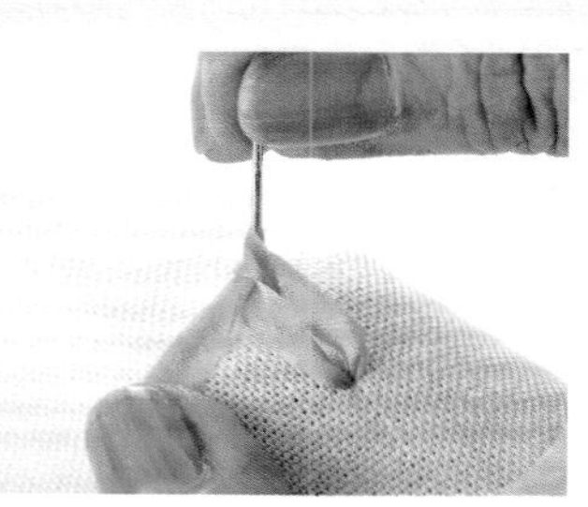

1 將針從**1**穿出後，一邊以左手按壓緞帶，一邊將針穿入**2**（1的右側），再從**3**穿出。

2 將緞帶掛針，緩慢拉動，繞成環狀，再一邊垂直搖動，一邊將緞帶環收緊。

3 將緞帶掛針，作捲線1次的法式結粒繡（→P.38）。

4 將針穿入**4**，加以固定。

B

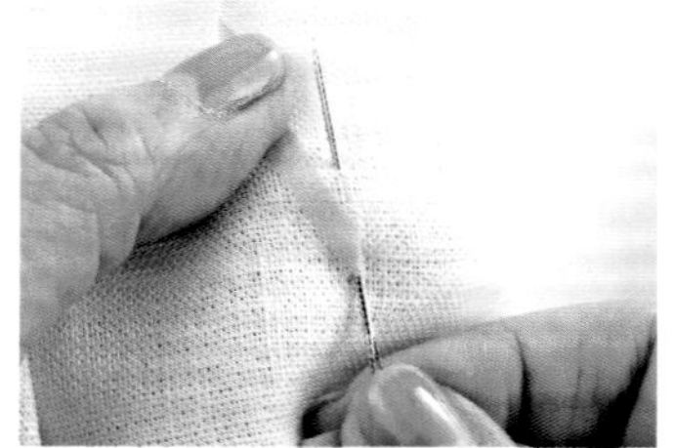

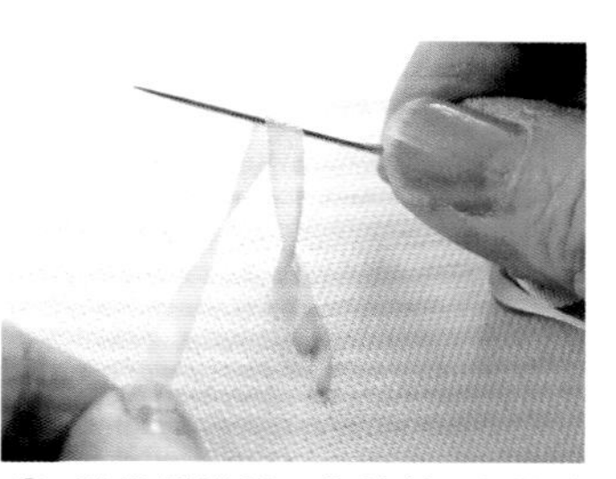

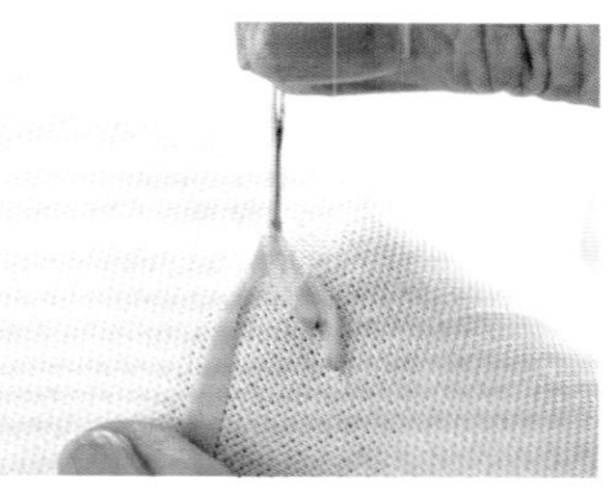

1 將針從**1**穿出，一邊以左手按壓緞帶，一邊穿入**2**，再從**3**穿出。

2 將緞帶掛針，緩慢拉動，繞成環狀，再一邊垂直搖動，一邊將緞帶環收緊。

3 將緞帶掛針，作捲線1次的法式結粒繡（→P.38）。

4 將針穿入**4**，加以固定。

毛邊雛菊繡
Blanket lazy daisy stitch

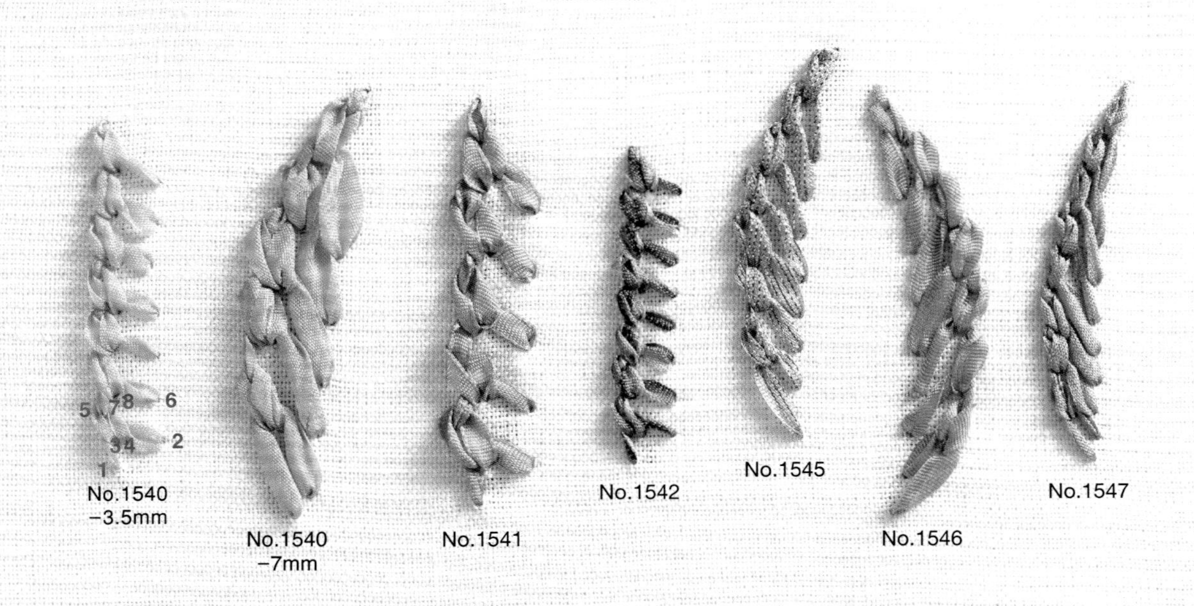

5 7 8 6
3 4 2
1
No.1540
-3.5mm
No.1540
-7mm
No.1541
No.1542
No.1545
No.1546
No.1547

※此為原寸刺繡圖案

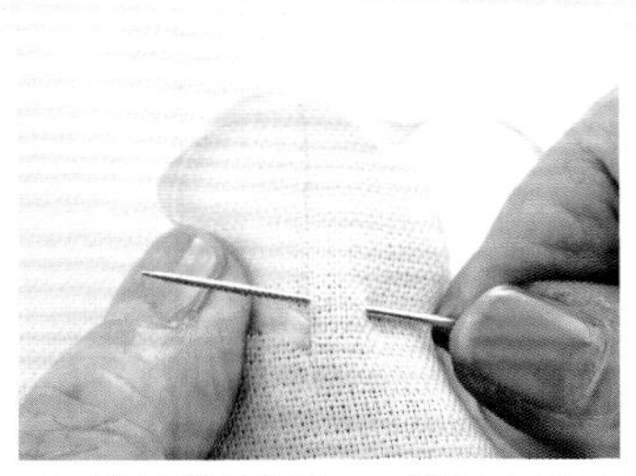

1 將針從**1**穿出，一邊以左手按壓緞帶，一邊穿入**2**，再從**3**穿出。

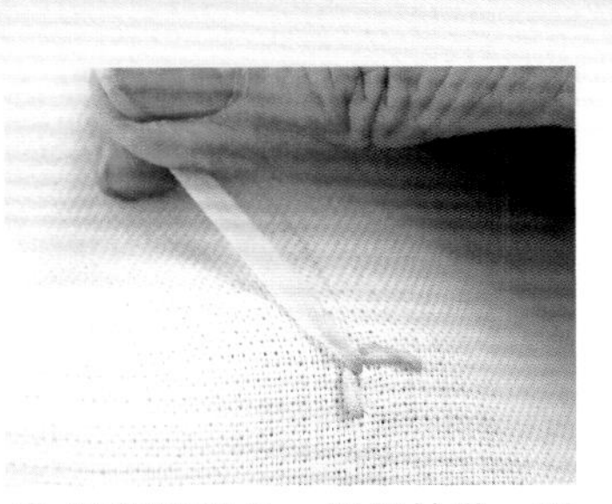

2 將緞帶掛針，緩慢拉動，調整形狀。

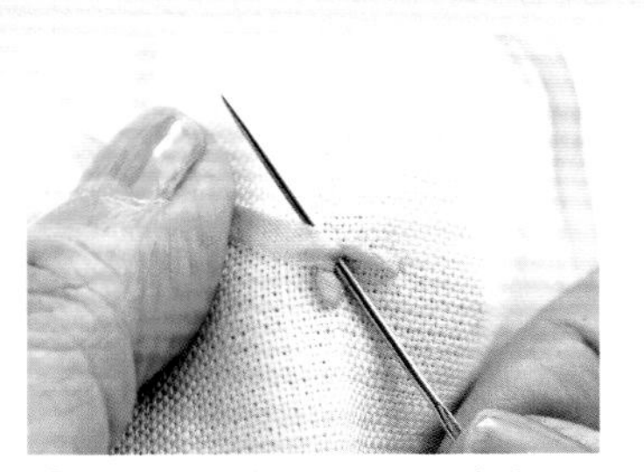

3 將針從**4**穿入後，從**5**穿出。

4 將緞帶掛針，緩慢拉動後，作成環狀。

5 手持緞帶，一邊垂直搖動，一邊將緞帶環收緊。

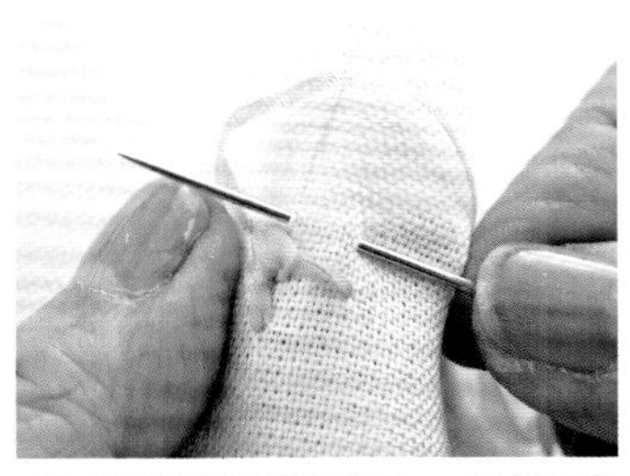

6 接著將針從**6**穿入，再從**7**穿出。

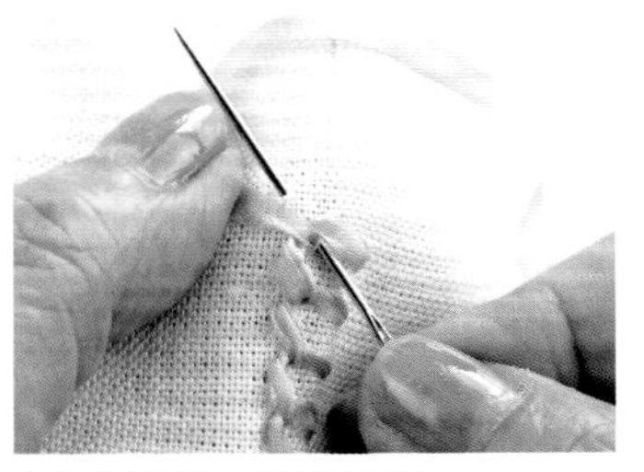

7 重覆進行步驟**3**至**6**。

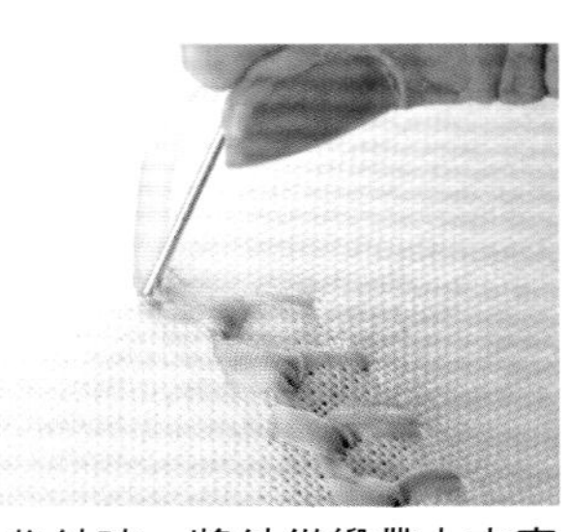

8 收針時，將針從緞帶上方穿入，加以固定。

Knotted Stitches & Composite Stitches 25

立體緞面繡

Raised satin stitch

3 1
4 2
No.1540
-3.5mm

No.1540
-7mm

No.1542

No.1545

No.1546

No.1547

No.1540
-3.5mm

No.1540
-7mm

No.1546

No.1547

※此為原寸刺繡圖案

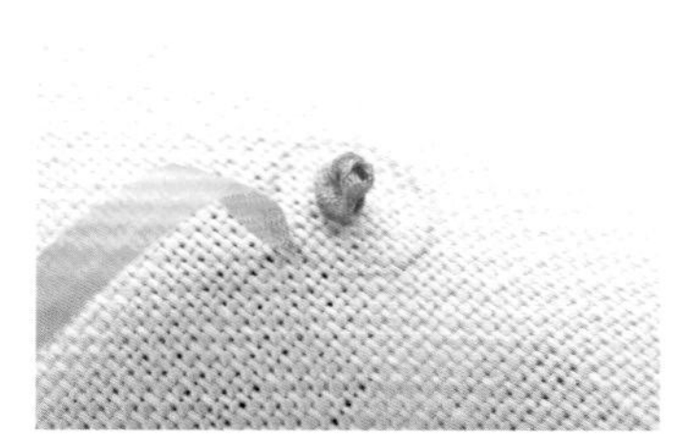
1 首先，在圖案中心進行捲線1次的法式結粒繡（→P.38）。將針從圖案線上穿出。

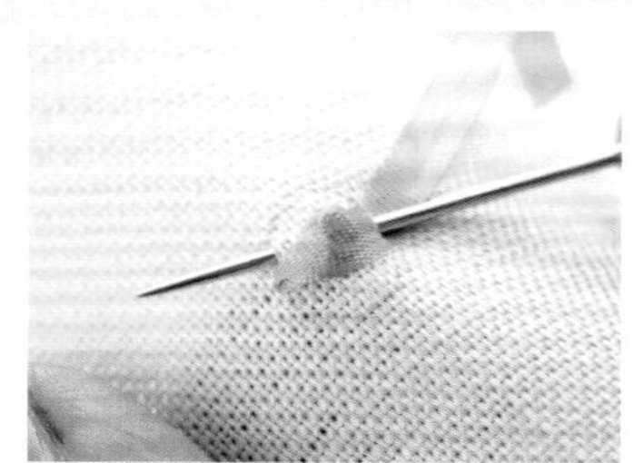
2 一邊將針穿入緞帶，一邊橫跨中心點，進行一半分量的刺繡。

3 接著，再進行剩下的一半。目前為止都是基座部分，因此刺繡時緞帶不夠平整也無需在意。

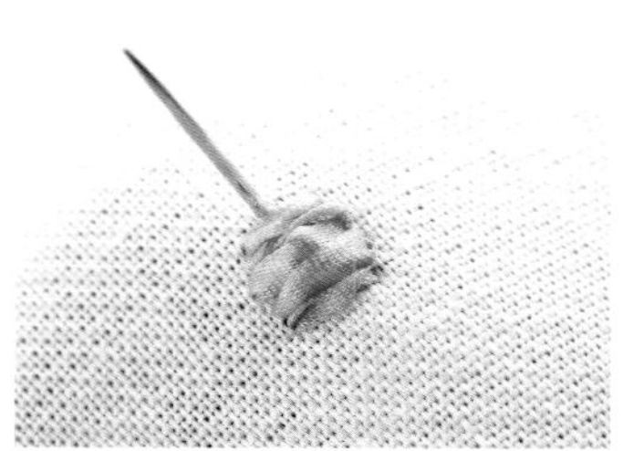
4 縱向進行刺繡。將針從1穿出。

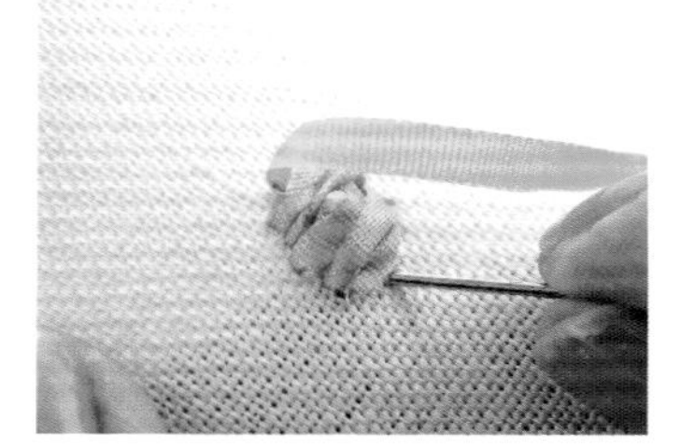
5 將針從**2**穿入。

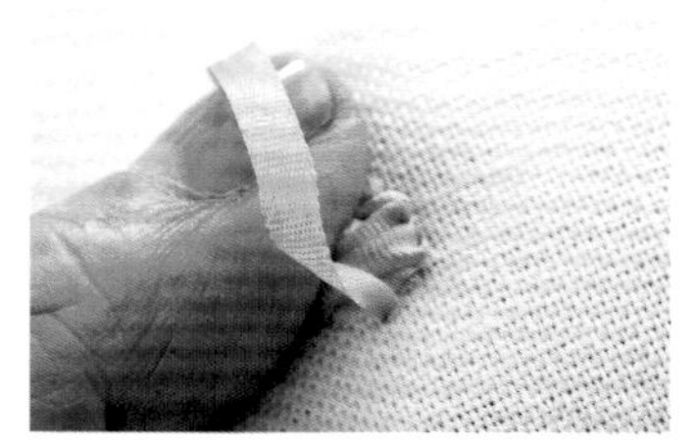
6 使用左手拇指，一邊調整緞帶，一邊輕輕地拉動。

7 左側繡完後，右側也以相同方式進行。

8 收針時，將針穿入布面即可。

雛菊飛行繡

Lazy daisy fly stitch

4
5
6
8
No.1540
–3.5mm
No.1540
–7mm
No.1541
No.1541
No.1540
–3.5mm
No.1544
No.1541
No.1548
No.1545
No.1546
No.1547

※此為原寸刺繡圖案

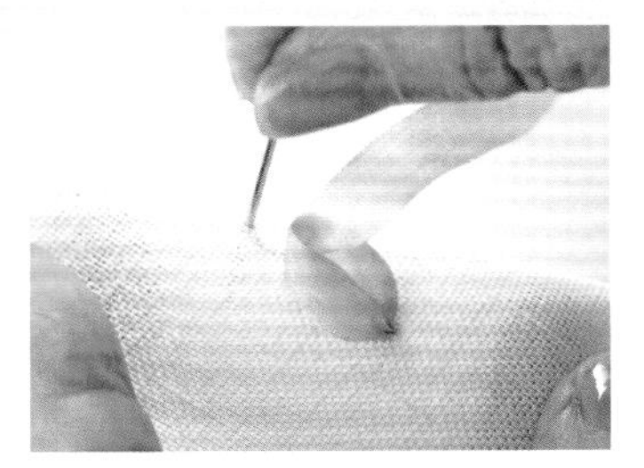

1 進行雛菊繡（→P.28）。

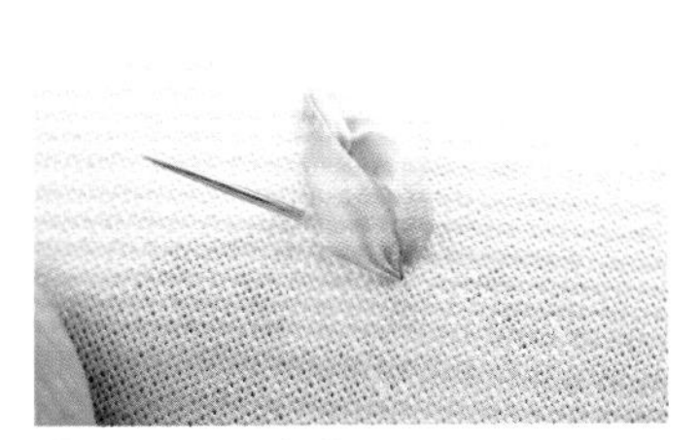

2 將針從5穿出。

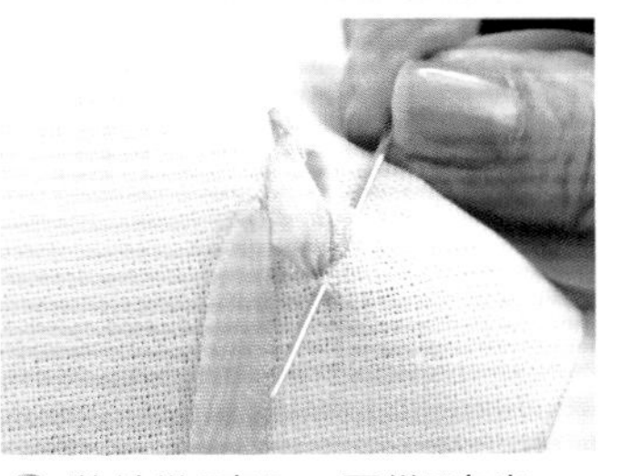

3 將針從6穿入，再從7穿出。

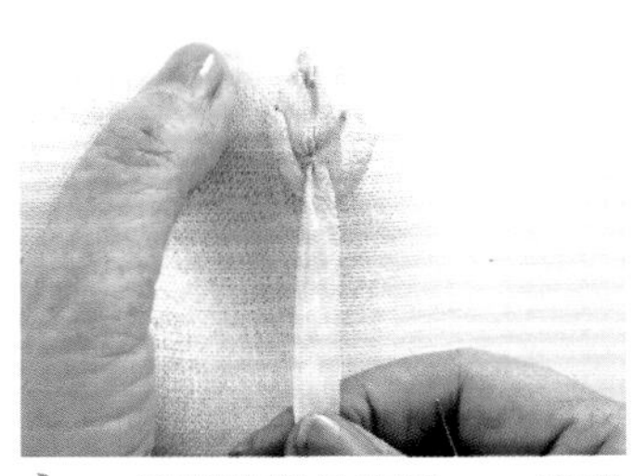

4 一邊將緞帶往下拉，一邊調整形狀。

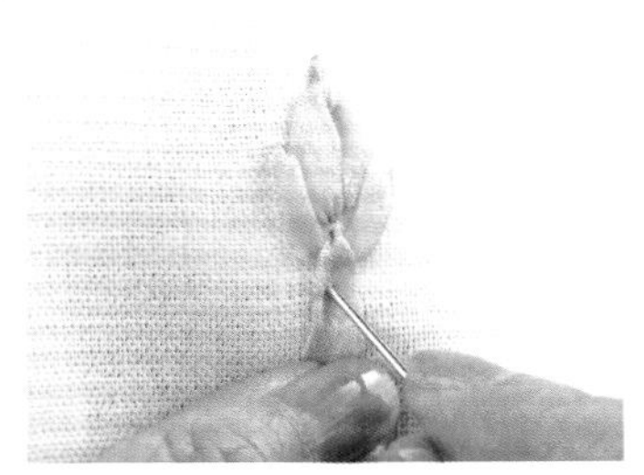

5 收針時，將針從緞帶上方穿入，加以固定。

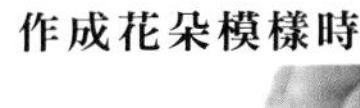
作成花朵模樣時

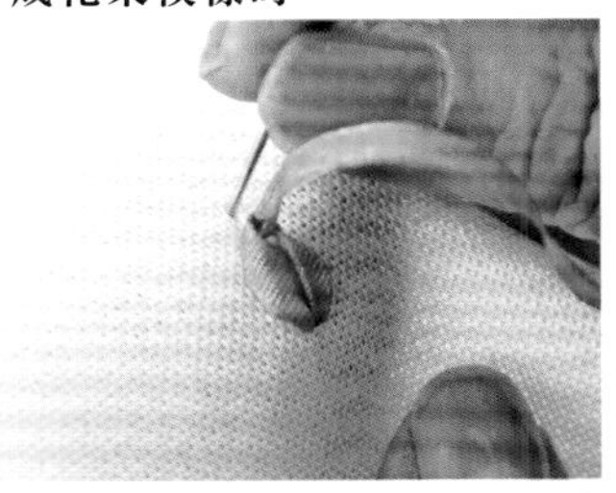

1 取粉紅色緞帶，進行雛菊繡（→P.28）。

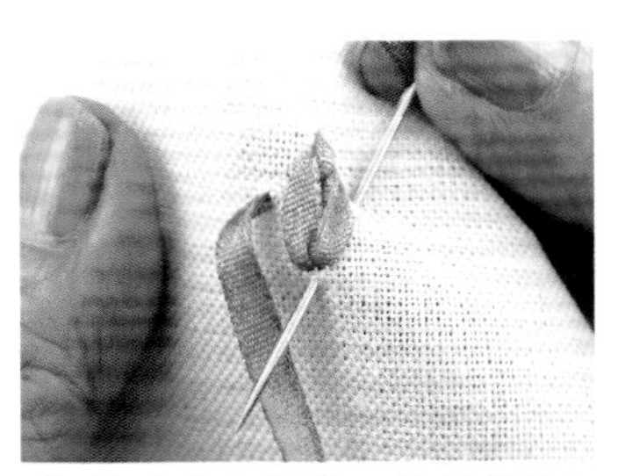

2 換成綠色緞帶，將針從5穿出，穿入6，再從7穿出。

3 收針時，將針從緞帶上方穿入，加以固定。

Detached Stitches

浮面繡

材料

刺繡緞帶

（No.1540−3.5mm）col.035　col.095　col.356　col.364　col.374　（No.1540−7mm）col.035　col.163

（No.1541）col.063　col.102　col.419　col.429　col.465　（No.1542）col.2　col.4

（No.1544）col.3　col.5　（No.1545）col.3　（No.1546）col.5

DMC5號繡線　col.225　col.543　col.3053

※此為原寸刺繡圖案

Detached Stitches

浮面繡

將成為基座的針法繡在布面上，再將緞帶藏、捲或編在其他緞帶下，進行刺繡。
由於除了基座針法之外的針法都是浮繡在布面，因此能夠呈現充滿分量的立體感。
這樣的作品不適合頻繁的洗滌，因此用於裝飾物品最佳。

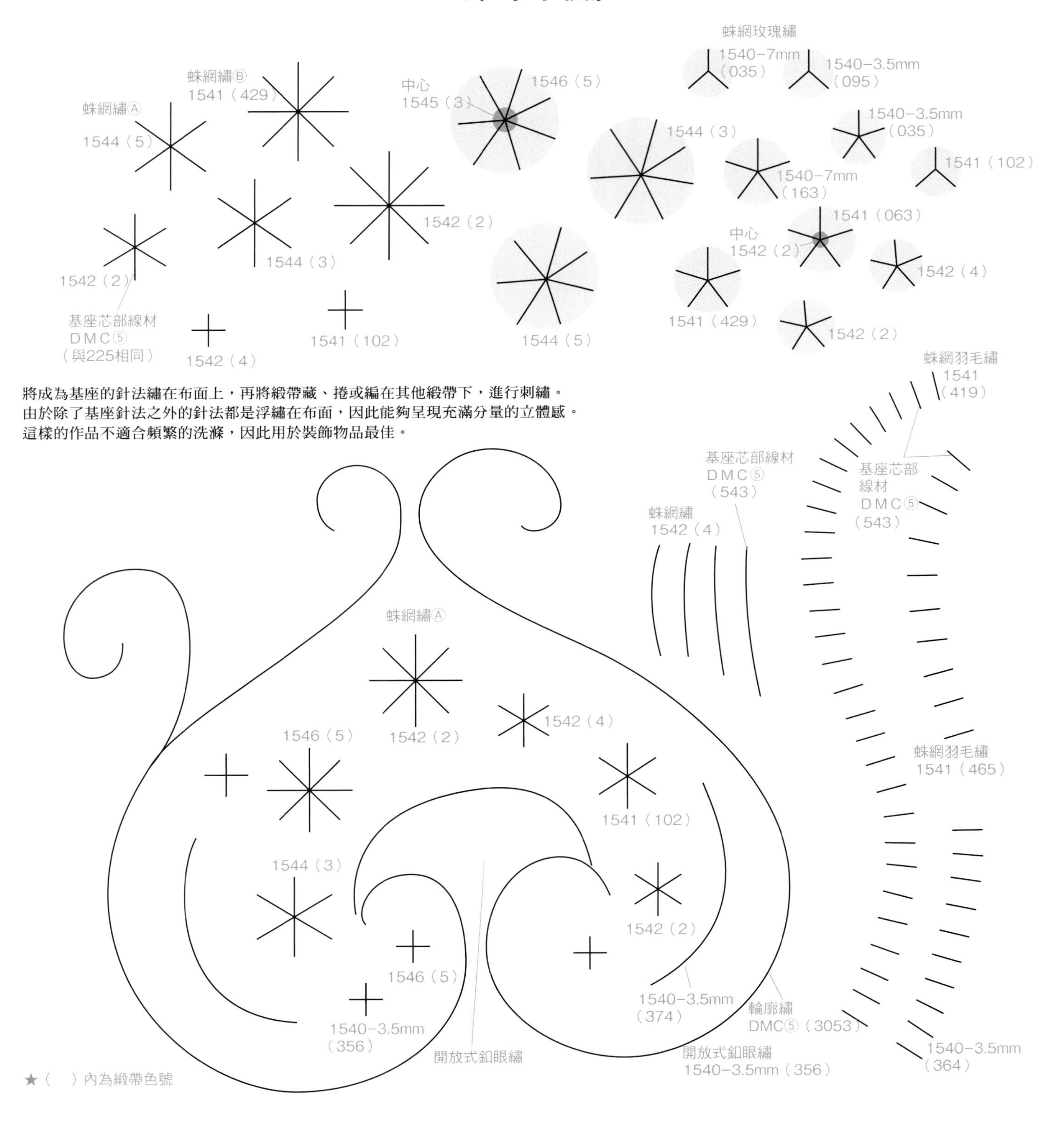
蛛網繡Ⓑ
1541（429）
蛛網繡Ⓐ
1544（5）
1542（2）
1544（3）
1542（2）
基座芯部線材
DMC⑤
（與225相同）
1542（4）
1541（102）
中心
1545（3）
1546（5）
1544（5）
蛛網玫瑰繡
1540-7mm
（035）
1540-3.5mm
（095）
1540-3.5mm
（035）
1544（3）
1540-7mm
（163）
1541（102）
1541（063）
中心
1542（2）
1542（4）
1541（429）
1542（2）
蛛網羽毛繡
1541
（419）
基座芯部線材
DMC⑤
（543）
基座芯部
線材
DMC⑤
（543）
蛛網繡
1542（4）
蛛網繡Ⓐ
1546（5）
1542（2）
1542（4）
1541（102）
1544（3）
1542（2）
1546（5）
1540-3.5mm
（356）
開放式釦眼繡
1540-3.5mm
（374）
輪廓繡
DMC⑤（3053）
開放式釦眼繡
1540-3.5mm（356）
蛛網羽毛繡
1541（465）
1540-3.5mm
（364）

★（　）內為緞帶色號

迷你框飾

此類作品運用蛛網玫瑰繡，尺寸可自由地變換，
是相當適合迷你花朵框飾的華麗針法。
請務必選擇喜歡的框架，嘗試這樣的刺繡吧！

作法 P.96

7

10

8

11

9

12

13

16

14

17

15

18

Detached Stitches 27

蛛網玫瑰繡

Spider web rose stitch

No.1540
-3.5mm
7mm
No.1541
No.1542
No.1544
No.1548
No.1545
No.1547
No.1546
No.1547
No.1541
No.1544
No.1545
No.1547
No.1543-7mm
No.1542
No.1548
No.1546

※此為原寸刺繡圖案

以3股製作時

1 首先，取5號繡線（與緞帶同色系），進行基座的刺繡。在起針處小小地縫1針，再從外側往中心點重覆進行直線繡，收針處也一樣小小地縫1針，再於布的背面將線材收尾。

2 將緞帶刺穿入末端圓潤的針（針織布）孔中，再從繡線的位置穿出。

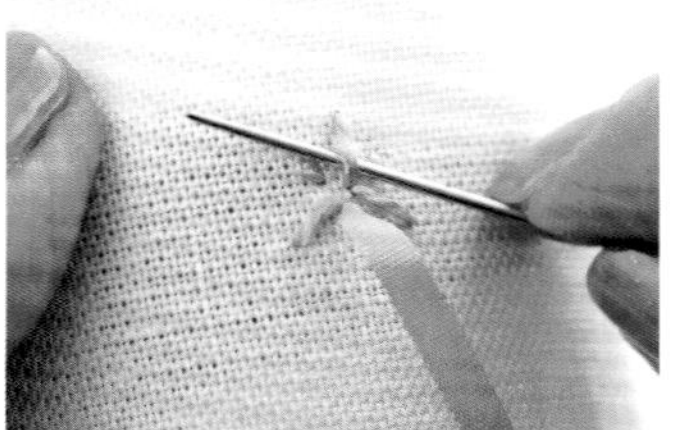

3 以順時鐘方向將針穿入繡線的上＆下方。

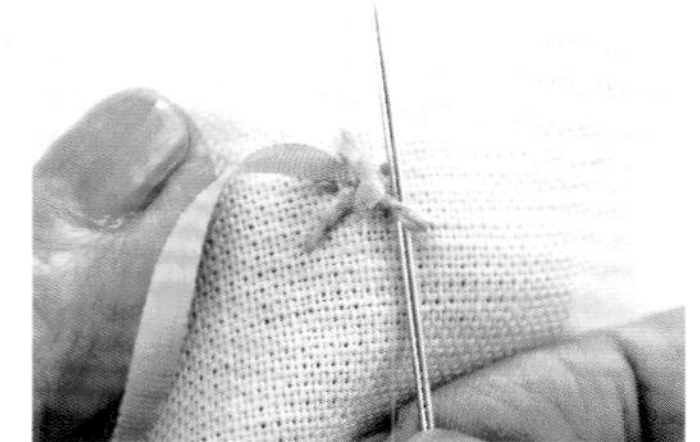

4 第2圈也是以相同要領往下進行。

5 外側刺繡完成後，輕輕地扭轉緞帶，一朵蓬鬆的玫瑰即完成。

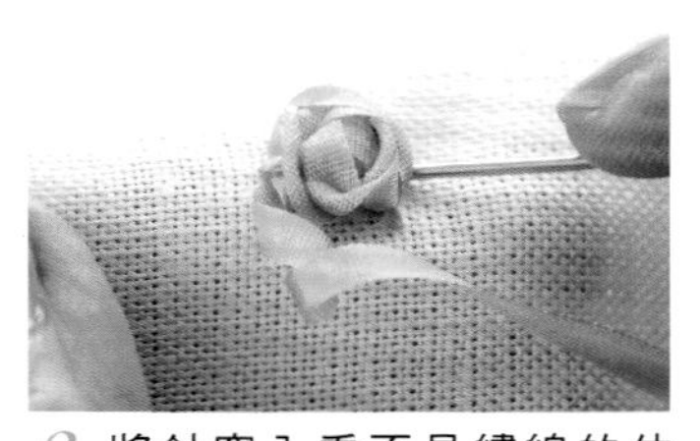

6 將針穿入看不見繡線的位置，收針時，再將針穿入深處即可。

以5股製作時

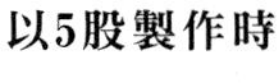

以7股製作時

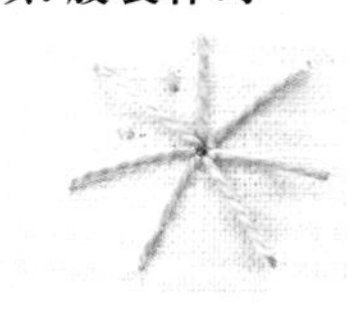

Detached Stitches 28

網狀繡
Web stitch

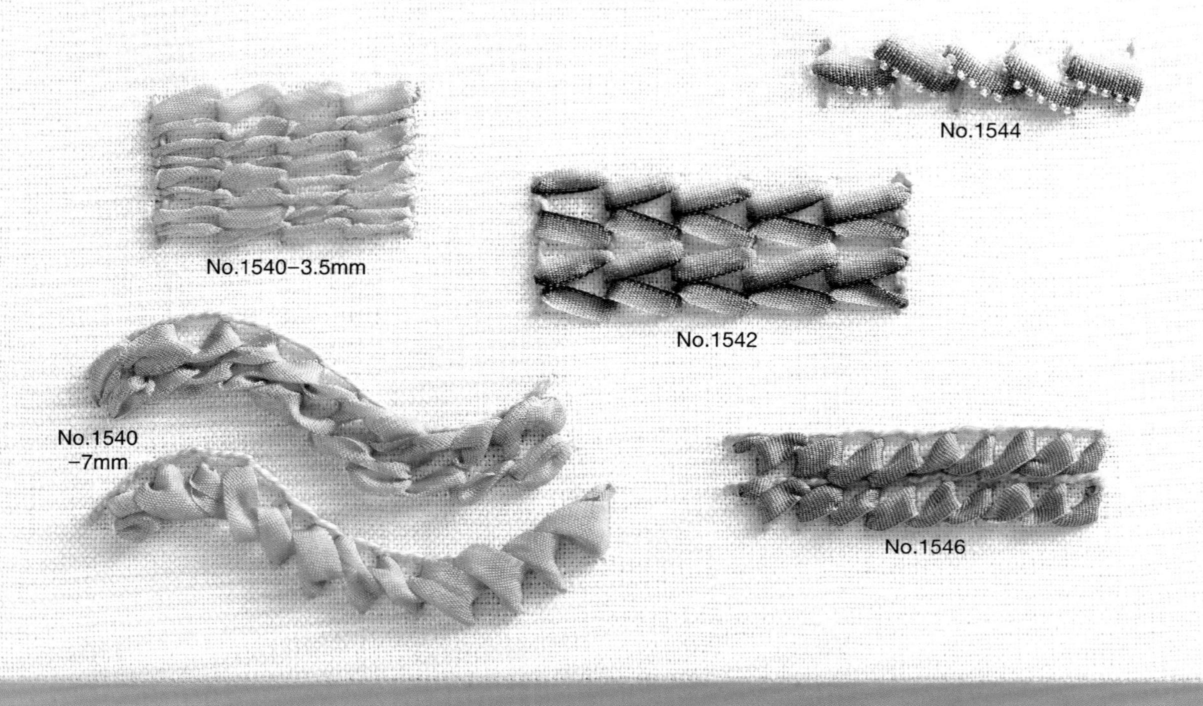
No.1544
No.1540–3.5mm
No.1542
No.1540
–7mm
No.1546

※此為原寸刺繡圖案

基座針法

<輪廓繡>

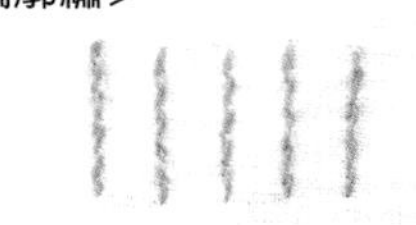

<毛邊繡>

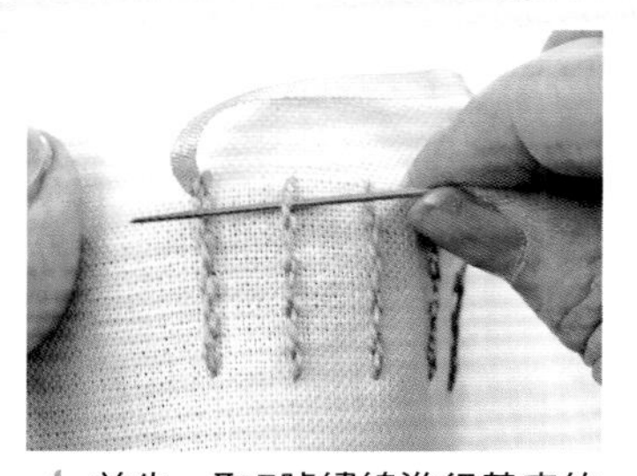

1 首先，取5號繡線進行基座的刺繡。將緞帶穿入末端圓潤的針（針織布用）孔中，從繡線的位置穿出後，再穿過隔壁列的繡線針法。

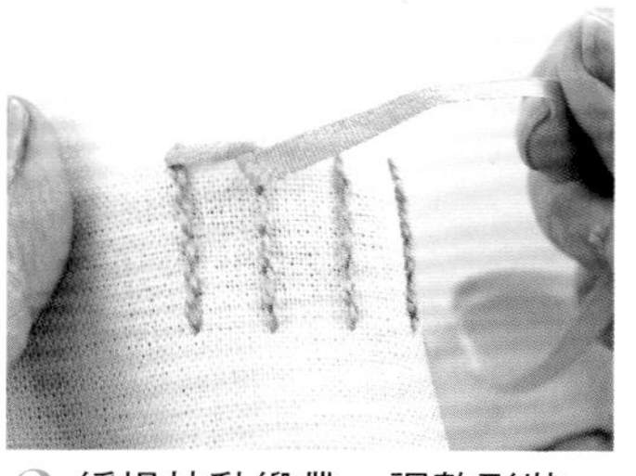

2 緩慢拉動緞帶，調整形狀，如圖從左側往右側穿過。

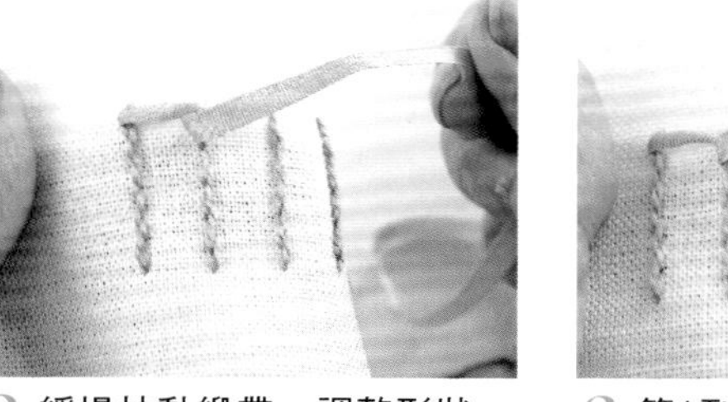

3 第1列收針時，將針穿入針法列的位置。

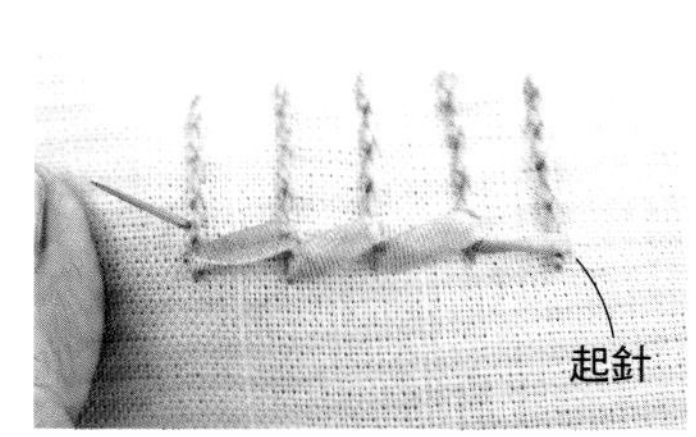
起針

4 將布上下顛倒，將針從緊靠3上方的位置穿出，再進行第2列的刺繡。

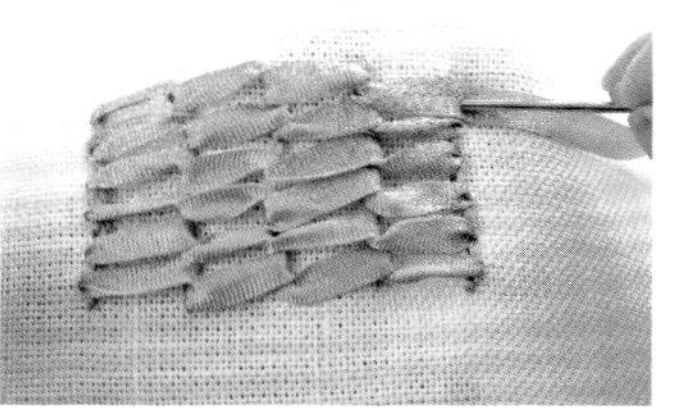

5 來回進行刺繡，收針時，將針從緞帶上方穿入，加以固定。

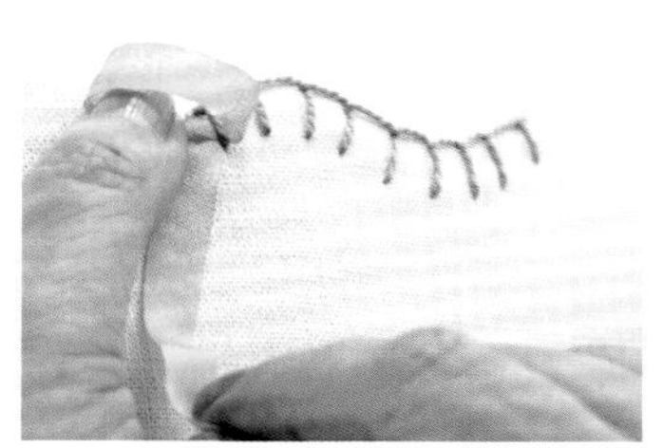

1 首先，取5號繡線進行基座的刺繡。將緞帶穿入末端圓潤的針（針織布用）孔中，從繡線的位置穿出後，再穿過隔壁列的繡線針法。

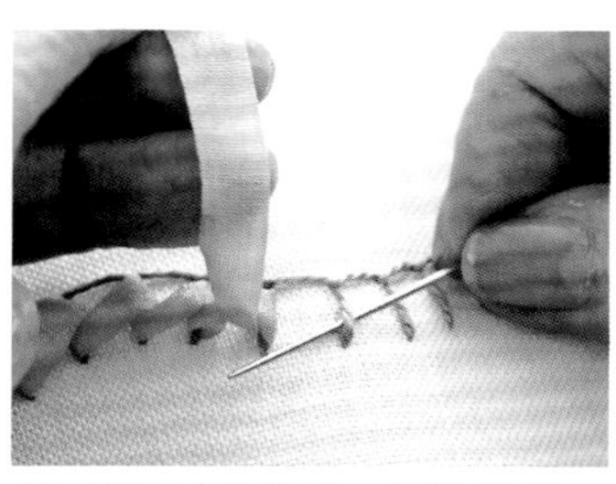

2 緩慢拉動緞帶，調整形狀，如圖從左側往右側穿過。收針時，將針從緞帶上方穿入，加以固定。

Detached Stitches 29
編織繡A（順時針）
Weaving stitch A
No.1540 -3.5mm
No.1541
No.1542
No.1544
No.1545
No.1546
No.1540 -3.5mm
No.1541
No.1542
No.1544
No.1548
No.1546
No.1542
No.1545

※此為原寸刺繡圖案

取6股製作時

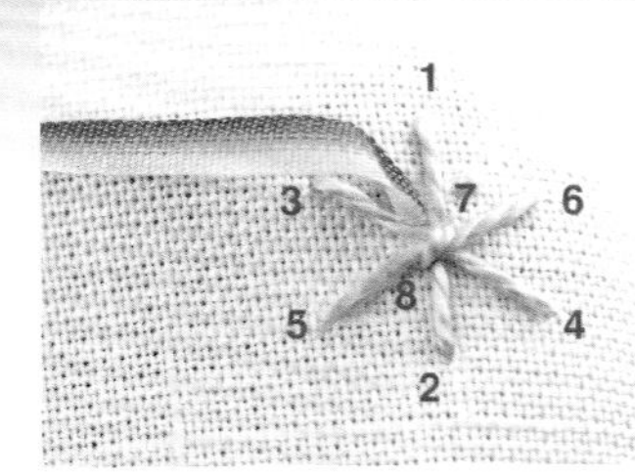
1
3
7
6
5
8
4
2

1 取5號繡線（與緞帶同色系）進行基座的刺繡。在起針處縫1小針，從**1**至**6**都進行直線繡，在**7**、**8**上固定交點，收針處縫1小針，再於布的背面將線材收尾。將緞帶穿入末端圓潤的針（針織布用）孔中，從繡線的位置穿出。

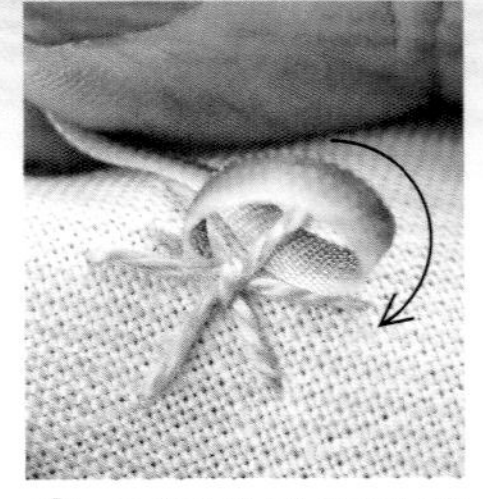

2 以順時鐘方向將針穿入繡線的下方。

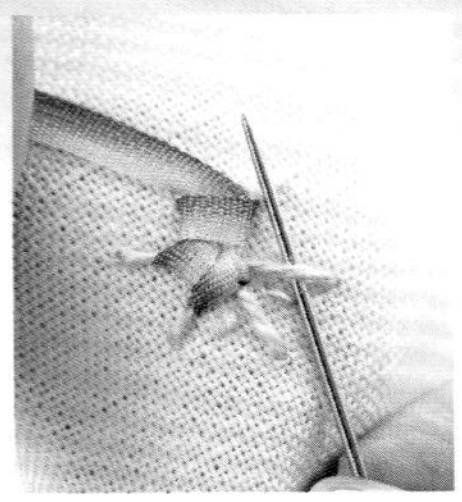

3 一邊調整緞帶，一邊繼續進行。

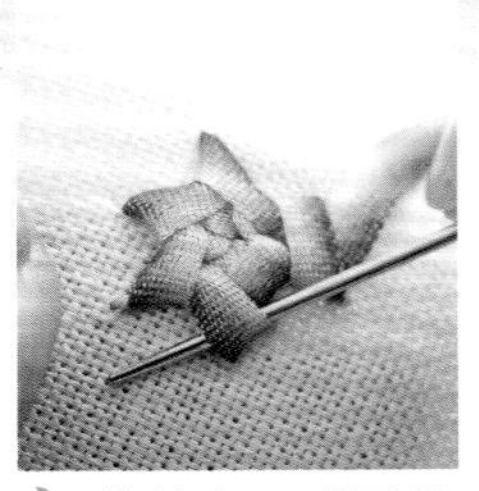

4 將針穿入看不見繡線的位置，再將針穿過起針處的緞帶。

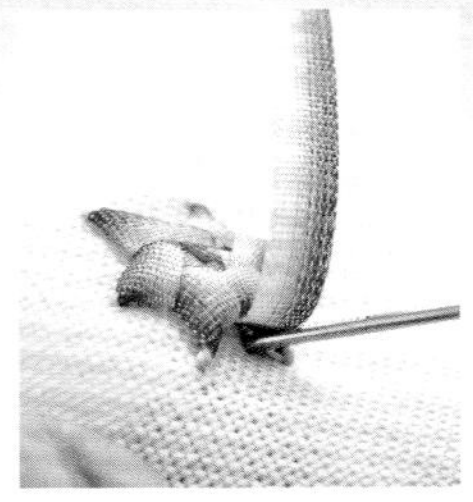

5 將針穿入緞帶深處不顯眼的位置。

取4股製作

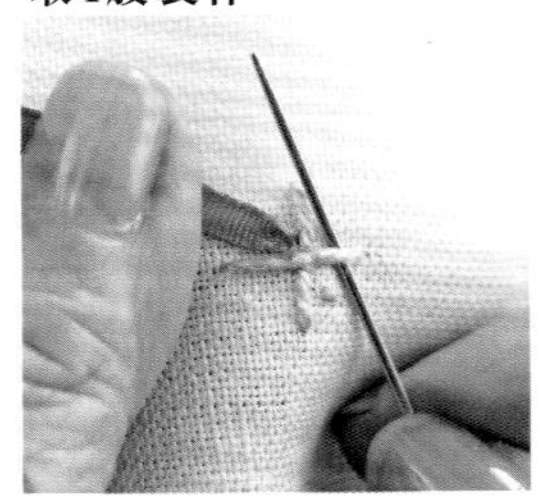

1 以與「取6股製作」相同的要領起針。

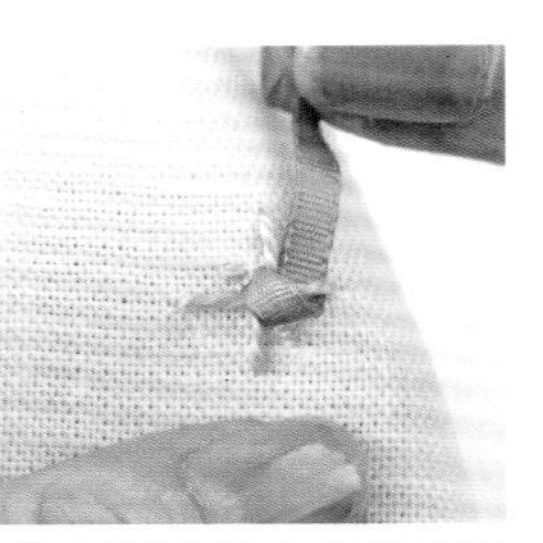

2 以順時鐘方向將針穿入繡線的下方。

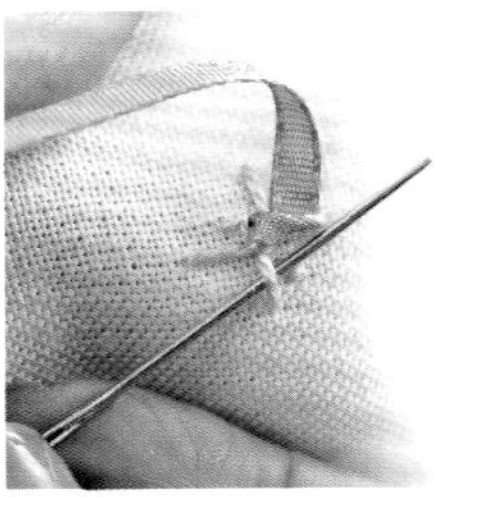

3 一邊調整緞帶，一邊繼續進行。

4 將針穿入看不見繡線的位置，再將針穿過起針處的緞帶。

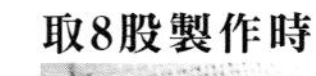
取8股製作時

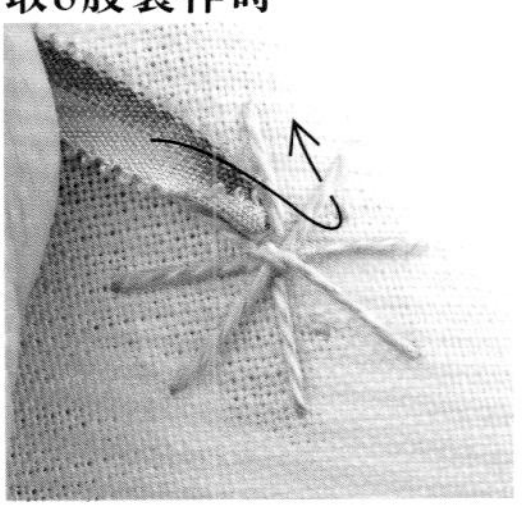

以與「取6股製作」相同的要領進行收尾。

Detached Stitches 30

編織繡B（逆時針）

Weaving stitch A

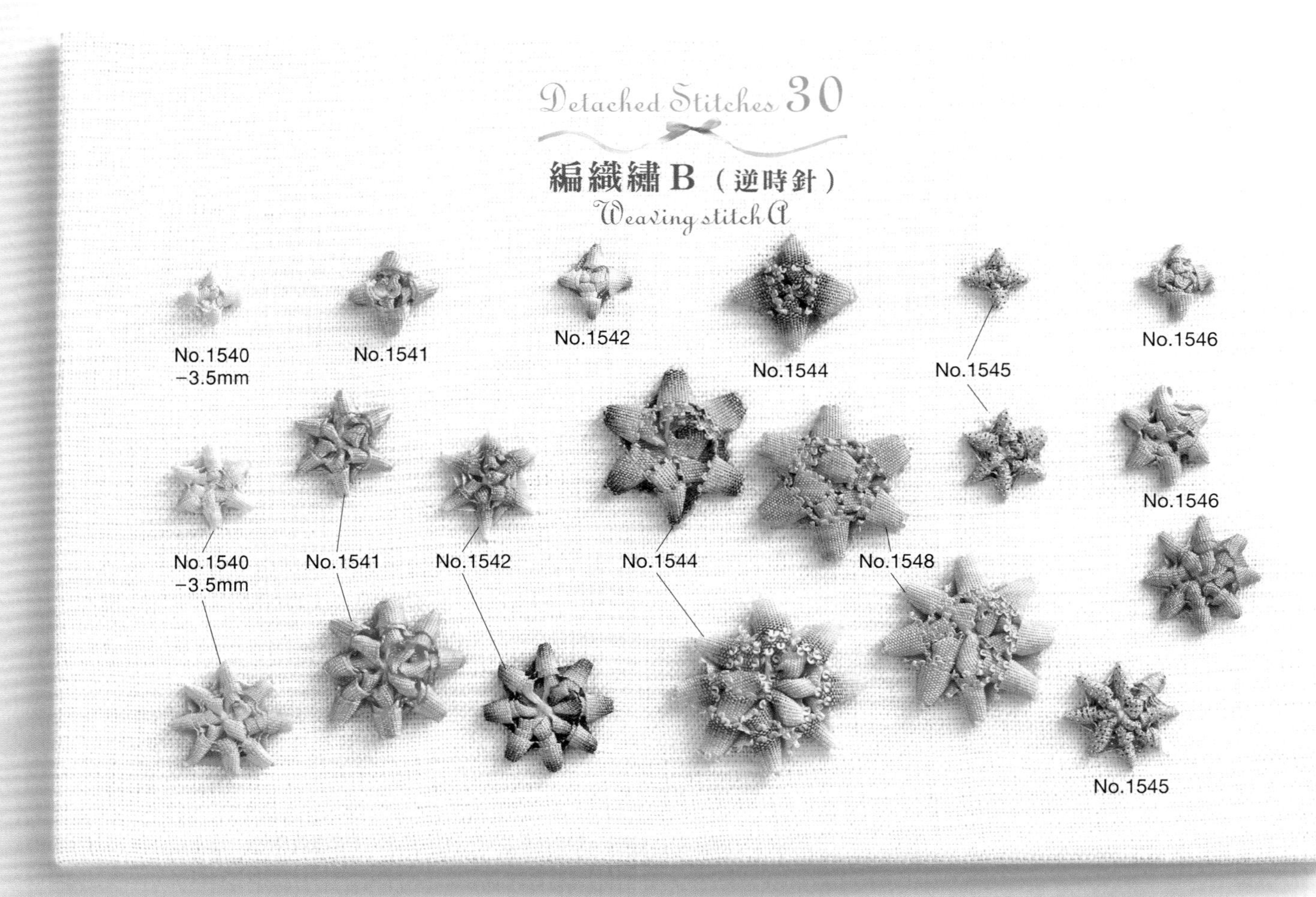
No.1540
−3.5mm
No.1541
No.1542
No.1544
No.1545
No.1546
No.1540
−3.5mm
No.1541
No.1542
No.1544
No.1548
No.1546
No.1545

※此為原寸刺繡圖案

取6股製作時

1 以蛛網繡相同的要領Ⓐ（→P.52）起針。

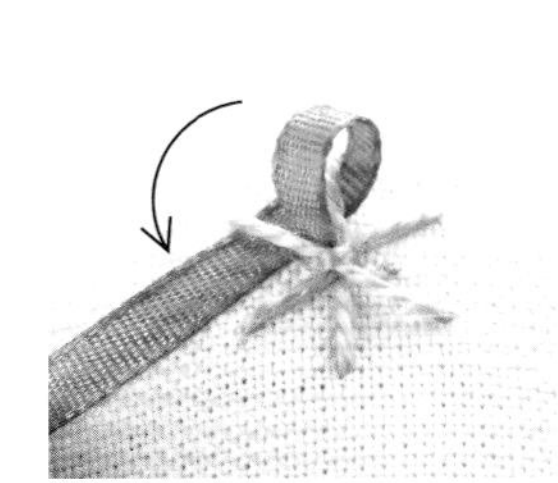

2 以逆時鐘方向將針穿入繡線的下方。

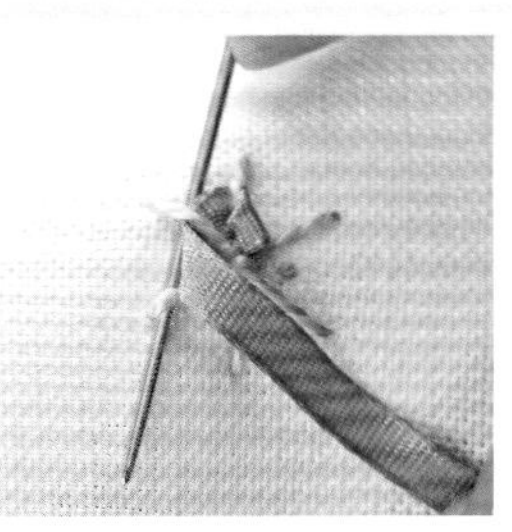

3 一邊調整緞帶，一邊繼續進行。

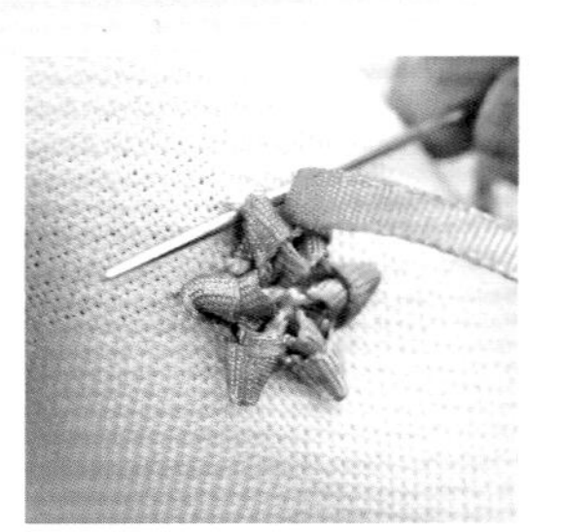

4 將針穿入看不見繡線的位置，再將針穿過起針處的緞帶。

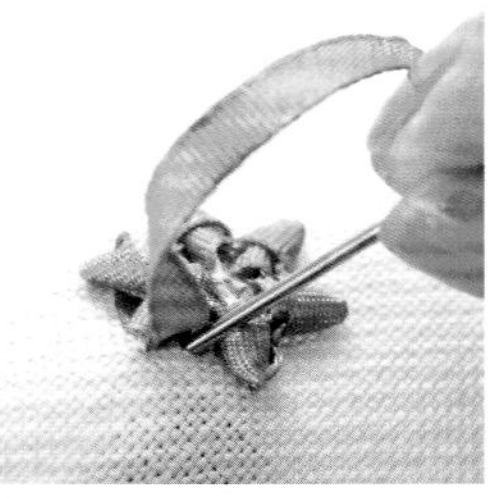

5 將針穿入緞帶深處不顯眼的位置。

取4股製作時

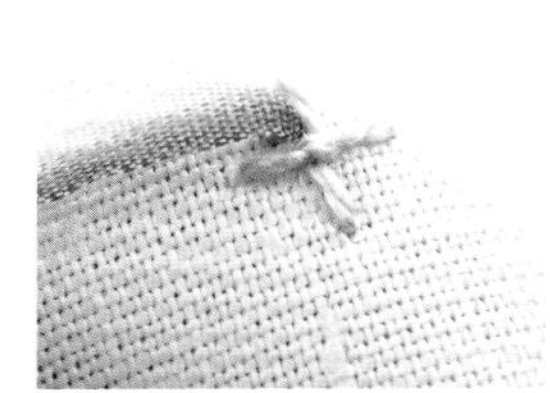

1 以與「取6股製作」相同的要領起針。

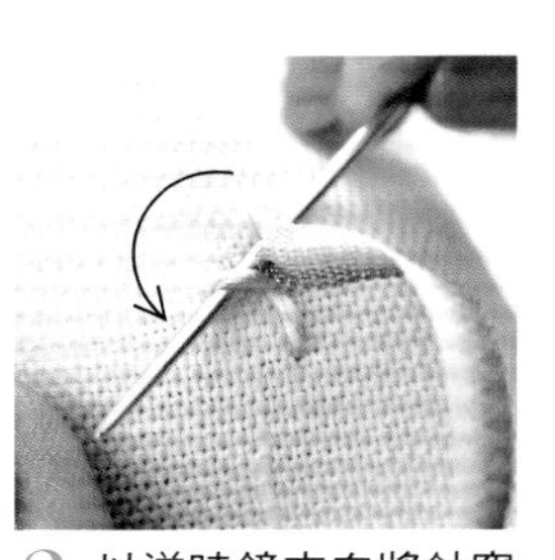

2 以逆時鐘方向將針穿入繡線的下方。

3 一邊調整緞帶，一邊繼續進行。將針穿入看不見繡線的位置，再將針穿過起針處的緞帶。

取8股製作時

1 以「取6股製作」相同要領起針。

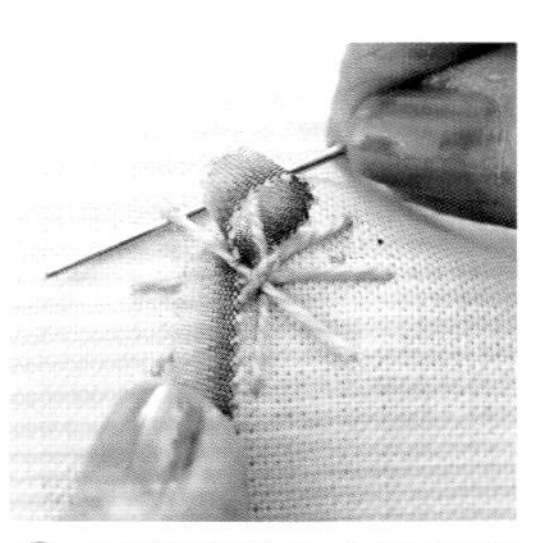

2 以逆時鐘方向將針穿入繡線的下方。

Detached Stitches 31

網狀羽毛繡

Web feather stitch

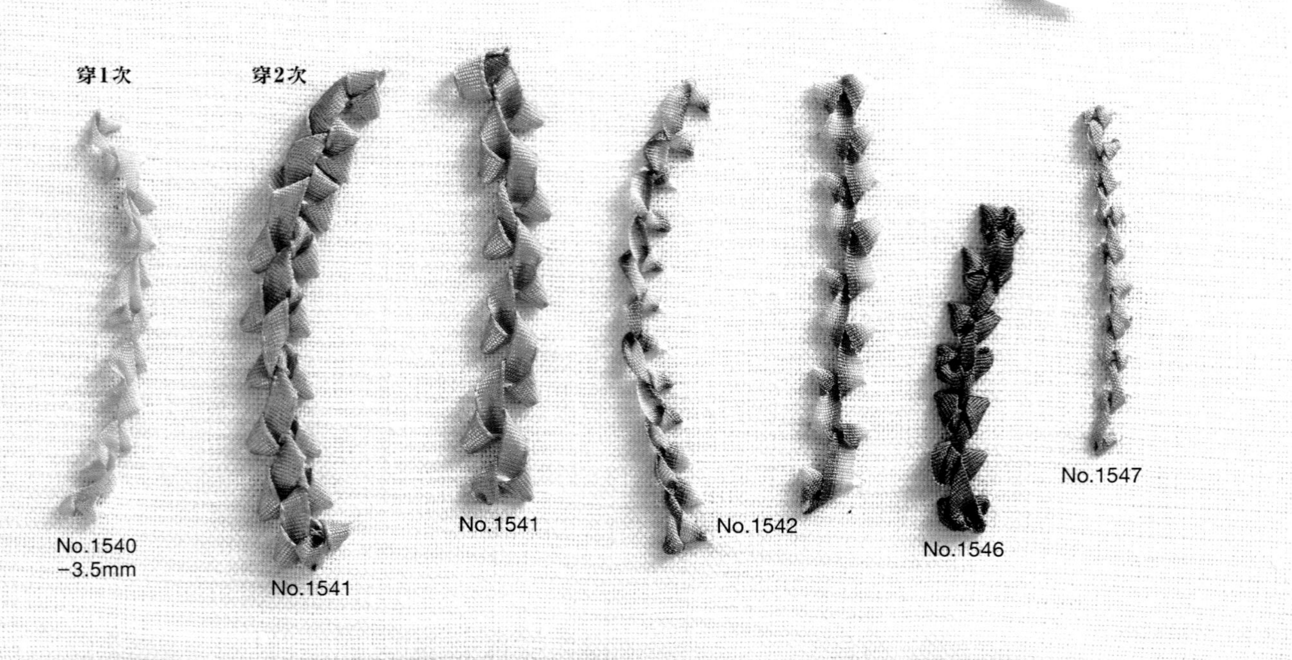
穿1次
穿2次
No.1540
-3.5mm
No.1541
No.1541
No.1542
No.1546
No.1547

※此為原寸刺繡圖案

穿1次

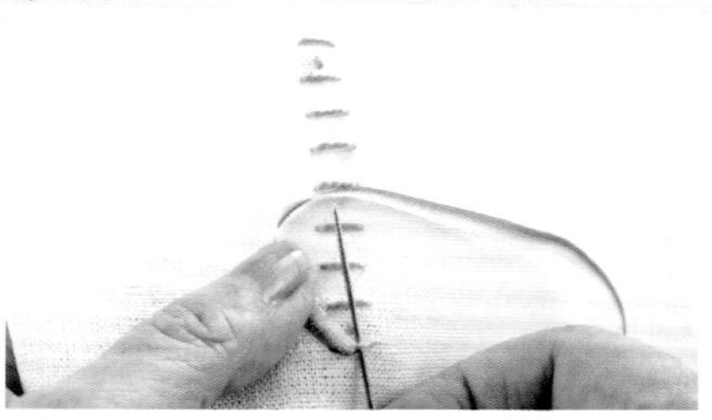

1 取5號繡線進行基座的刺繡。在起針處縫1小針，平行排列地進行直線繡，收針處縫1小針，將線材收尾。將緞帶穿入末端圓潤的針（針織布用）孔中，從針法位置穿出，再將針穿過繡線下方。

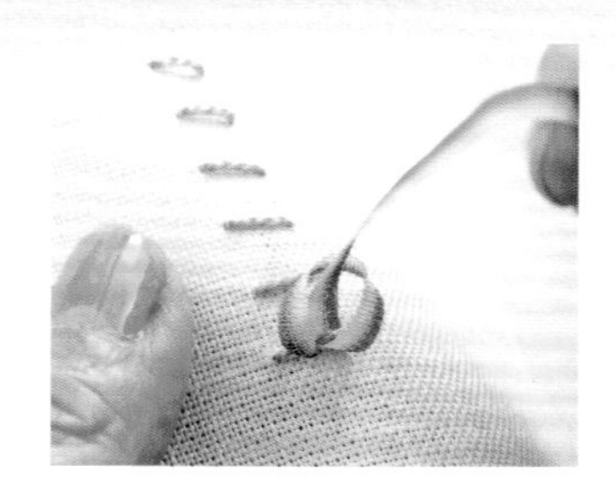

2 從左側將緞帶掛在針上，拉動緞帶。

3 整理形狀。這是在基座線材上進行羽毛繡（→P.30）的要領。

4 將針穿入第2條的針法繡線下方，再將緞帶從右側掛針，拉動緞帶。

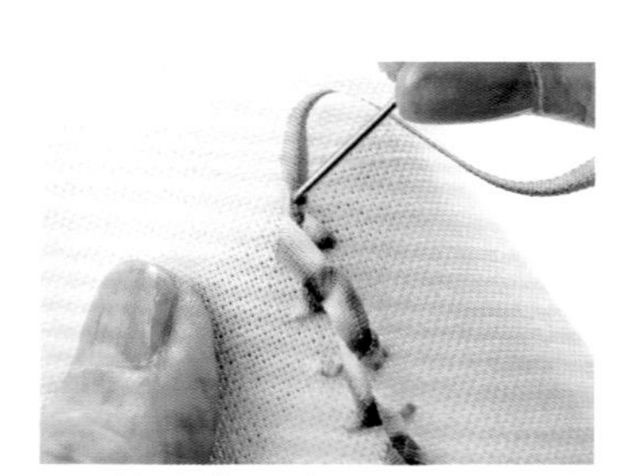

5 將緞帶一邊左右交互地掛線，一邊往下進行刺繡，收針時，將針從緞帶上方穿入，加以固定。

2次、2次地入針

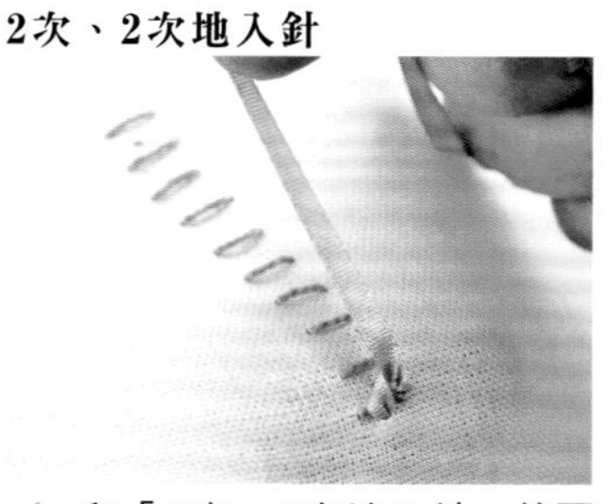

1 和「1次、1次地入針」的要領相同，從左側將緞帶掛在針上，拉動緞帶。

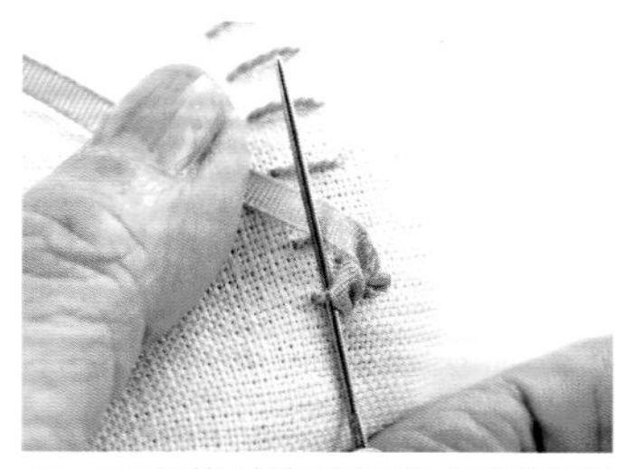

2 再次將針穿過同樣的繡線下方，再將緞帶從右側掛針，拉動緞帶。

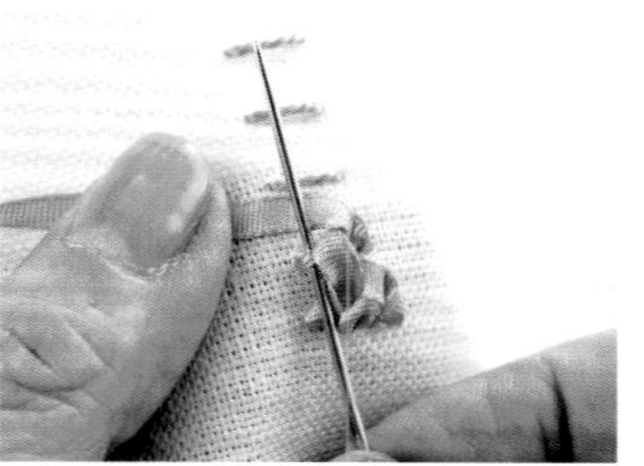

3 將針穿過第2條繡線下方，將緞帶從左側掛針，拉動，再從右側掛針、拉動，如此往下進行刺繡。

Detached Stitches 32

穿線平針繡

Threaded running stitch

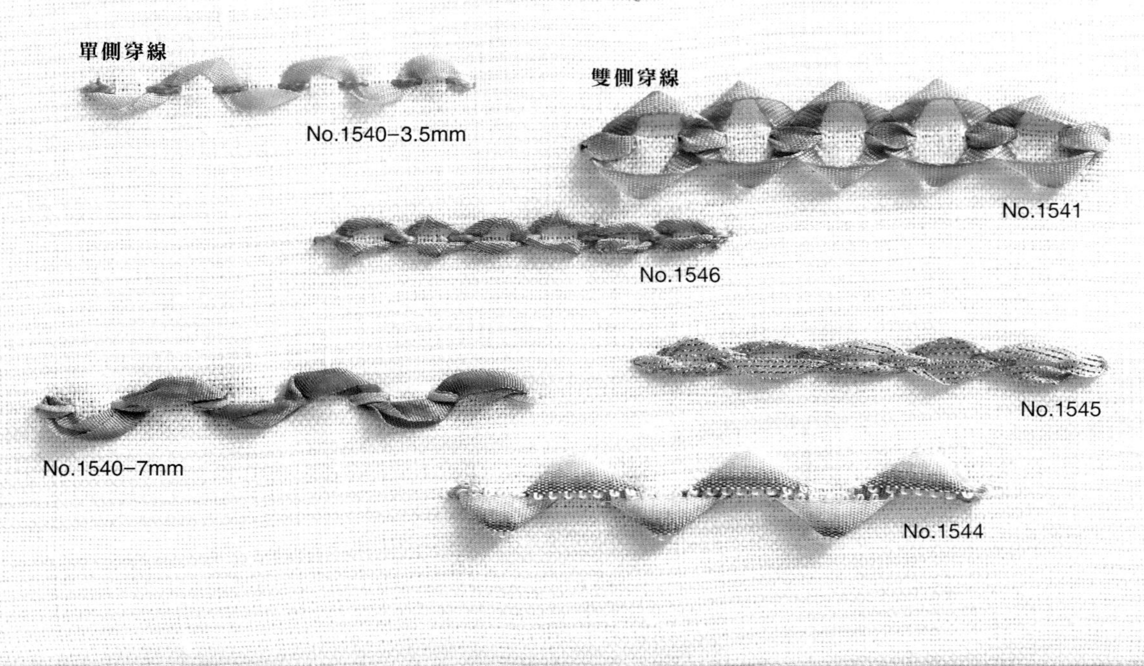
單側穿線
No.1540–3.5mm
雙側穿線
No.1541
No.1546
No.1545
No.1540–7mm
No.1544

※此為原寸刺繡圖案

單側穿線

1 取5號繡線進行基座的刺繡。進行直線繡後，在布的背面將線材收尾。將緞帶穿入末端圓潤的針（針織布用）孔中，從針法位置下方穿出，再將針穿過繡線下方。

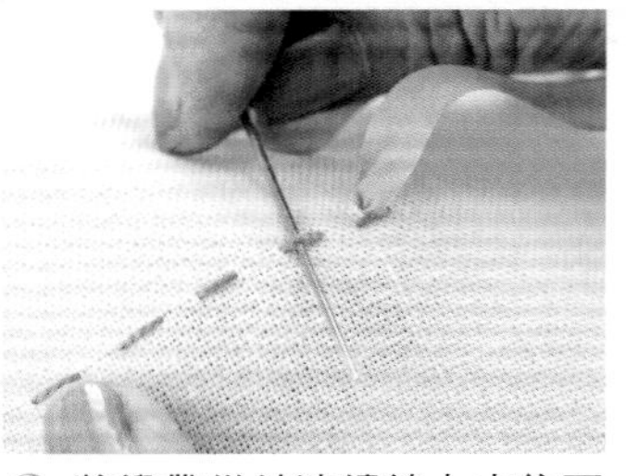

2 將緞帶從針法繡線上方往下穿過。

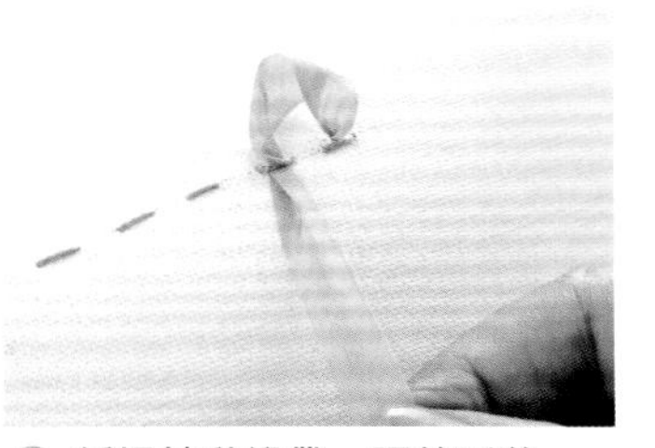

3 緩慢拉動緞帶，調整形狀。

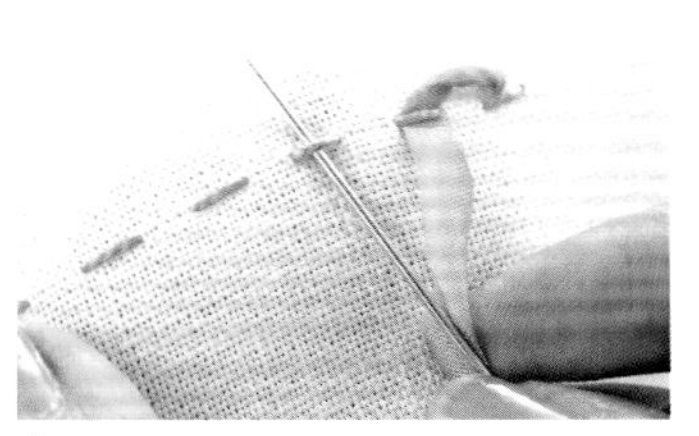

4 將緞帶從針法繡線下方往上穿過。

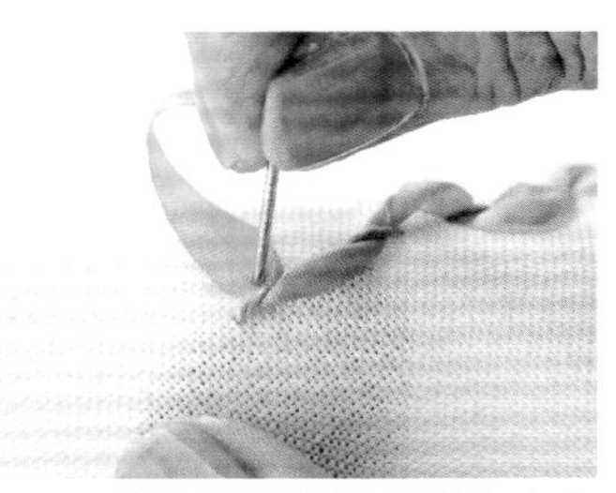

5 收針時，將針從緞帶上方穿入，加以固定。

雙側穿線

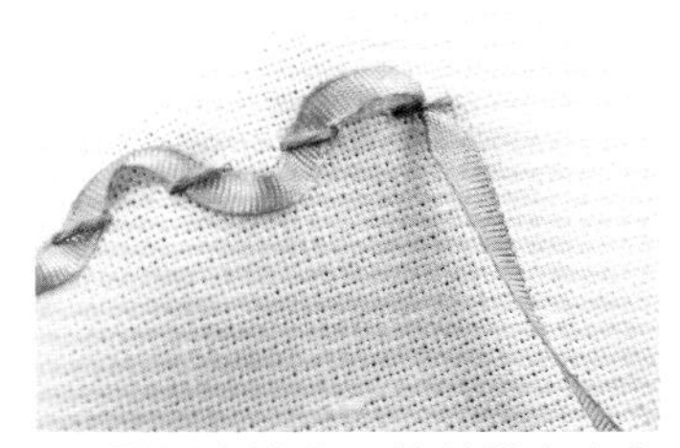

1 單側穿過後，將針從上方穿出。

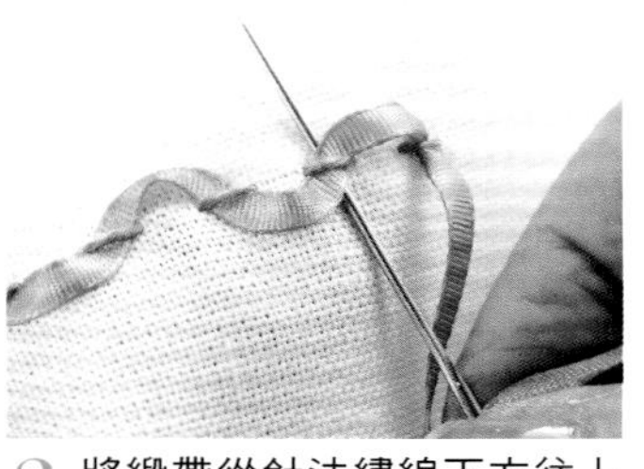

2 將緞帶從針法繡線下方往上穿過。

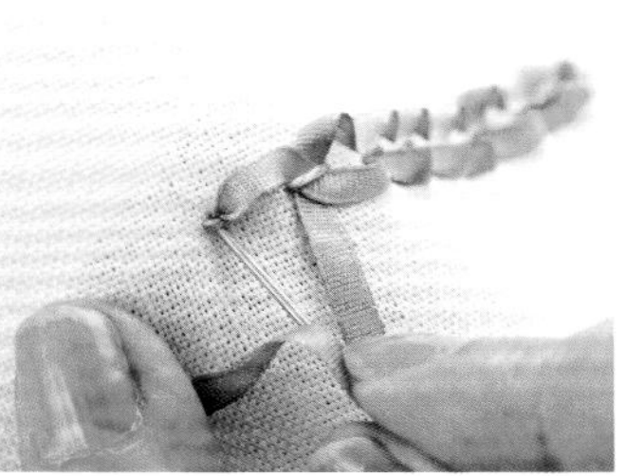

3 將緞帶從針法繡線上方往下穿過。一邊確認與刺在起針處單側部分的平衡狀態，一邊調整形狀，一邊進行刺繡。

Detached Stitches 33

開放式釦眼繡

Open buttonhole stitch

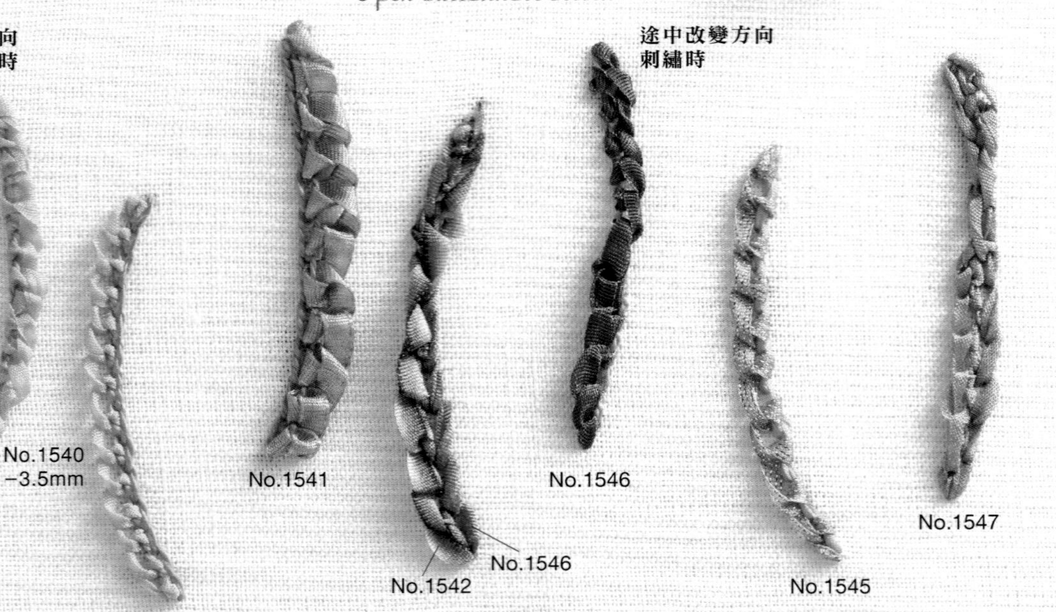

同方向
刺繡時
途中改變方向
刺繡時
No.1540
-3.5mm
No.1541
No.1546
No.1546
No.1542
No.1545
No.1547

※此為原寸刺繡圖案

同方向刺繡時

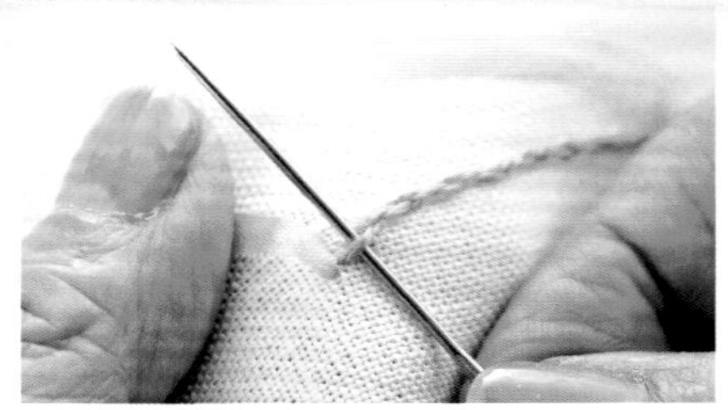

1 首先，取5號繡線進行基座的刺繡。進行輪廓繡後，在布的背面將線材收尾。將緞帶穿入末端圓潤的針（針織布用）孔中，從針法位置旁邊穿出，再從下方將針穿過繡線。

2 將緞帶掛針，緩慢拉動，調整形狀。

3 繼續往下穿入緞帶。

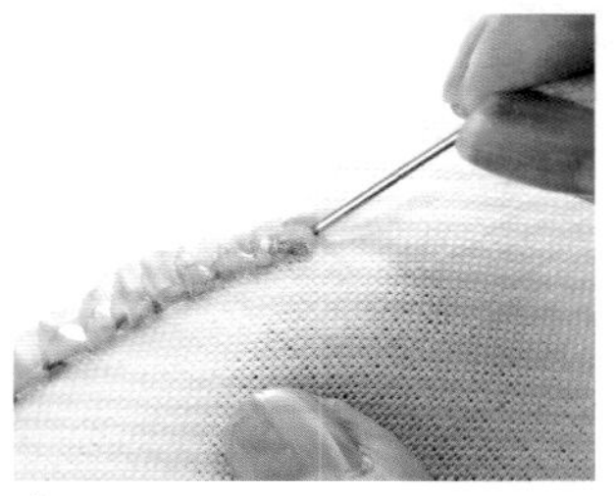

4 收針時，將針從緞帶上方穿入，加以固定。

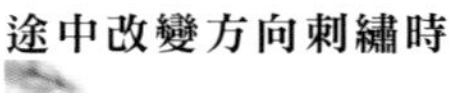

途中改變方向刺繡時

1 首先，取5號繡線進行基座的刺繡。進行鎖鍊繡後，在布的背面將線材收尾。將緞帶穿入末端圓潤的針（針織布）孔中，從鎖鍊位置中心點穿出。

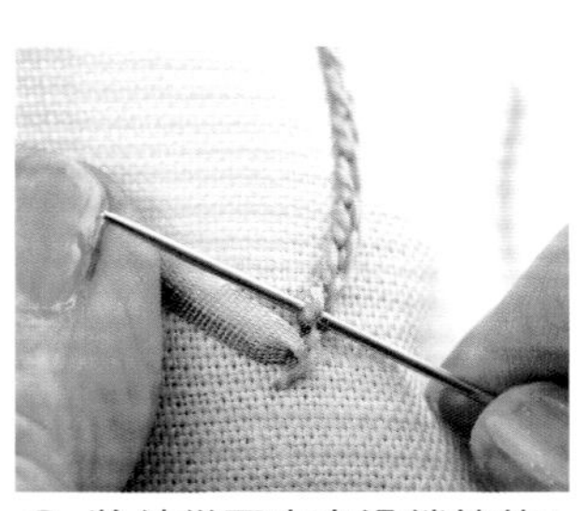

2 將針從下方穿過鎖鍊的1條線後，將緞帶掛針，再緩慢拉動，調整形狀。

3 改變方向時，將針從上方穿過另一側鎖鍊的1條線，以相同要領穿過緞帶。

4 收針時，將針從緞帶上方穿入，加以固定。

Detached Stitches 34

開放式釦眼填滿繡
Open buttonhole filling

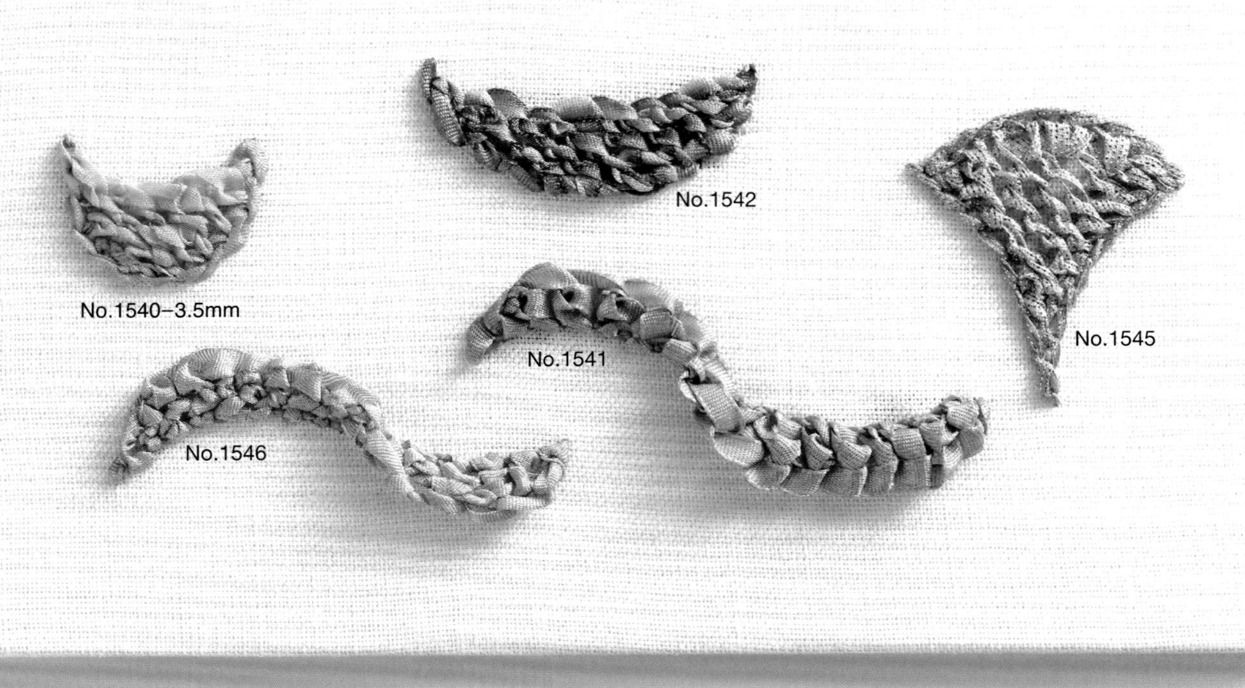
No.1540–3.5mm
No.1542
No.1545
No.1541
No.1546

※此為原寸刺繡圖案

曲線

1 利用緞帶，先進行鎖鍊繡（→P.24）。將緞帶穿入末端圓潤的針（針織布用）孔中，從鎖鍊位置中心點穿出，再將針從上方穿過鎖鍊的1股線。

2 將緞帶掛針，緩慢拉動，調整形狀。

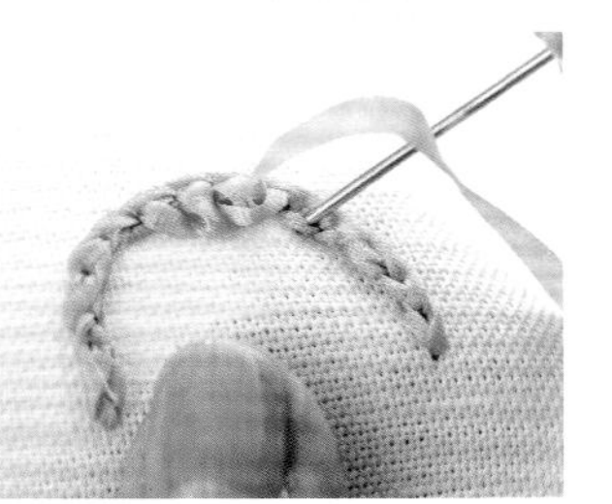

3 第1列完成後，將針穿入鎖鍊中。

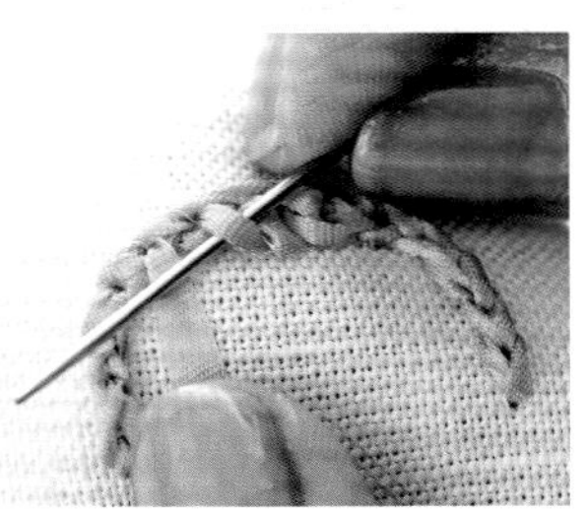

4 進行第2列時，先從起針處鎖鍊旁的鎖鍊將針穿出。將針穿過第1列釦眼繡已完成的緞帶環，接著緞帶掛針，再將針抽出。

5 以相同要領進行刺繡，第2列收針時，也是將針穿入鎖鍊中。

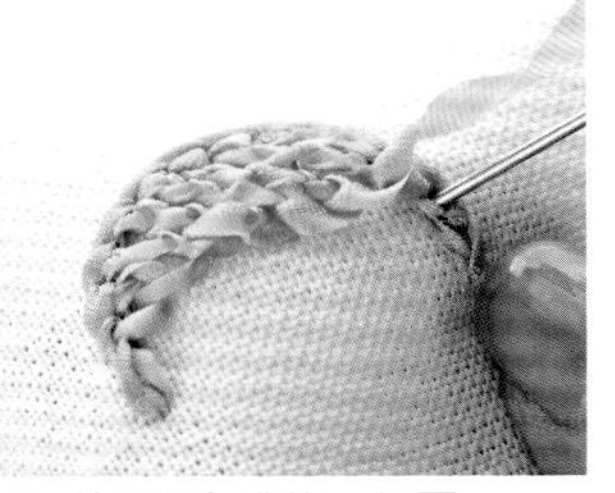

6 第5列完成後，如圖。

直線

1 將緞帶穿入末端圓潤的針（針織布）孔中，進行第1列的釦眼繡。接著，將針從起針處位置稍微上方的位置穿出，再將針穿過已完成的緞帶環，進行釦眼繡。

2 若途中改變了方向，就對齊第1列，改變穿針的方向，再進行穿針。

Flower Stitches

花卉繡

材料

刺繡緞帶

（No.1540-3.5mm）col.356　col.364　col.374　（No.1540-7mm）col.034　col.035　col.163　col.356　col.374

（No.1541）col.465　col.102　col.063　（No.1542）col.2　col.4　（No.1543-7mm）col.7

（No.1544）col.14　col.3　col.5　（No.1545）col.4　（No.1546）col.17

（No.4563-15mm）col.16　col.17　col.18　（No.4599-7mm）col.9

（No.4681-15mm）col.33　DMC25號繡線　col.3053

※此為原寸刺繡圖案

Flower Stitches

花卉繡

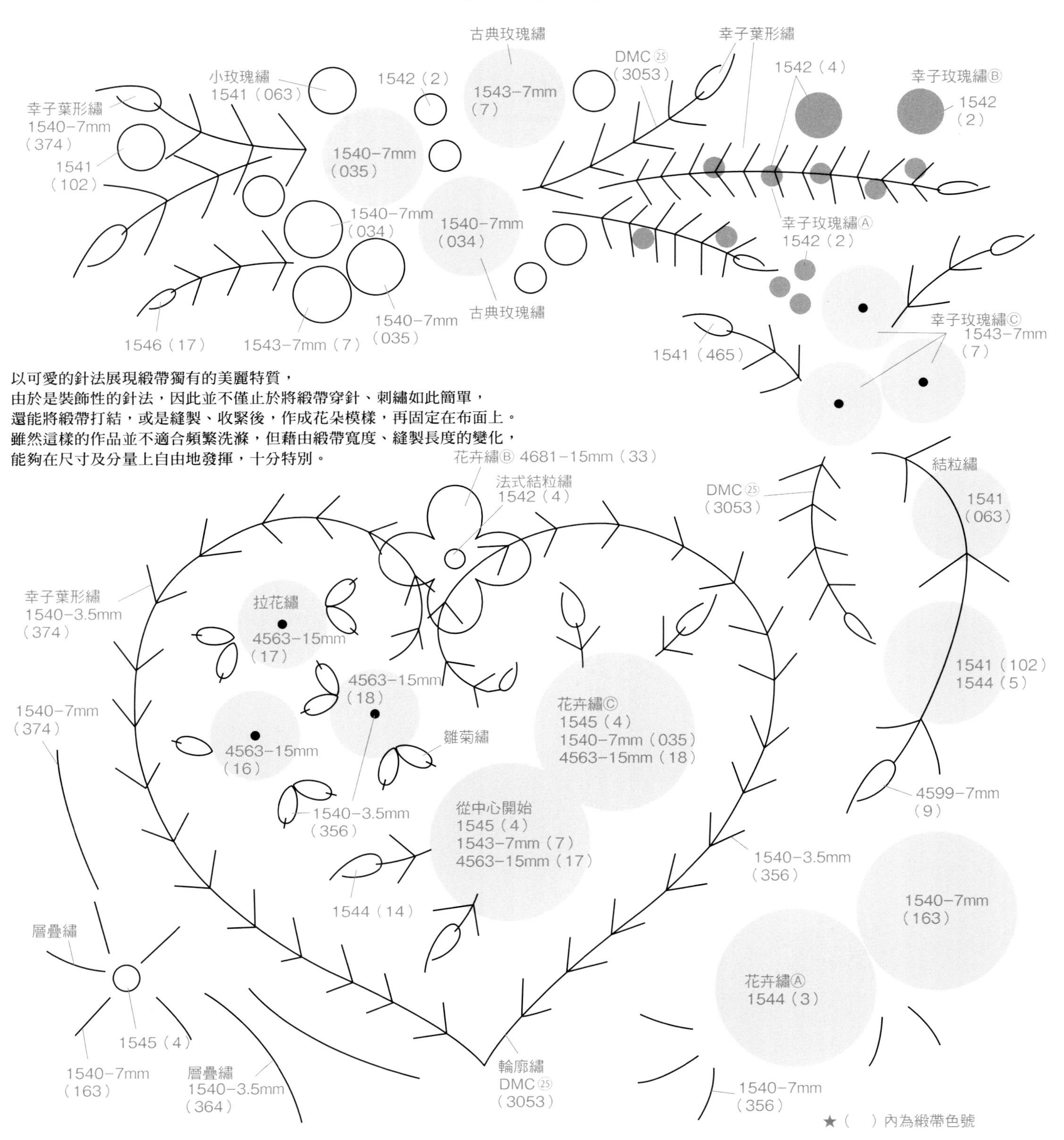
古典玫瑰繡
幸子葉形繡
DMC ㉕ (3053)
小玫瑰繡 1541 (063)
1542 (2)
1543-7mm (7)
1542 (4)
幸子玫瑰繡Ⓑ
1542 (2)
幸子葉形繡 1540-7mm (374)
1541 (102)
1540-7mm (035)
1540-7mm (034)
1540-7mm (034)
幸子玫瑰繡Ⓐ 1542 (2)
1546 (17)
1543-7mm (7)
1540-7mm (035)
古典玫瑰繡
1541 (465)
幸子玫瑰繡Ⓒ 1543-7mm (7)
花卉繡Ⓑ 4681-15mm (33)
法式結粒繡 1542 (4)
DMC ㉕ (3053)
結粒繡
1541 (063)
幸子葉形繡 1540-3.5mm (374)
拉花繡
4563-15mm (17)
4563-15mm (18)
1540-7mm (374)
4563-15mm (16)
雛菊繡
花卉繡Ⓒ 1545 (4) 1540-7mm (035) 4563-15mm (18)
1541 (102) 1544 (5)
4599-7mm (9)
1540-3.5mm (356)
從中心開始 1545 (4) 1543-7mm (7) 4563-15mm (17)
1540-3.5mm (356)
1544 (14)
1540-7mm (163)
層疊繡
花卉繡Ⓐ 1544 (3)
1545 (4)
1540-7mm (163)
層疊繡 1540-3.5mm (364)
輪廓繡 DMC ㉕ (3053)
1540-7mm (356)
★( )內為緞帶色號

以可愛的針法展現緞帶獨有的美麗特質，
由於是裝飾性的針法，因此並不僅止於將緞帶穿針、刺繡如此簡單，
還能將緞帶打結，或是縫製、收緊後，作成花朵模樣，再固定在布面上。
雖然這樣的作品並不適合頻繁洗滌，但藉由緞帶寬度、縫製長度的變化，
能夠在尺寸及分量上自由地發揮，十分特別。

橢圓小盒

這是在淺薄荷綠色的波浪寬邊緞帶上，
由花卉繡及幸子玫瑰繡交互點綴而成的美麗小盒，
本體選用橢圓形空盒，盒蓋部分則是以厚紙板作為內裡製作而成。

作法 P.93

19

盒蓋

運用點心盒，僅在盒蓋上裝飾緞帶繡。
從中心點開始，以三種不同的緞帶進行花卉繡，
並在花朵外側繞上了玻璃紗緞帶，呈現蓬鬆柔和的印象。

作法 P.94

21
20

Flower Stitches 35
幸子葉形繡
Yukike leaf stitch
A
B
No.1540
-3.5mm
No.1540
-7mm
No.1541
No.1542
No.1544
No.1546
No.4599
-7mm
No.1547

※此為原寸刺繡圖案

Ⓐ

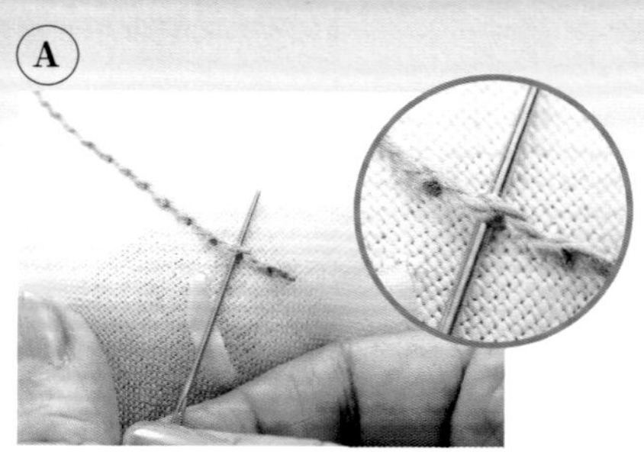

1 首先取5號繡線，進行將成為基座的輪廓繡，過程中確實地進行刺繡，以避免針法鬆弛。將緞帶穿入末端圓潤的針（針織布用）孔中，將針從針目交疊的部分穿出。

2 將緞帶固定在輪廓繡的位置上。若無法順利固定，將緞帶扭轉1圈即可。

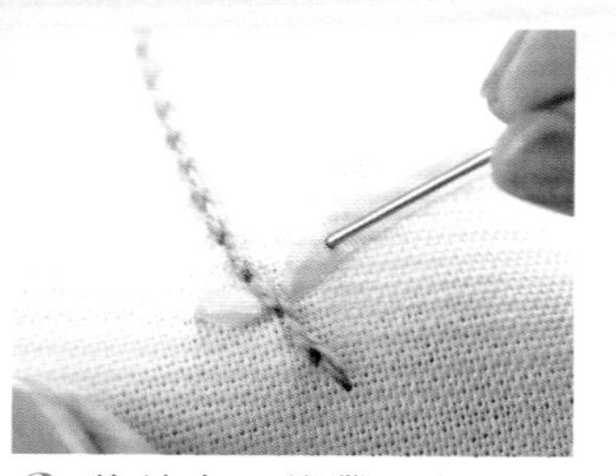

3 將針穿入緞帶，加以固定。可依據葉片種類改變穿入的角度。

4 下一枚葉片將往上方進行。布面裡側上的緞帶以較少的分量就能完成。

Ⓑ

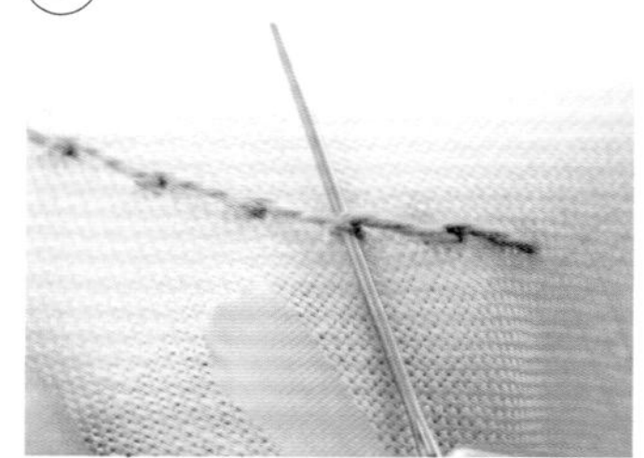

1 雖是以和Ⓐ相同方法進行刺繡，但運用較寬的緞帶製作大葉片時，基座的輪廓繡必需事先粗略地在針目1/3處作折返刺繡。

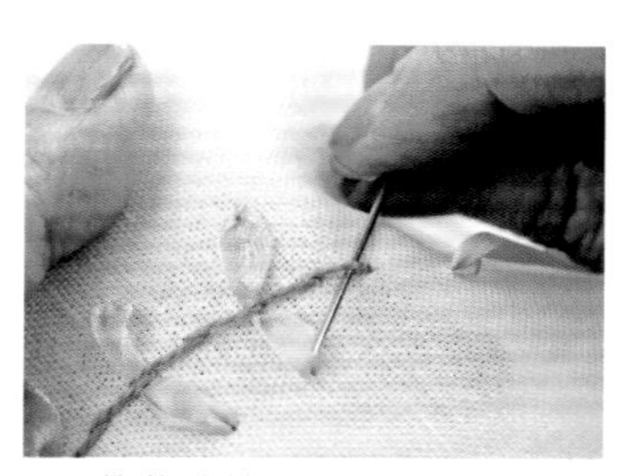

2 將葉片繡在最上方時，要將緞帶從布面穿出，穿過繡線下方。

3 在這個狀態下，往上方折返。

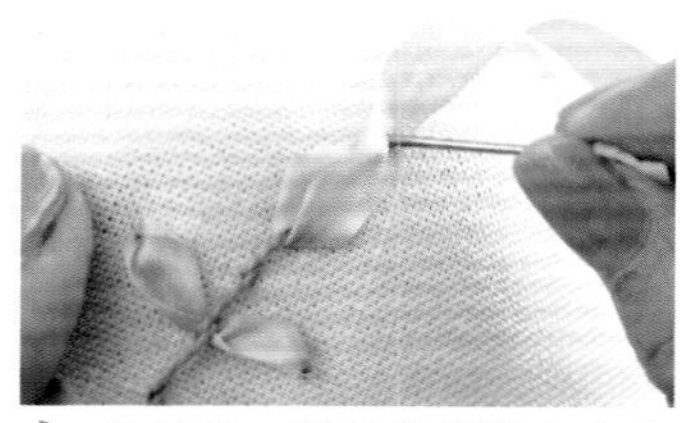

4 收針時，將針從緞帶上方穿入，加以固定。

Flower Stitches 36

幸子玫瑰繡

Yukiko rose stitch

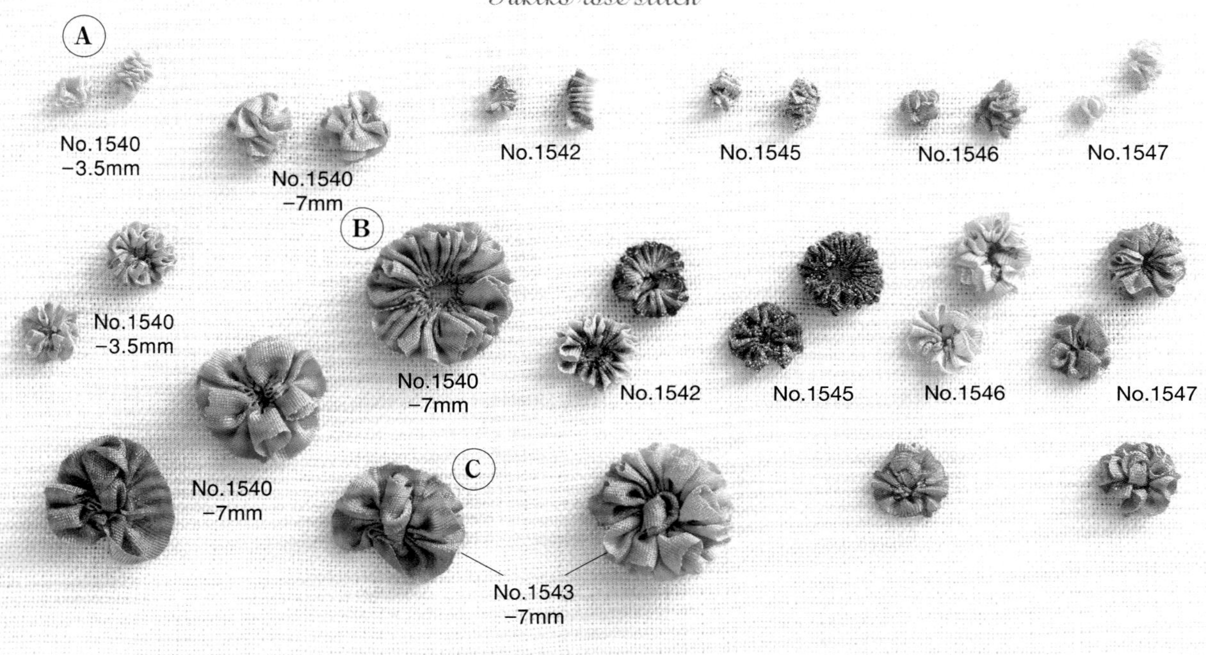
A
No.1540
−3.5mm
No.1540
−7mm
No.1542
No.1545
No.1546
No.1547
B
No.1540
−3.5mm
No.1540
−7mm
No.1542
No.1545
No.1546
No.1547
No.1540
−7mm
C
No.1543
−7mm

※此為原寸刺繡圖案

＊無論ⒶⒷⒸ，尺寸都將因縫製緞帶的長度而有所改變。

Ⓐ

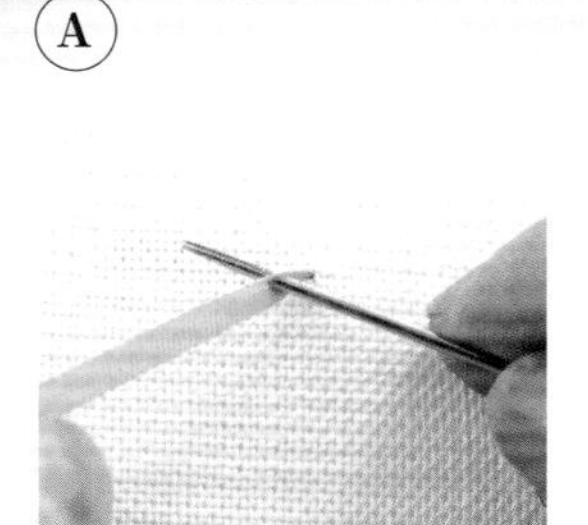

1 將緞帶（材質柔軟的即可）穿入末端圓潤的針（針織布用）孔中，從布面穿出，再將針穿入緞帶中心點。

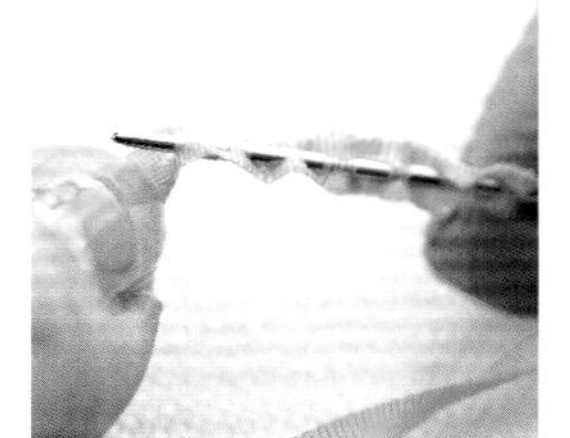

2 以約2mm的針目進行5cm左右的虛線縫。

3 一邊以手指按壓，一邊轉動針，再緩慢地將針抽出。

4 一邊將緞帶抓皺，一邊抽出緞帶。

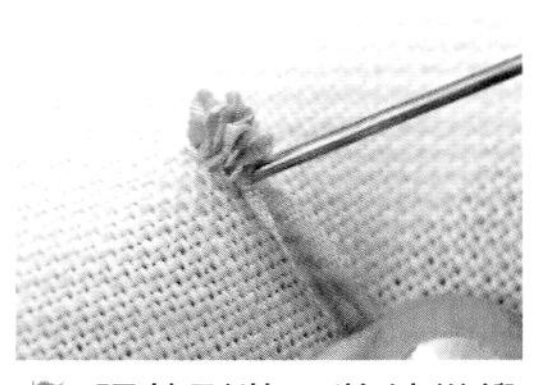

5 調整形狀，將針從緞帶上方刺入。

Ⓑ

1 要作成花朵模樣時，先將緞帶（材質柔軟的即可）穿入末端圓潤的針（針織布）孔中，從布面穿出，再以約2mm的針目在緞帶單側進行22cm左右的虛線縫。

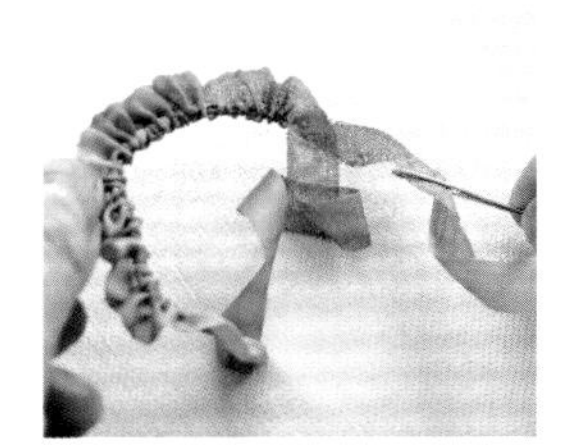

2 一邊以手指按壓，一邊轉動針，再緩慢地將針抽出；接著一邊將緞帶抓皺，一邊抽出緞帶。

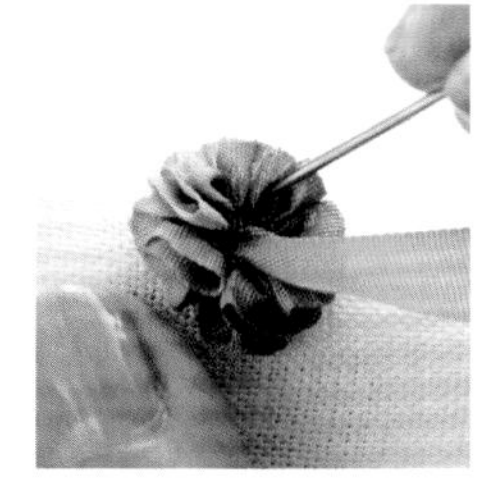

3 調整形狀後將針穿入布面，再將針從中心點穿出，在多個不顯眼處加以固定。

Ⓒ

1 將花芯放入時，將針從多處固定位置的後方中心點穿出。

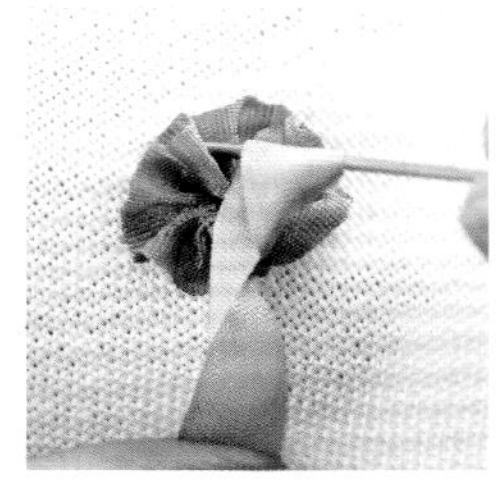

2 蓬鬆地進行法式結粒繡（→P.38）。

Flower Stitches 37

結粒繡
Knot knot stitch

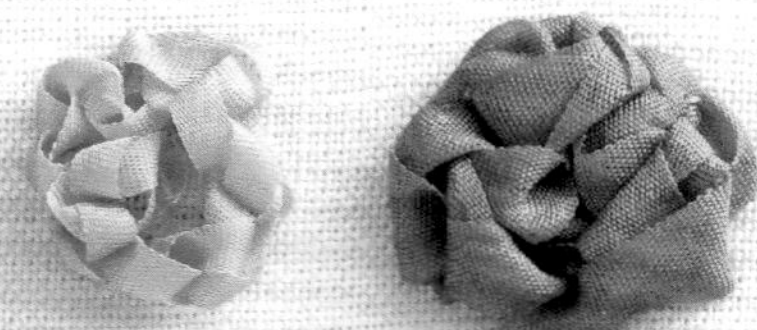

No.1540-3.5mm　No.1540-7mm

No.1541

No.1542

No.1544

交叉結粒繡

No.1540-7mm + No.1544

No.1541 + No.1546

No.1542 + No.1544

No.1546 + No.1548

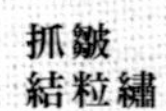

抓皺結粒繡

No.1540-7mm

No.1542

No.1543-3.5mm

※此為原寸刺繡圖案

＊縫製緞帶時，可取1條同色的25號繡線穿針後使用。

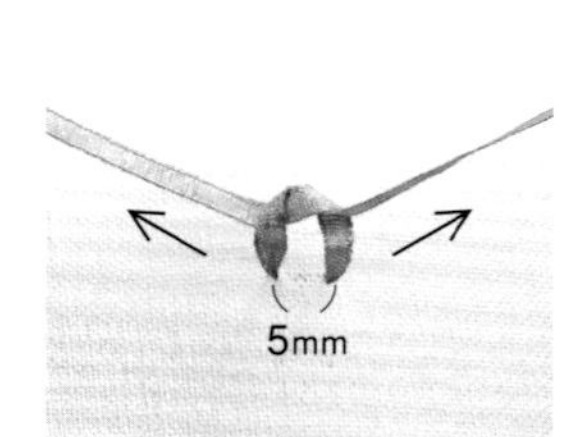
5mm

1 取一條30cm緞帶，以5mm的間隔穿過布面，並使左右兩端等長，打個結。

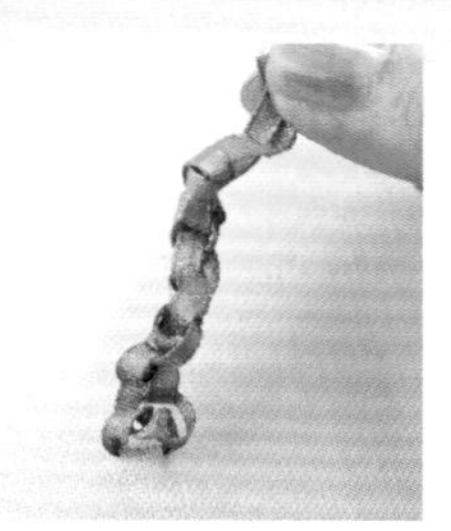

2 以相同的方向打結，直到剩餘1cm左右的長度。

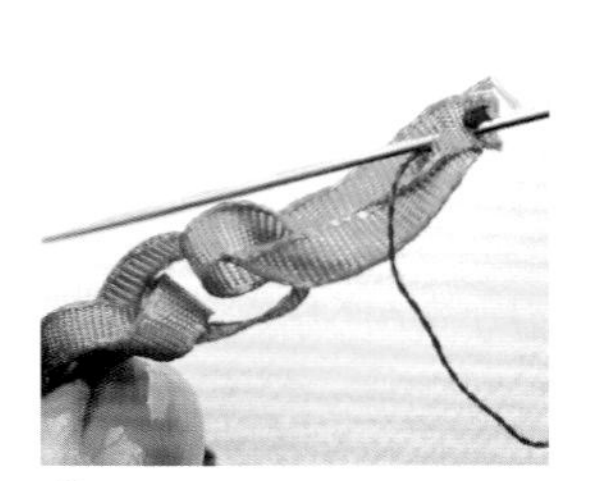

3 在線上打結，再將緞帶末端疊合，確實地縫製固定。

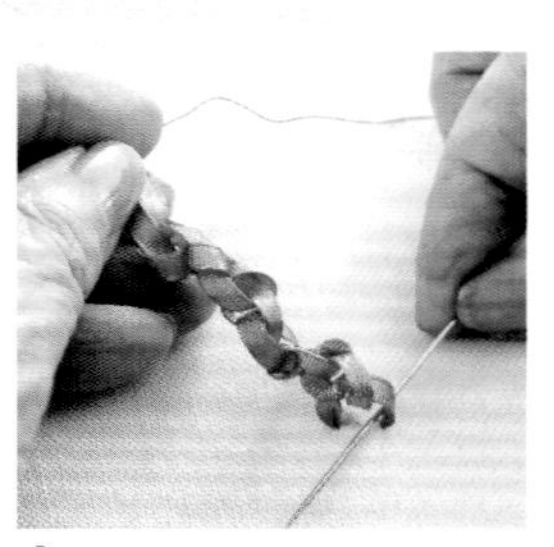

4 將針穿過第1個結環中。

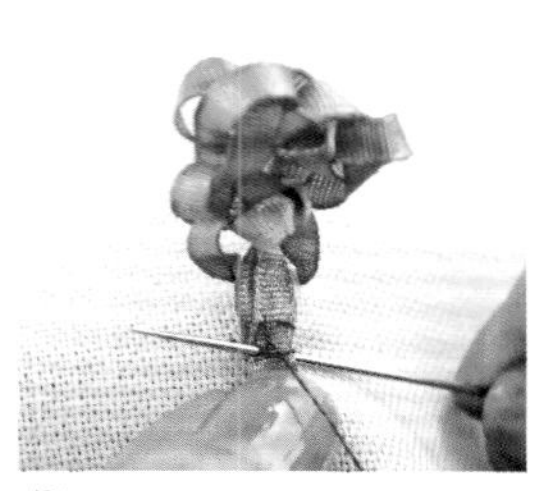

5 牢固地縫在布面上。

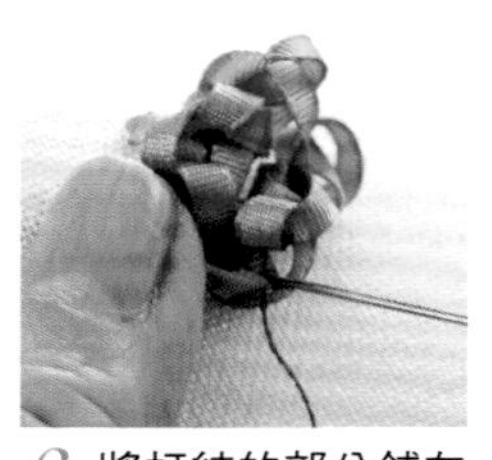

6 將打結的部分鋪在固定處上方，一邊調整形狀，一邊在多處縫合固定。

交叉結粒繡

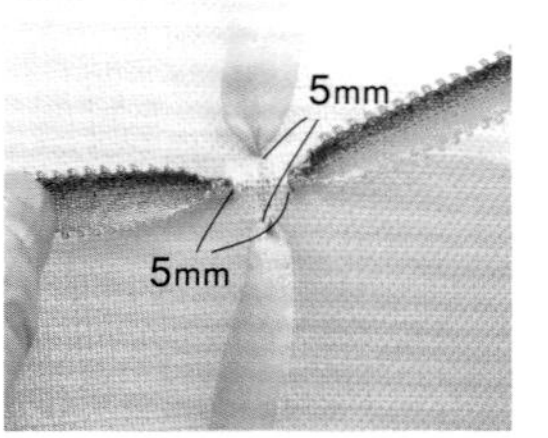
5mm
5mm

1 取2種30cm左右的緞帶，以上下、左右均5mm的間隔穿過布面。

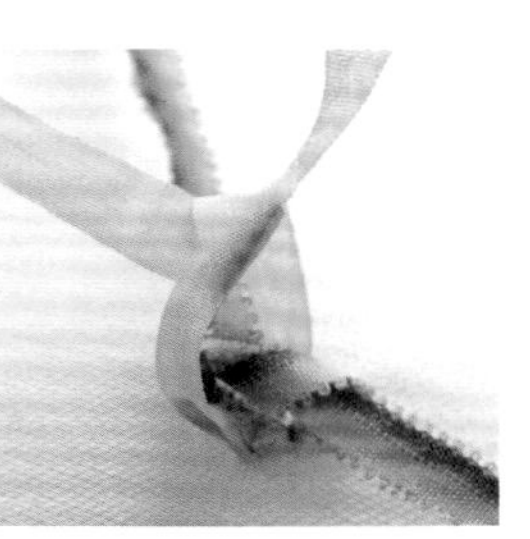

2 交互打結，之後的作法均相同。

抓皺結粒繡

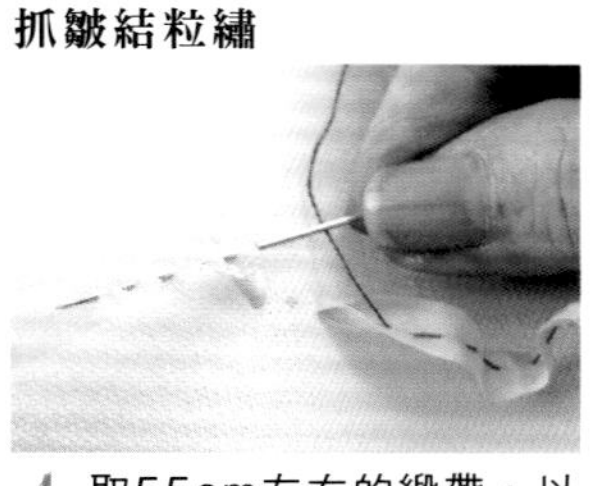

1 取55cm左右的緞帶，以5mm的間隔穿過布面，利用打結的線，從距離緞帶末端1cm處開始以2mm的針目在緞帶中線上進行虛線縫。縫到中心點後，5mm、5mm左右地繼續往下進行虛線縫。

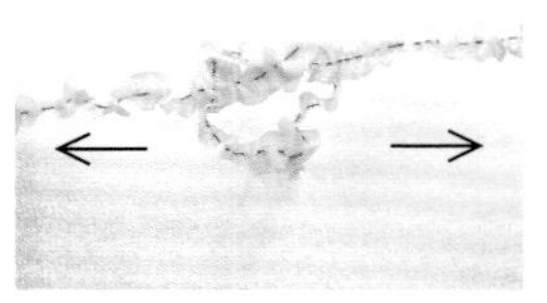

2 在末端打一個紮實的結，一邊仔細地抓出均勻的皺褶，一邊將緞帶縮減至30cm，之後的作法均相同。

Flower Stitches 38

層疊繡

Plum stitch

一朵一朵刺繡時
No.1540-3.5mm
No.1540-7mm
No.1547
No.1542
連續刺繡時
No.1546
No.1540-7mm

※此為原寸刺繡圖案

一朵一朵刺繡時

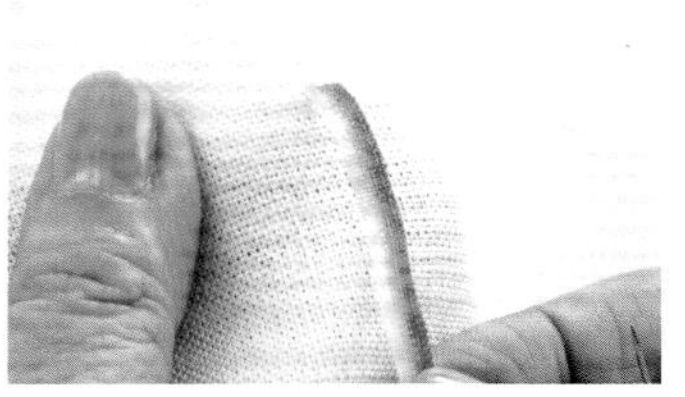

1 將緞帶穿出圖案線上的點。

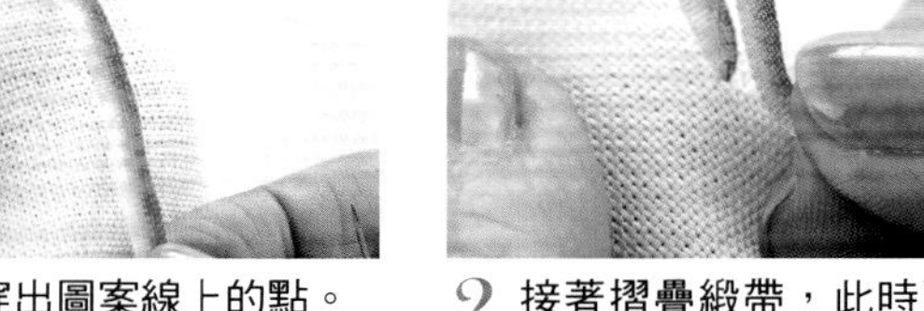

2 接著摺疊緞帶，此時可以手指或原子筆等物品穿過緞帶環，使每一個環的大小都能均等成型。

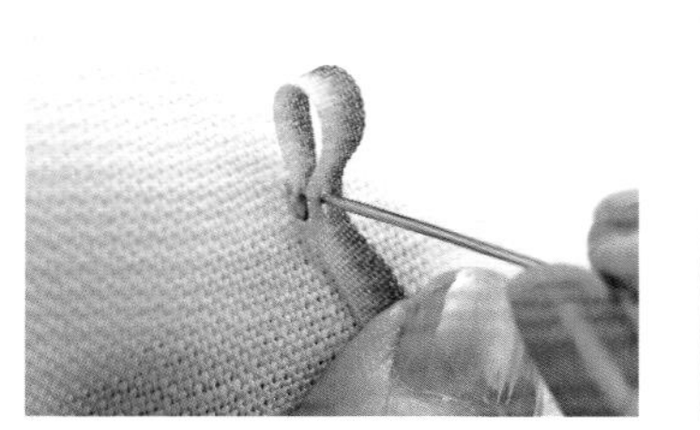

3 將針從緞帶上方穿入時，起針的緞帶也要一同穿入。

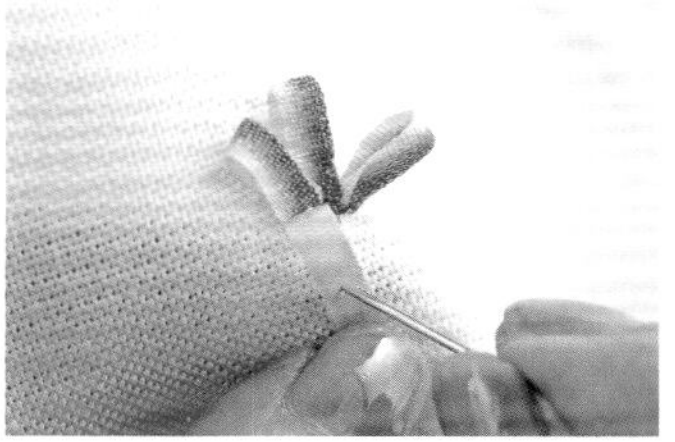

4 繡出3個花朵形狀，換另一種顏色的緞帶，也繡上莖幹部分。

連續刺繡時

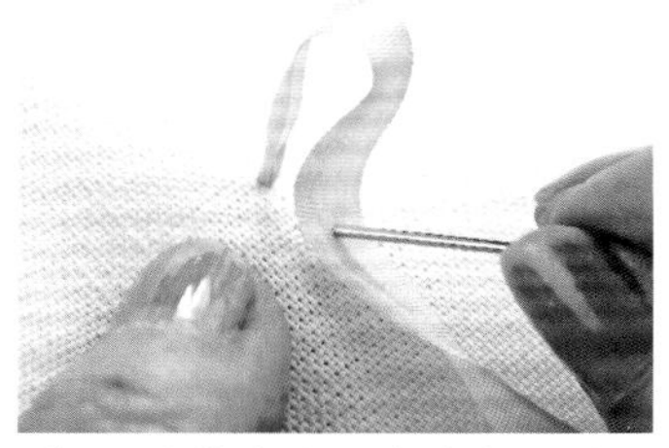

1 將緞帶穿出圖案線上的點，摺疊後將針穿入。

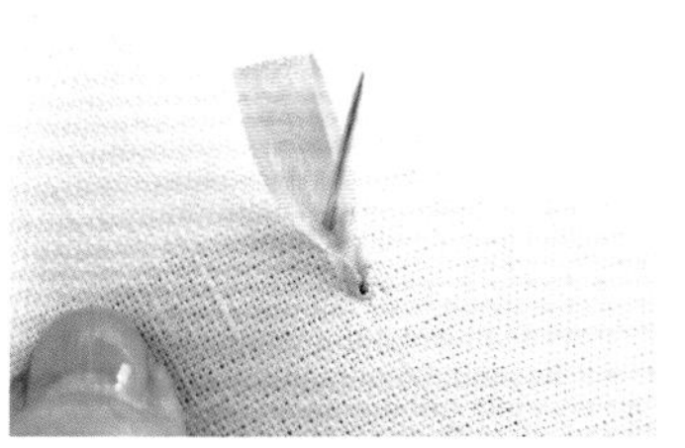

2 一邊穿入起針側的緞帶，一邊將針穿出。

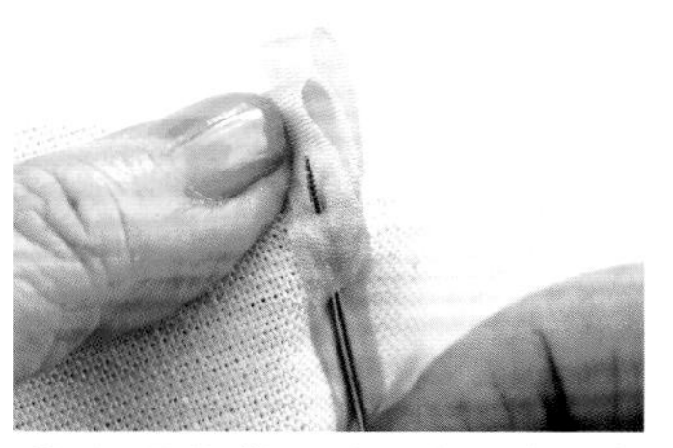

3 摺疊緞帶後繡1針，重覆進行。

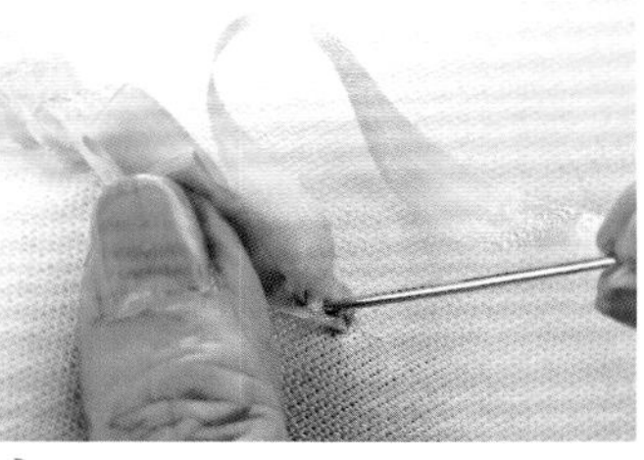

4 收針時，將針從緞帶上方刺入，加以固定。

Flower Stitches 39
拉花繡
Chou fleur stitch
No.1540-3.5mm
No.1540-7mm
No.4563-8mm
No.4563-15mm
No.1543-7mm
No.1542
No.1546
No.1547
原寸紙型
折返部分

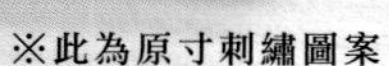
※此為原寸刺繡圖案

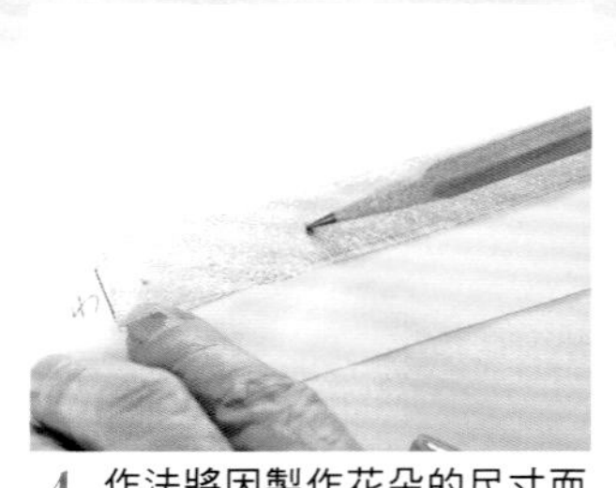

1 作法將因製作花朵的尺寸而有所差異，以本頁作法為例，取25cm的緞帶對摺，疊合兩個末端，以珠針固定後，再疊合紙型，以鉛筆在穿針的位置上標註記號。

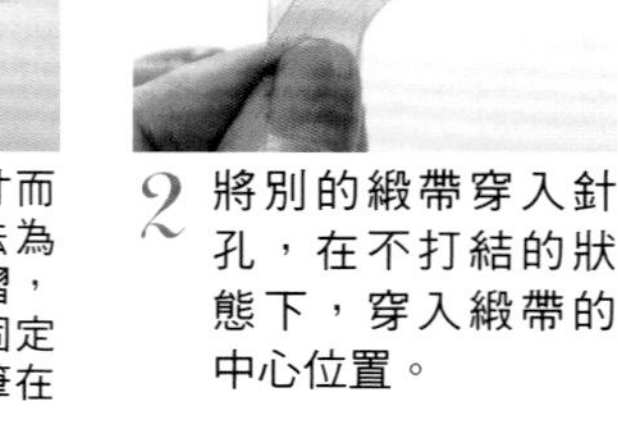

2 將別的緞帶穿入針孔，在不打結的狀態下，穿入緞帶的中心位置。

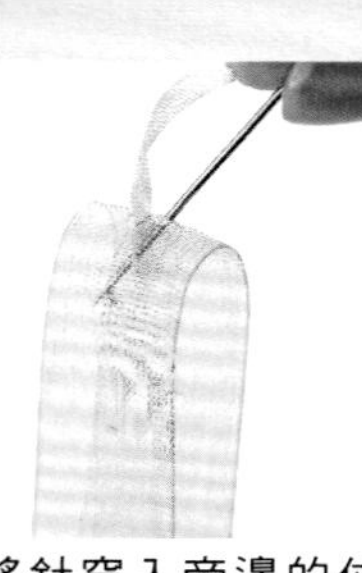

3 將針穿入旁邊的位置，穿入起針的緞帶、拉動，加以固定。

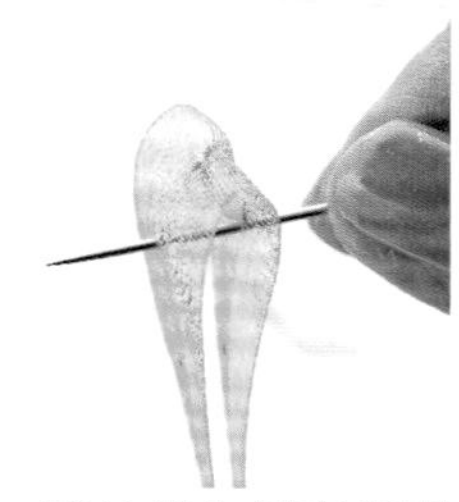

4 將針從內側穿出記號處，稍微勾起後，再穿入另一側的緞帶中。

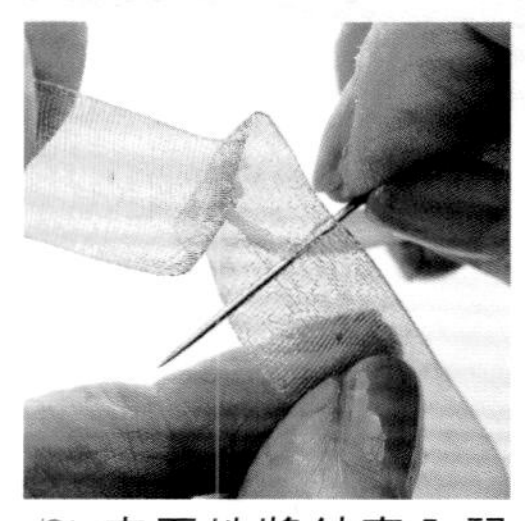

5 交互地將針穿入記號部分，但要再於外側穿出1針，使內側有緞帶經過。

6 折返的部分，首先要往內側摺疊，再將針從內側往外側穿出。

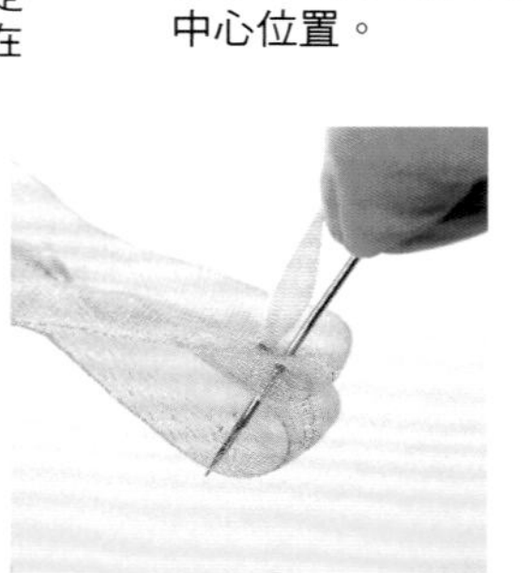

7 另一側的折返部分也要摺疊，再穿出另一側。

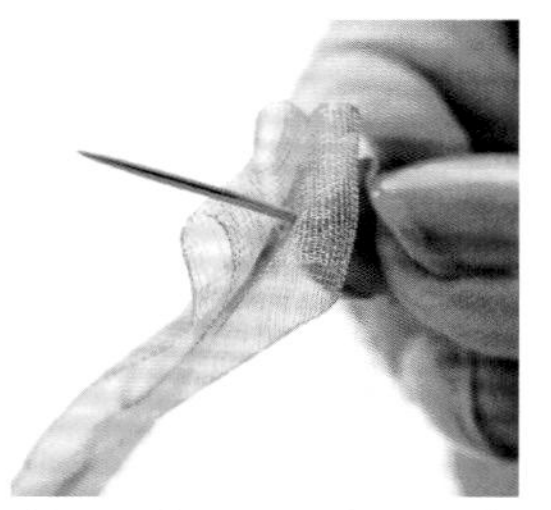

8 收針時，要事先從緞帶的中心點穿出。

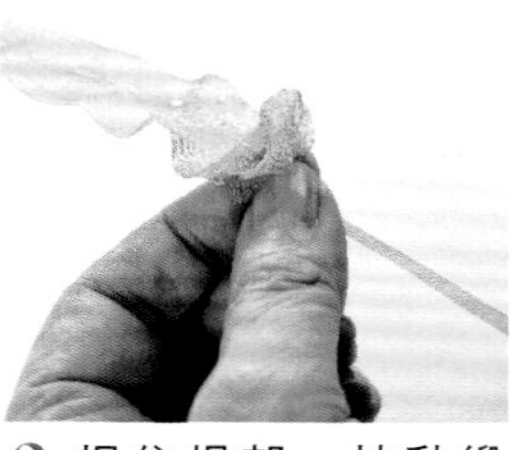

9 捏住根部，拉動緞帶。

10 確實拉動緞帶後，在布的背面打結，縫在布面上。

Flower Stitches 40

小玫瑰繡

Petit rose stitch

No.1540-3.5mm

No.1541

No.1543
-7mm

No.1543
-3.5mm

No.1545

No.1547

No.1540-7mm

No.1542

No.1544

No.1546

No.1548

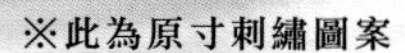

※此為原寸刺繡圖案

＊縫製緞帶時，可取1條同色的25號繡線穿針後使用。

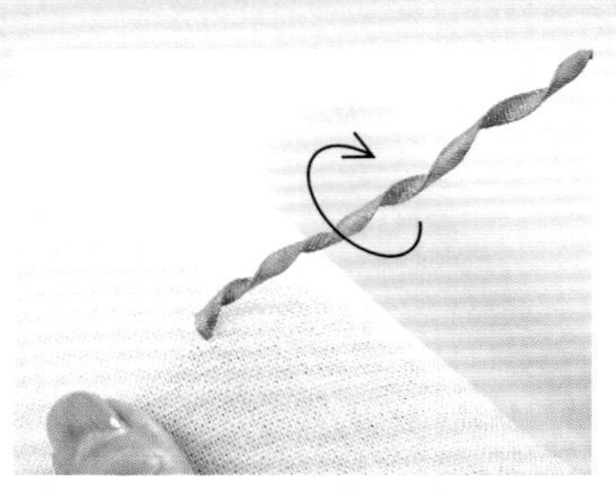

1 取25cm的緞帶，穿入針孔中，再從布面穿出，如圖扭轉。

2 將10cm左右的緞帶對摺，放開左手手指後，2條緞帶一同扭轉。

3 確認根部位置並按壓固定，再將剩餘緞帶的扭轉部分整平。

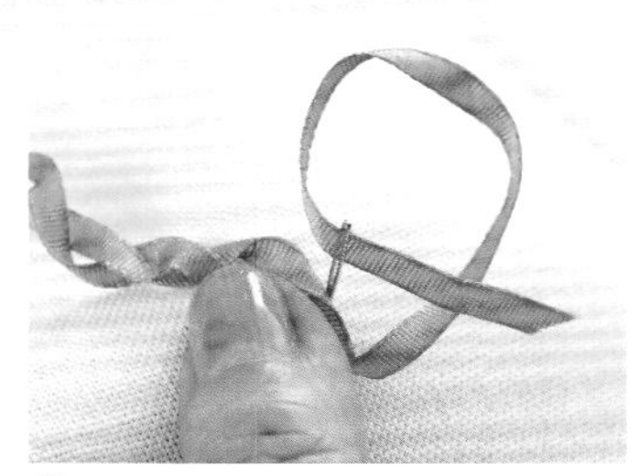

4 將針穿入起針處位置。

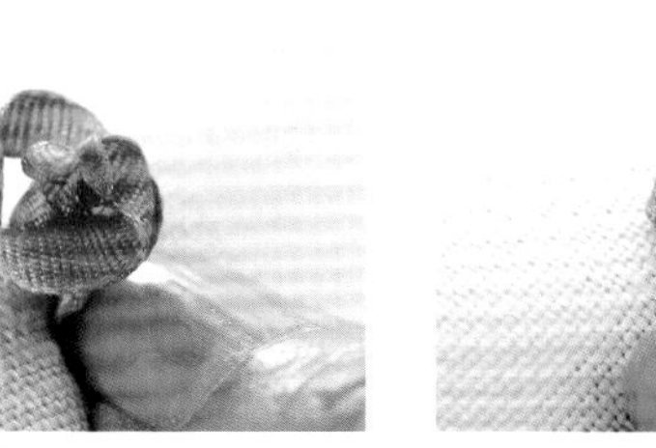

5 一邊按壓扭轉後的根部，一邊將緞帶拉緊至布的背面。

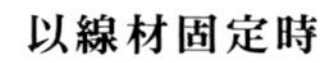

以線材固定時

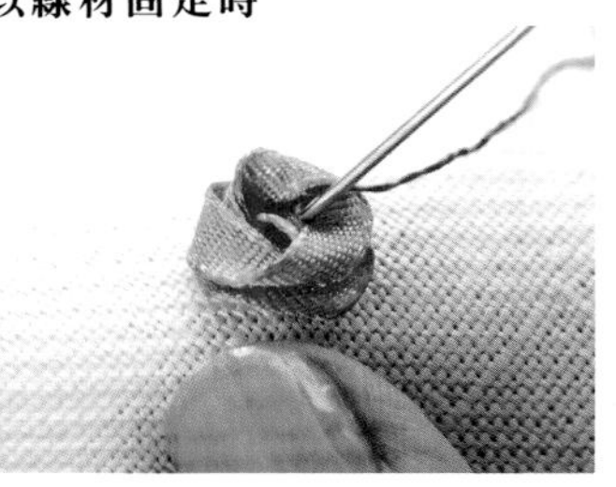

一邊以線材整理形狀，一邊在2、3處加以固定。

以法式結粒繡固定時（選用軟質緞帶）

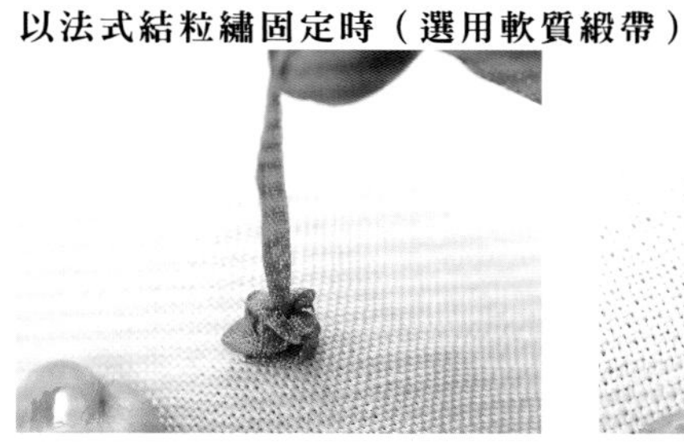

1 將針從中心點穿出。

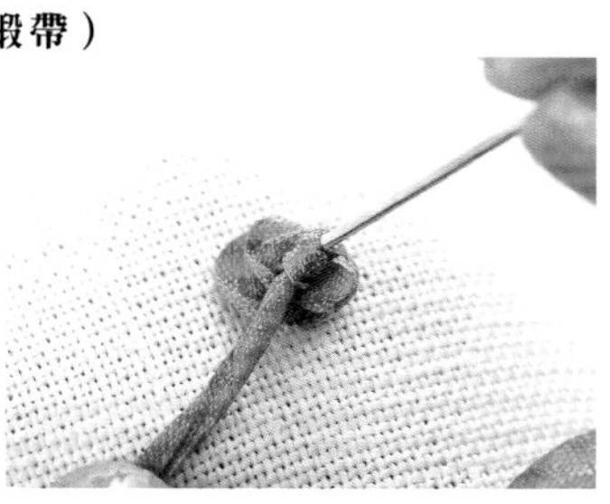

2 以捲線1次的法式結粒繡（→P.38）加以固定。

Flower Stitches 41

花卉繡A

Floral stitch A

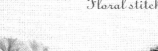

No.1548

No.1544

No.1544

No.4599–7mm

No.1543–7mm

緞帶
組合位置

2.5　0.5　2　0.5　2　1（折返）

折返9次

單位：cm

※此為原寸刺繡圖案

＊縫製緞帶時，可取1股同色的25號繡線穿針後使用。

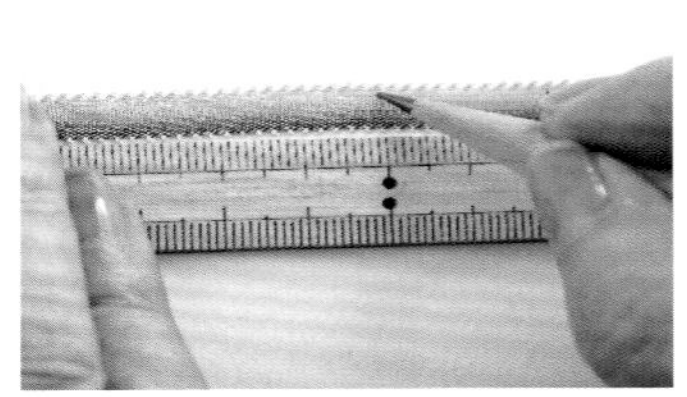

1 作法將因製作花朵的尺寸而有所差異，以本頁作法為例，先取26cm的緞帶對摺，一邊看著記號標註位置，一邊以鉛筆進行標註。

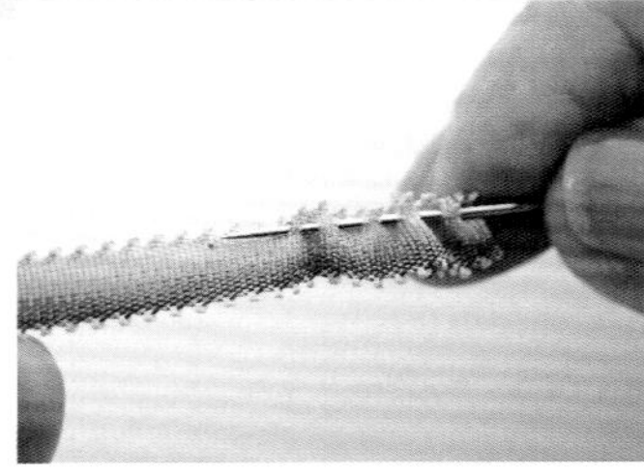

2 將折返部分折回，以2mm左右的針目從緞帶末端開始進行2cm的虛線縫。

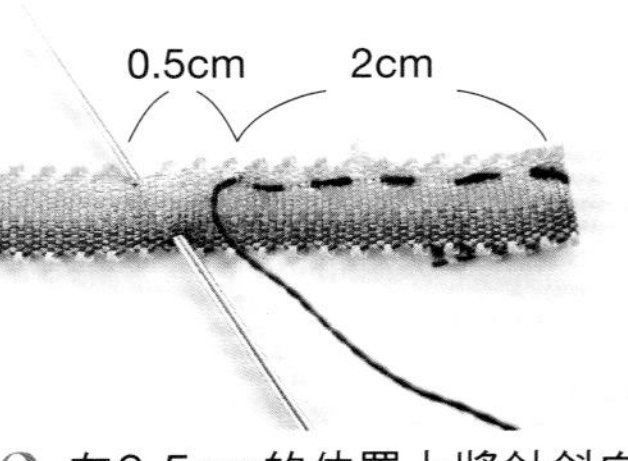
0.5cm
2cm

3 在0.5cm的位置上將針斜向穿入1針，接著繼續進行虛線縫，重複相同步驟。

4 進行虛線縫，直至末端為止。

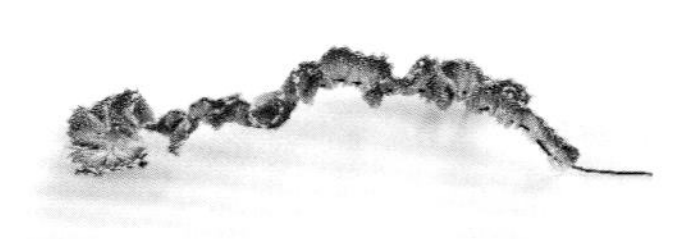

5 拉動縫線，先暫時縮減至8cm的長度。

6 從起縫處開始，將緞帶繞成環狀後，一邊拉鬆抓皺部分，一邊讓緞帶往中心點繞轉。

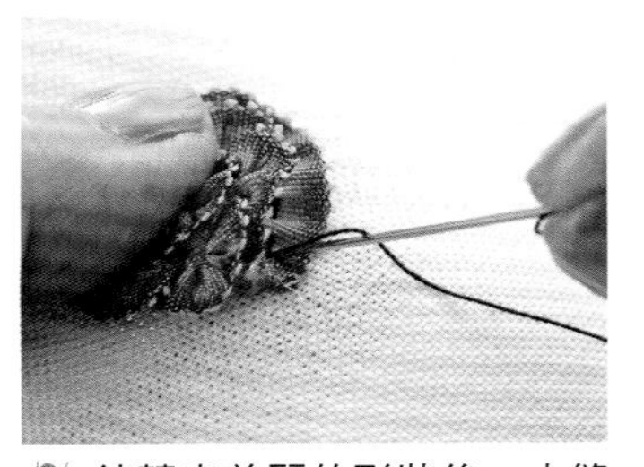

7 繞轉出美麗的形狀後，止縫處上要打一個結，以捲邊縫技法組裝在布面上。

（背面）

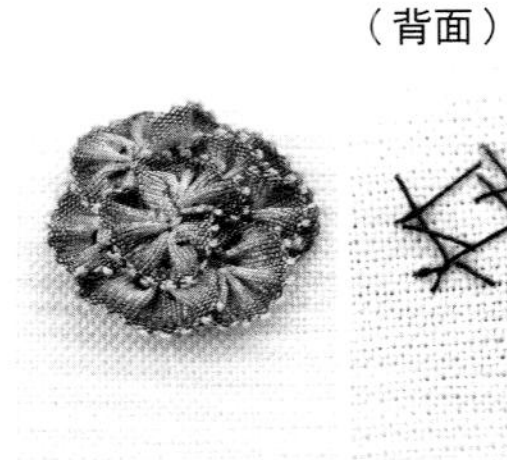

8 花卉繡即完成。布的背面的線段走向，如圖。

Flower Stitches 42
花卉繡B & C
Floral stitch B, C
B
No.4563–15mm
2cm
原寸紙型
2cm
C
No.1543–7mm
+No.4563–15mm
No.1540–7mm
+No.4563–15mm
No.1545+
No.4599–7mm
緞帶組合位置
0.5
4.8
●=5.8
1
0.5
單位：cm

※此為原寸刺繡圖案

＊縫製緞帶時，可取1股同色的25號繡線穿針後使用。

B

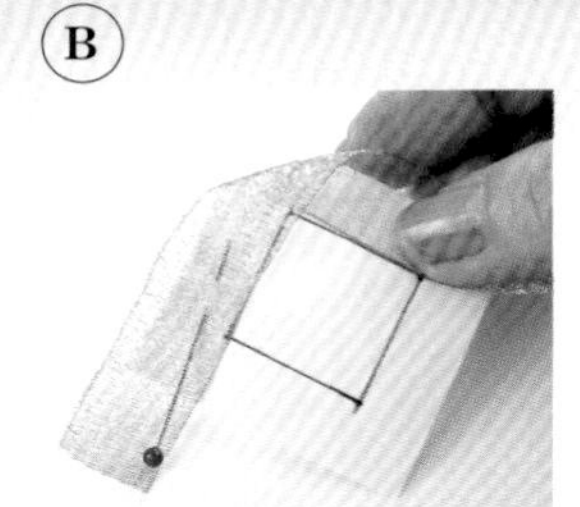

1 作法將因製作花朵的尺寸而有所差異。以本頁作法為例，先製作一個2cm×2cm的紙型，起點處要留下較緞帶稍長的部分，以珠針加以固定。接著沿著紙型，朝箭頭方向摺疊4個角落。

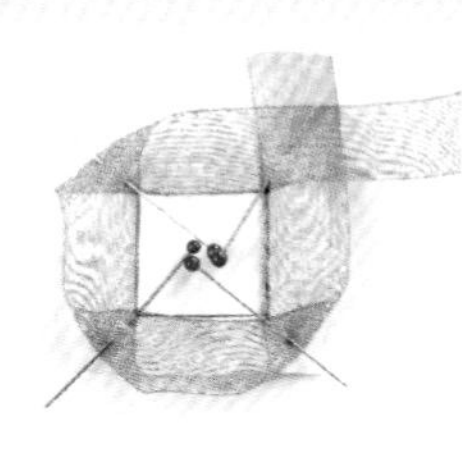

2 朝相同方向摺疊4個角落，一邊以珠針固定在紙型上，一邊環繞一圈，接合成花邊。

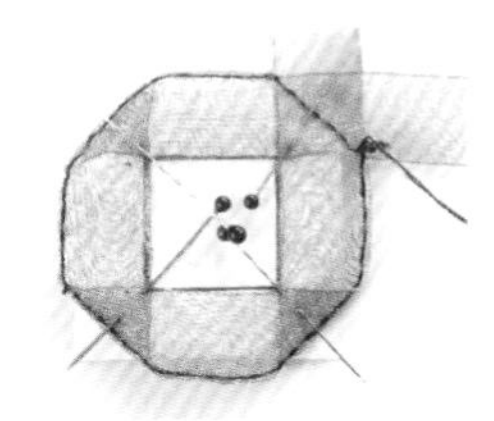

3 僅縫製緞帶部分，過程中小心不要破壞了形狀。利用2mm的針目，從緞帶疊合之處開始縫製，環繞1圈。

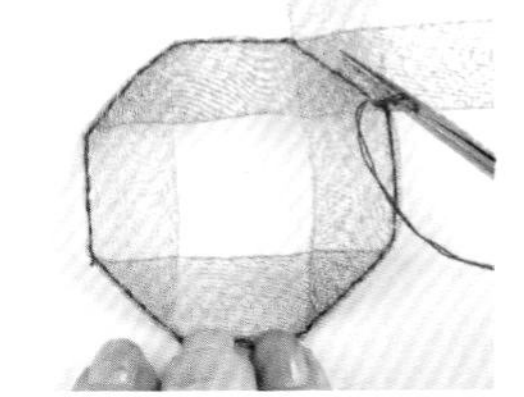

4 卸除紙型，留下2、3mm後，剪去多餘的部分。

5 首先，從起縫處開始縮減為一半，從止縫處開始將剩餘的部分縮減，再將2條緞帶在後方打結，縫於布面。

C

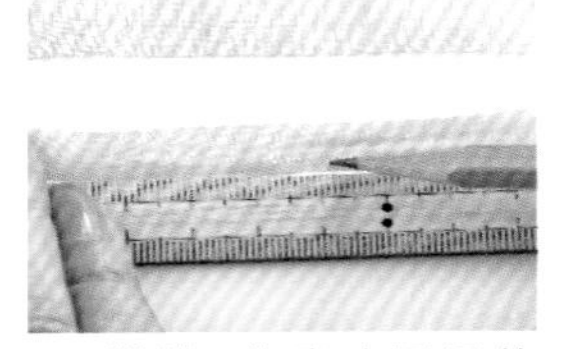

1 準備2條寬度不同的30cm緞帶，在較窄的緞帶上，一邊看著記號組裝位置，一邊利用鉛筆進行標註。

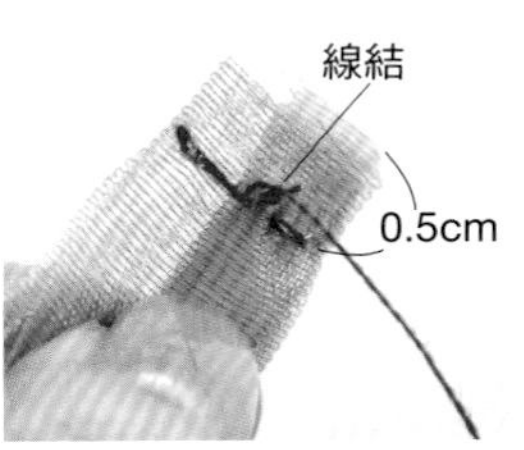
線結
0.5cm

2 正面疊合2條緞帶，在距離末端0.5cm處縫組固定時，必需從中心點起縫，回到中心點後再打結、固定。

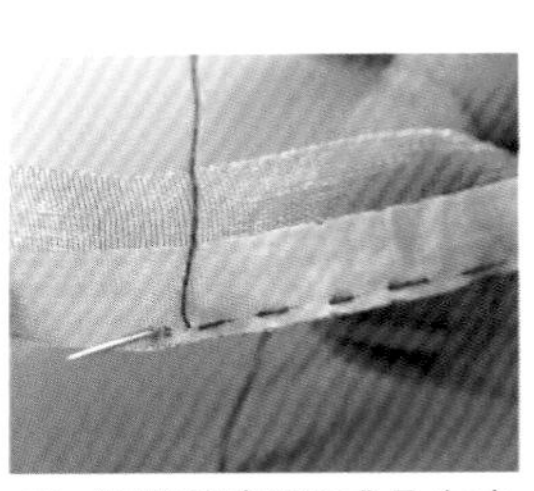

3 從距離步驟2成品左方1cm處開始起縫。以2mm的針目進行虛線縫，直到標註記號處，接著並不縫製，而是從後方將針穿入後，再繼續接下來的虛線縫。

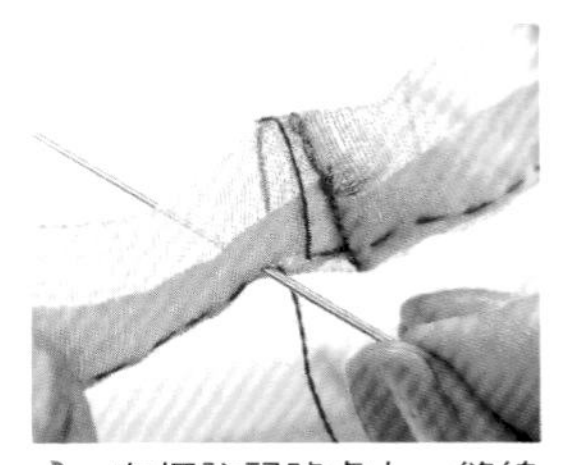

4 在標註記號處上，縫線像是要將緞帶包起來一般地繞捲，持續縫製，直至起縫處為止。

5 首先，從起縫處開始縮減為一半，從止縫處開始將剩餘的部分縮減，再將2條緞帶在後方打結，縫組在布面上。

Flower Stitches 43

古典玫瑰繡

Old rose stitch

No.1540-7mm

No.1544

No.1543-7mm

No.4563-15mm

No.1548

No.4563-8mm

No.4599-7mm

※此為原寸刺繡圖案

＊縫製緞帶時，可取1股同色的25號繡線穿針後使用。

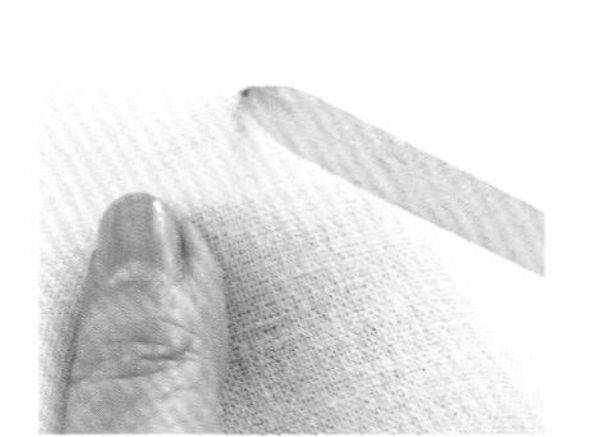

1 將緞帶從中心點穿出。

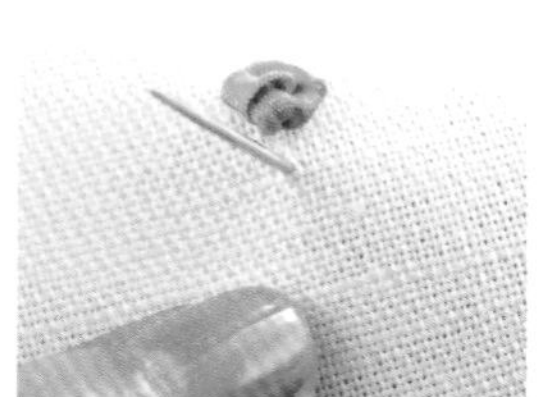

2 進行捲線1次的法式結粒繡（→P.38），再將針從正下方穿出。

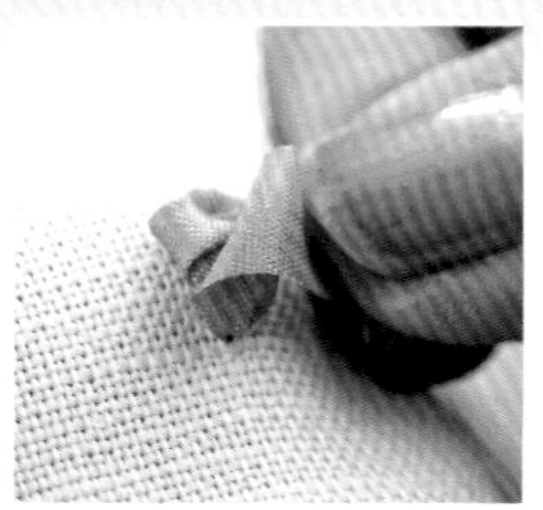

3 像是要將步驟2穿出的緞帶稍微夾住一般，斜斜地摺疊。

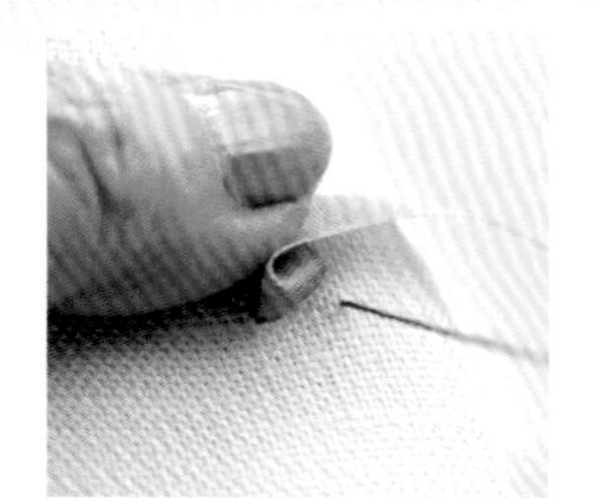

4 將穿了線的針從緞帶旁穿出。

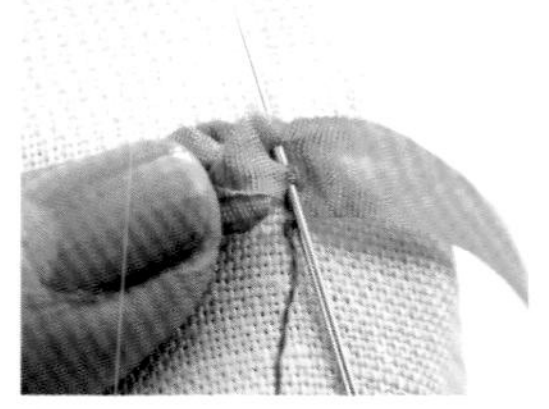

5 以同一支針將摺疊後的緞帶末端連續地縫製在布面上。

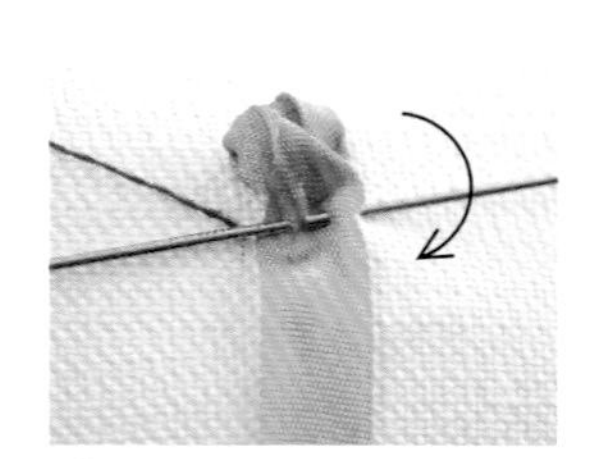

6 在不抽針的狀態下，將步驟5的成品往順時針翻轉。

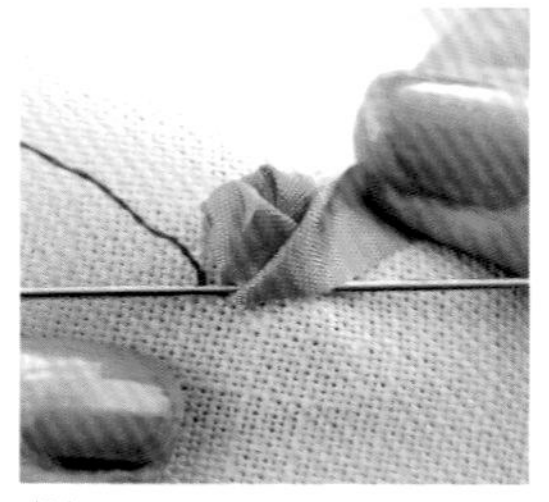

7 在這個狀態下，將緞帶往上翻起，斜斜地摺疊。

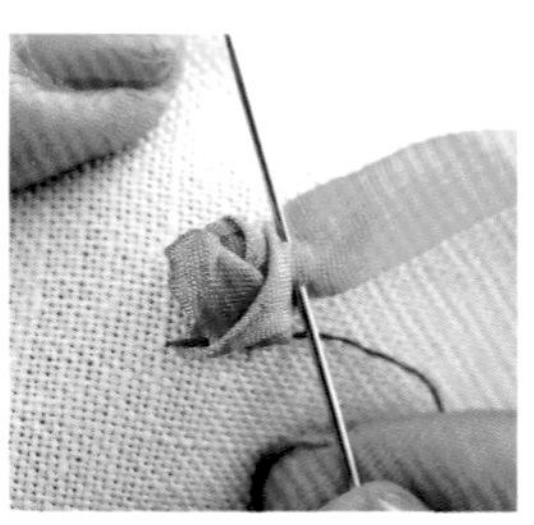

8 將步驟6的針抽出，再將緞帶末端縫合在布面上。

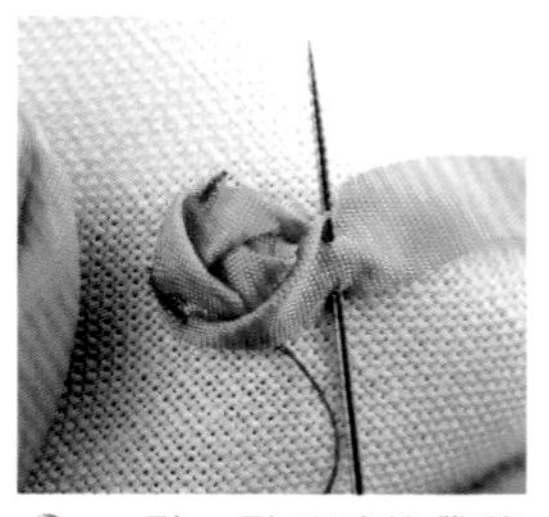

9 一點一點地讓緞帶移位，重複縫合，摺疊再縫合的步驟。

10 收針時，緞帶要穿入緞帶玫瑰上方，在布的背面收尾，線材也要在布的背面打結固定。

Flower Stitches 44

覆蓋繡

Stitch on stitch

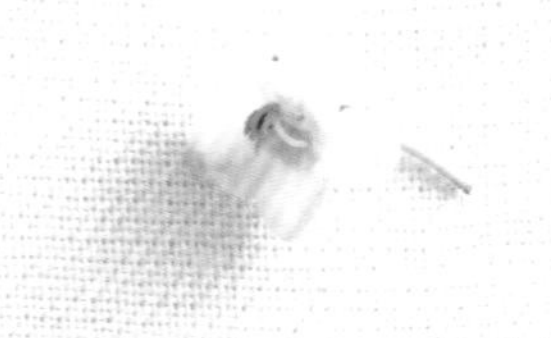

繡成
直線繡
No.1540−3.5mm
+ No.4563−8mm

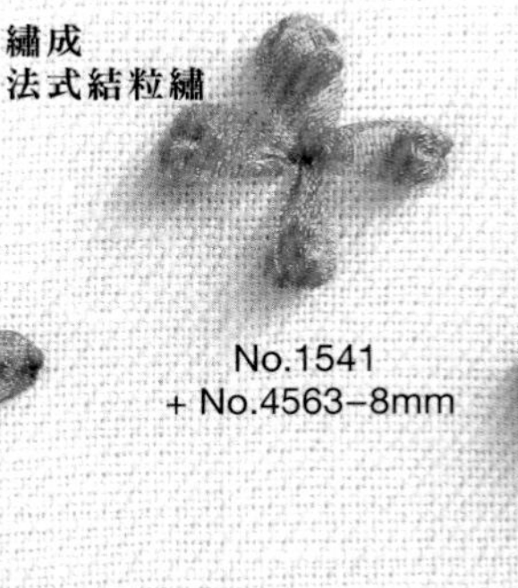
繡成
法式結粒繡
No.1541
+ No.4563−8mm
繡成
雛菊繡
No.1540−3.5mm
+ No.4563−8mm

No.1540−7mm
+ No.4563−15mm
No.1540−7mm
+ No.4563−15mm

※此為原寸刺繡圖案

繡成直線繡

1 進行直線繡（→P.12）後，將針穿過玻璃紗緞帶，再將針從起針處穿出。

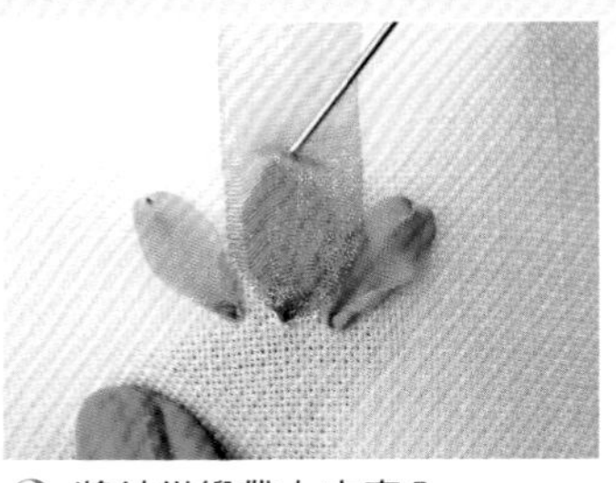

2 將針從緞帶上方穿入。

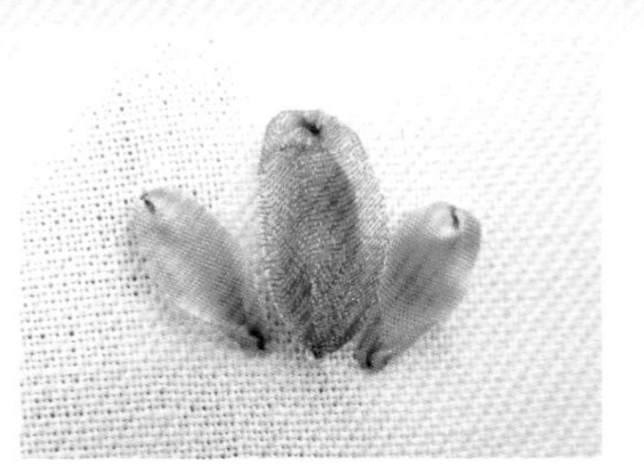

3 具有透明感的美麗覆蓋繡即完成。

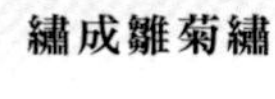

繡成雛菊繡

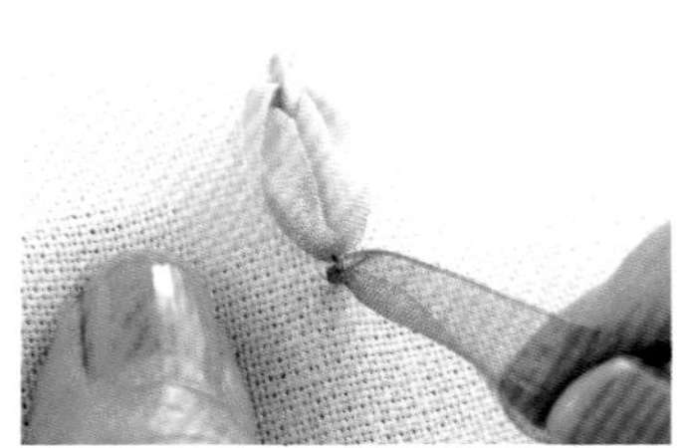

1 進行雛菊繡（→P.28）後，將針穿過玻璃紗緞帶，再將針從起針處穿出。

2 將針從緞帶上方穿入。

3 將針從緞帶上方穿入。

繡成法式結粒繡

1 進行捲線1次的法式結粒繡（→P.38）。

2 將針穿過玻璃紗緞帶，再將針從起針處穿出並包捲起來。

Plus Alpha

Plus Alpha（ α ）特殊技法

提升刺繡效果的線材刺繡

（選用5號或25號的繡線，分別依粗細進行刺繡）

輪廓繡（→P.16）…用於進行小花的莖和枝條。

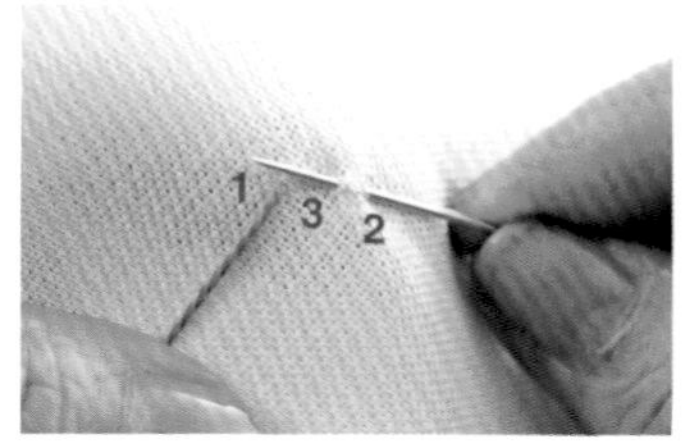
1
3
2

1 取5號繡線進行刺繡。首先，將針從**1**穿出，再從**2**穿入，接著回到兩點距離的1/3處將針穿出。

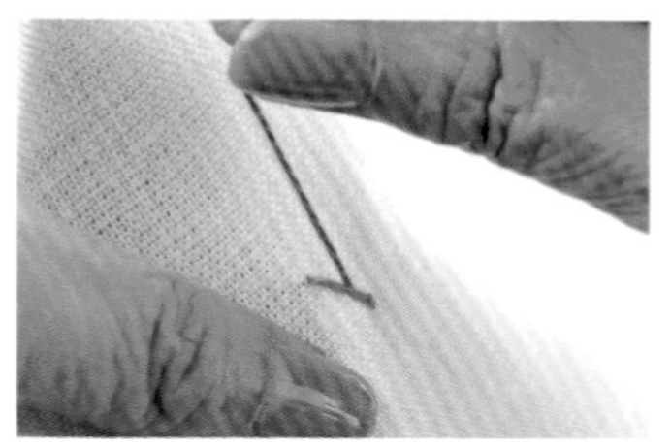

2 將線確實拉緊。

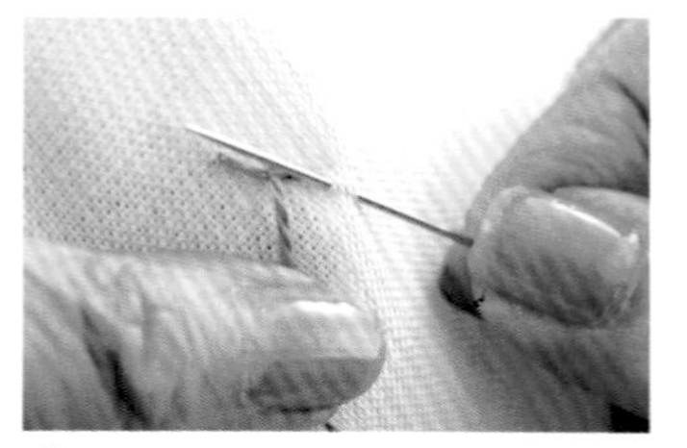

3 以相同的運針方式繼續進行。

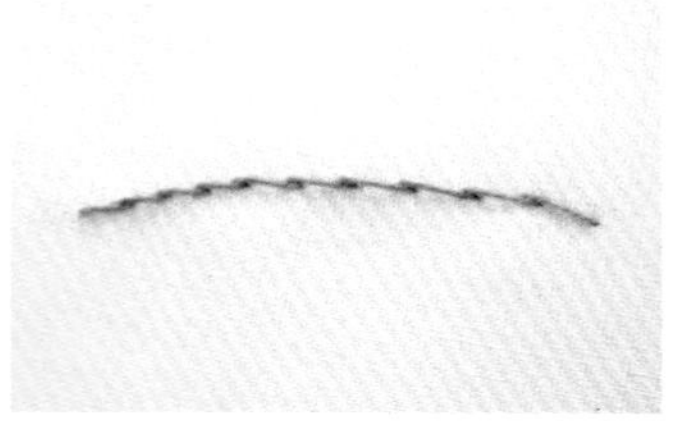

4 輪廓繡即完成。

繡成枝條狀…>

1 將針從線中穿出。

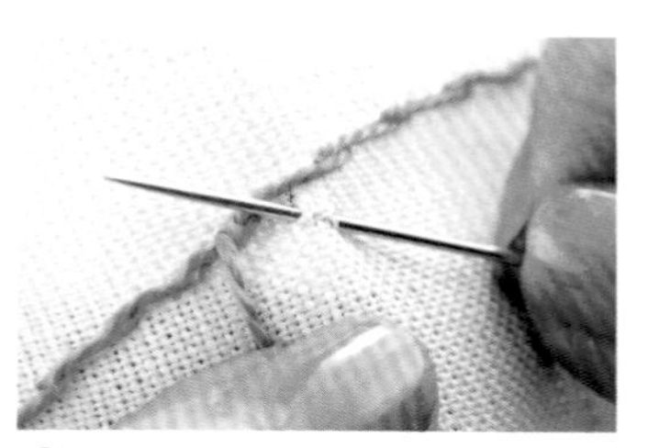

2 回到兩點距離的1/3處，將針穿出。

3 以相同的運針方式繼續進行。

羽毛繡（→P.30）…用於繡在富有分量的緞帶繡之間，能夠完美呈現效果。

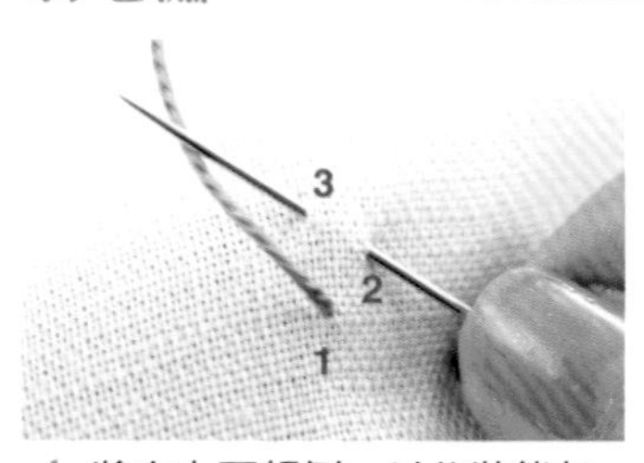
3
2
1

1 將布上下顛倒，以此狀態起針。將針從**1**穿出，再穿入右側。

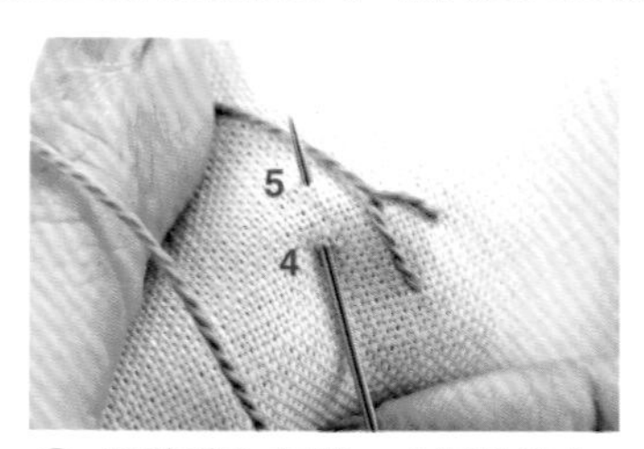
5
4

2 接著繡入左側。（無論從右側開始、或從左側開始均可）

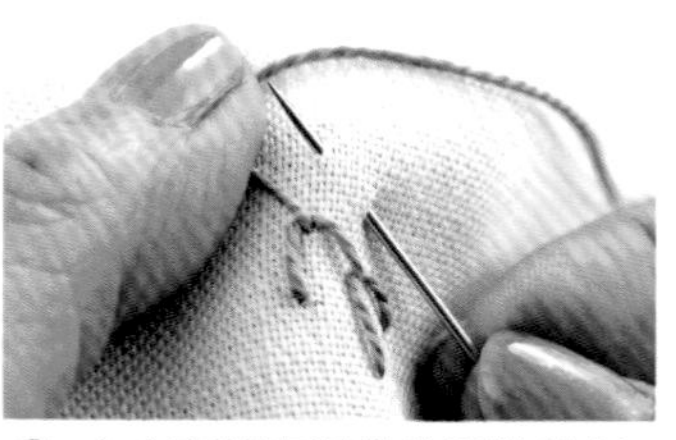

3 左右兩側交互地往下進行刺繡。

4 如此往根部進行大略刺繡。選用5號繡線或25號繡線均可，請依緞帶繡的風格選擇適合的線材吧！

直線繡＋法式結粒繡（→P.38）…用於進行花芯繡、繡在花朵之間，十分能夠呈現效果。

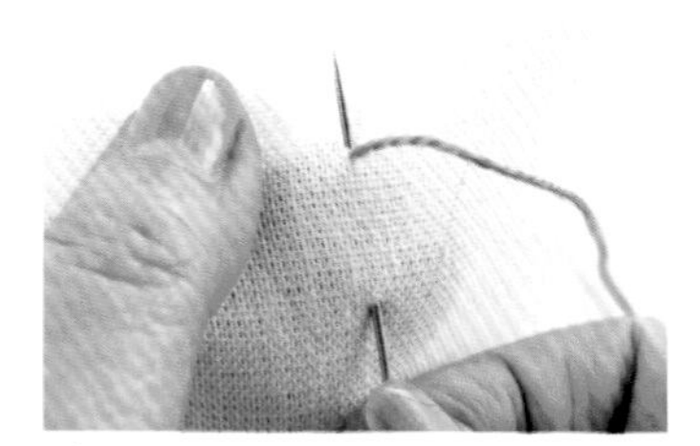

1 首先，進行直線繡。

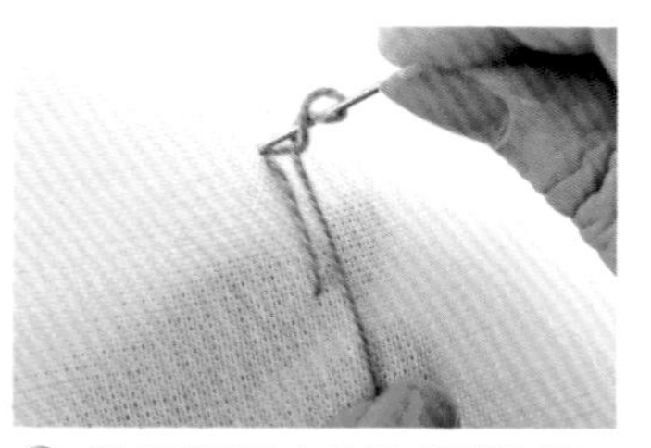

2 進行捲線2次的法式結粒繡。

3 以5號繡線完成後，如圖，此技法亦能用於花芯繡。

4 取25號繡線（1股），在花朵背景加上一些變化。

Flower Stitches 45

Plus Alpha（α）刺繡技法

開放式
釦眼繡・花卉繡

No.1500 + No.1541

No.1541 + No.1546

No.1547
+ No.1547-4mm

No.1542
+ No.1547-4mm

幸子玫瑰繡

No.4563-8mm

No.1540-7mm

No.1543-7mm

No.1542

※此為原寸刺繡圖案

開放式釦眼繡・花卉繡

如同釦眼繡將緞帶藏在以直線繡繡成的緞帶中，無論直線繡的緞帶有幾條，只要在緞帶上進行釦眼繡，花朵尺寸與形狀都將隨之變化，而中心處也要依花朵大小作適度的法式結粒繡，這便是直線玫瑰繡B的應用技法。

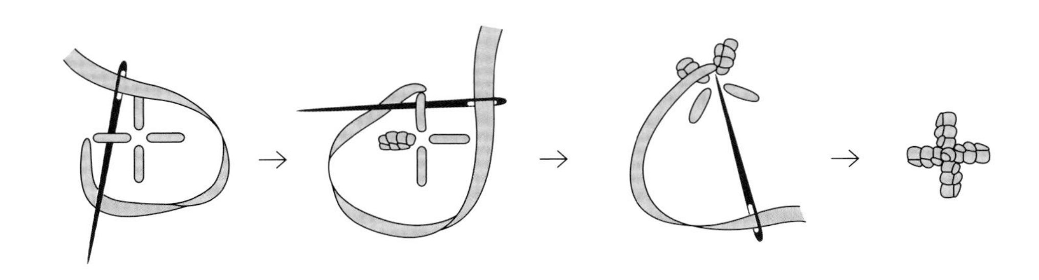

幸子玫瑰繡▶

運用幸子玫瑰繡B與花卉繡組合而成的技法，呈現效果因緞帶寬度而有所差異，建議選用寬度1.5至2.5cm的緞帶，在上頭進行虛線縫（→P.63），從後方將針穿入並將緞帶穿入緞帶當中，再繼續接下來的虛線縫（→P.69）。花瓣數量為3・4・5接著縫製所需數量的花瓣後，再將緞帶拉緊固定。依縫製的花瓣及緞帶寬度，花朵尺寸也將隨之改變，最後再於中心點進行法式結粒繡即完成。

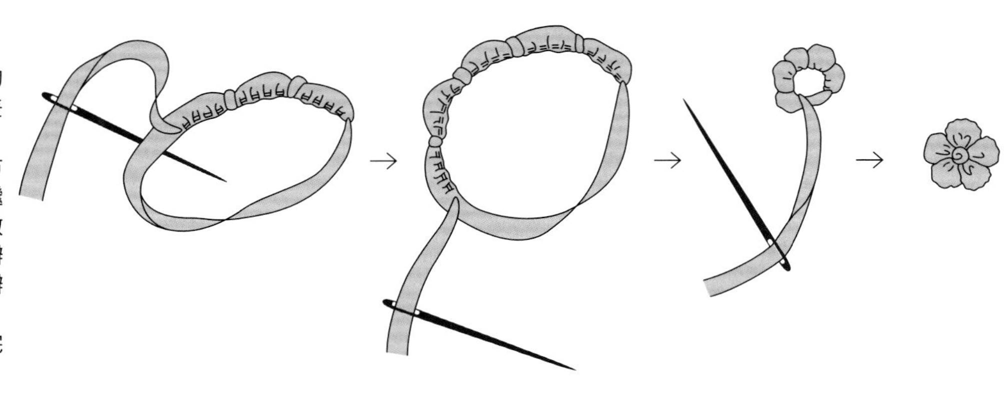

Flower Stitches 46

Plus Alpha(α)刺繡技法

花卉繡D

No.4681 + No.1540

No.1549-11mm
+ No.1540

No.1549-11mm
+ No.1540

花卉繡E

外No.4653-15mm
中央No.1544
中心No.1541

外No.1549-11mm
中央No.1542
中心No.1546

外No.1549-15mm
中央No.1548
中心No.1541

此為原寸刺繡圖案

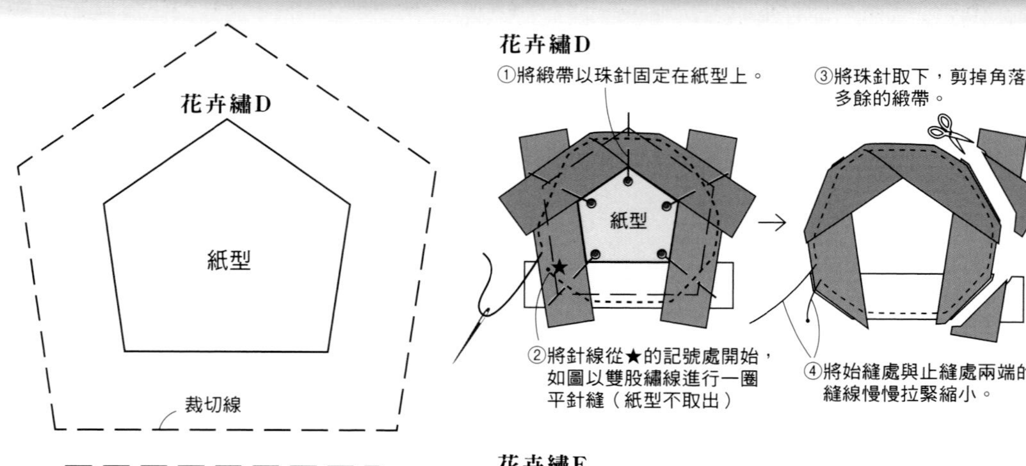
花卉繡D
紙型
裁切線
花卉繡D
①將緞帶以珠針固定在紙型上。
紙型
②將針線從★的記號處開始，如圖以雙股繡線進行一圈平針縫（紙型不取出）
③將珠針取下，剪掉角落多餘的緞帶。
④將始縫處與止縫處兩端的縫線慢慢拉緊縮小。
⑤整理好形狀後，將縫線打結。

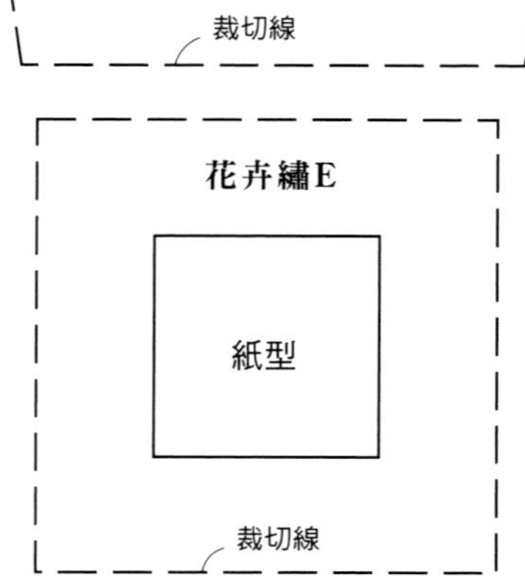
花卉繡E
紙型
裁切線

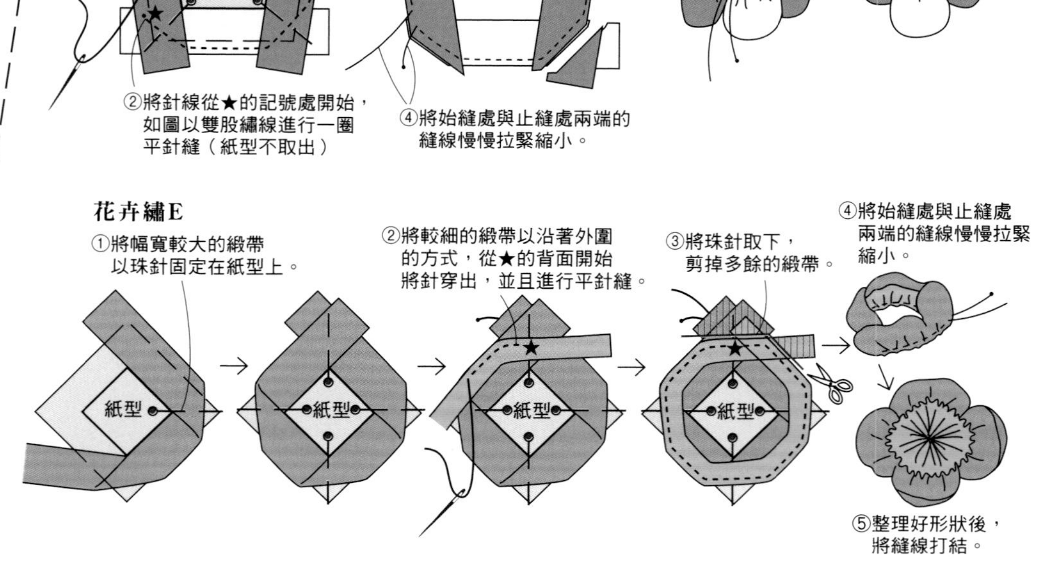
花卉繡E
①將幅寬較大的緞帶以珠針固定在紙型上。
紙型
②將較細的緞帶以沿著外圍的方式，從★的背面開始將針穿出，並且進行平針縫。
③將珠針取下，剪掉多餘的緞帶。
④將始縫處與止縫處兩端的縫線慢慢拉緊縮小。
⑤整理好形狀後，將縫線打結。

花籃迷你框飾

以緞帶作成的小巧精緻花朵。
將以緞帶刺繡組合而成的各式各樣花籃，收納於相框裡面。
完成幾個之後，作成一場迷你花卉展也非常精彩！

作法 p.102

23
22
24

能夠立即使用的圖案

圖案P.98

圖案P.99

圖案P.100

圖案P.101

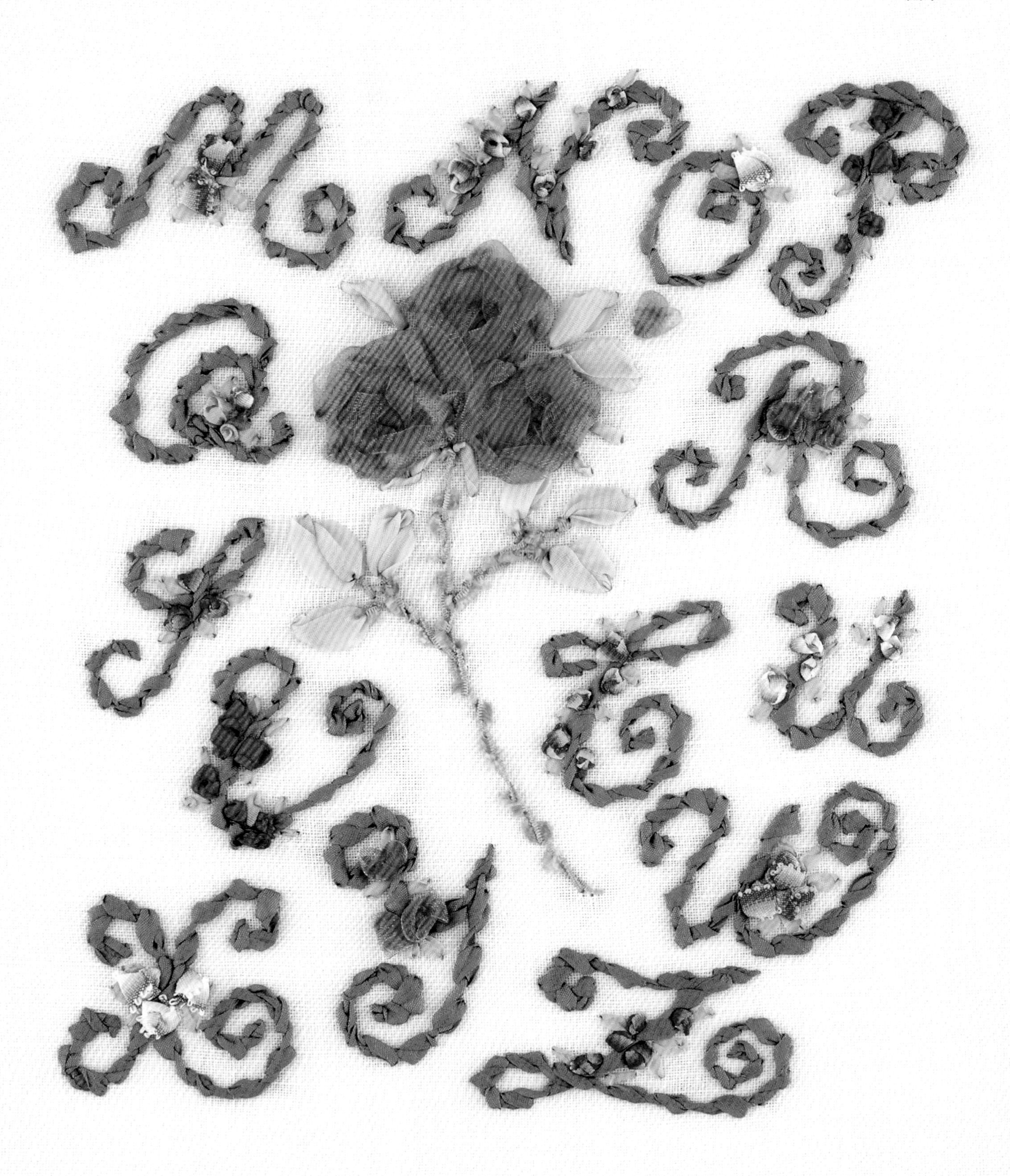

花朵樣品集

收集各式各樣的小花緞帶刺繡製成精彩的樣品集。
無論是刺繡的種類或是緞帶的配色都能盡情地盛開綻放。
將喜愛的花朵繡在喜歡的地方，當成顯眼的重點刺繡也行。

作法 p.104

25

26

27

小包&化妝包

將從「花朵樣品集」裡取用的圖案，
刺繡於小包與化妝包。
配合適當的間隔距離，
任意搭配花朵組合
也能充分享受刺繡地樂趣。

作法 p.104 、p.105

心型BOX

找一個可愛的心形BOX，
上面繡著野玫瑰、紫羅蘭和勿忘我的緞帶刺繡。
可以利用空巧克力盒，將刺繡裝飾在蓋子上。

作法 p.103

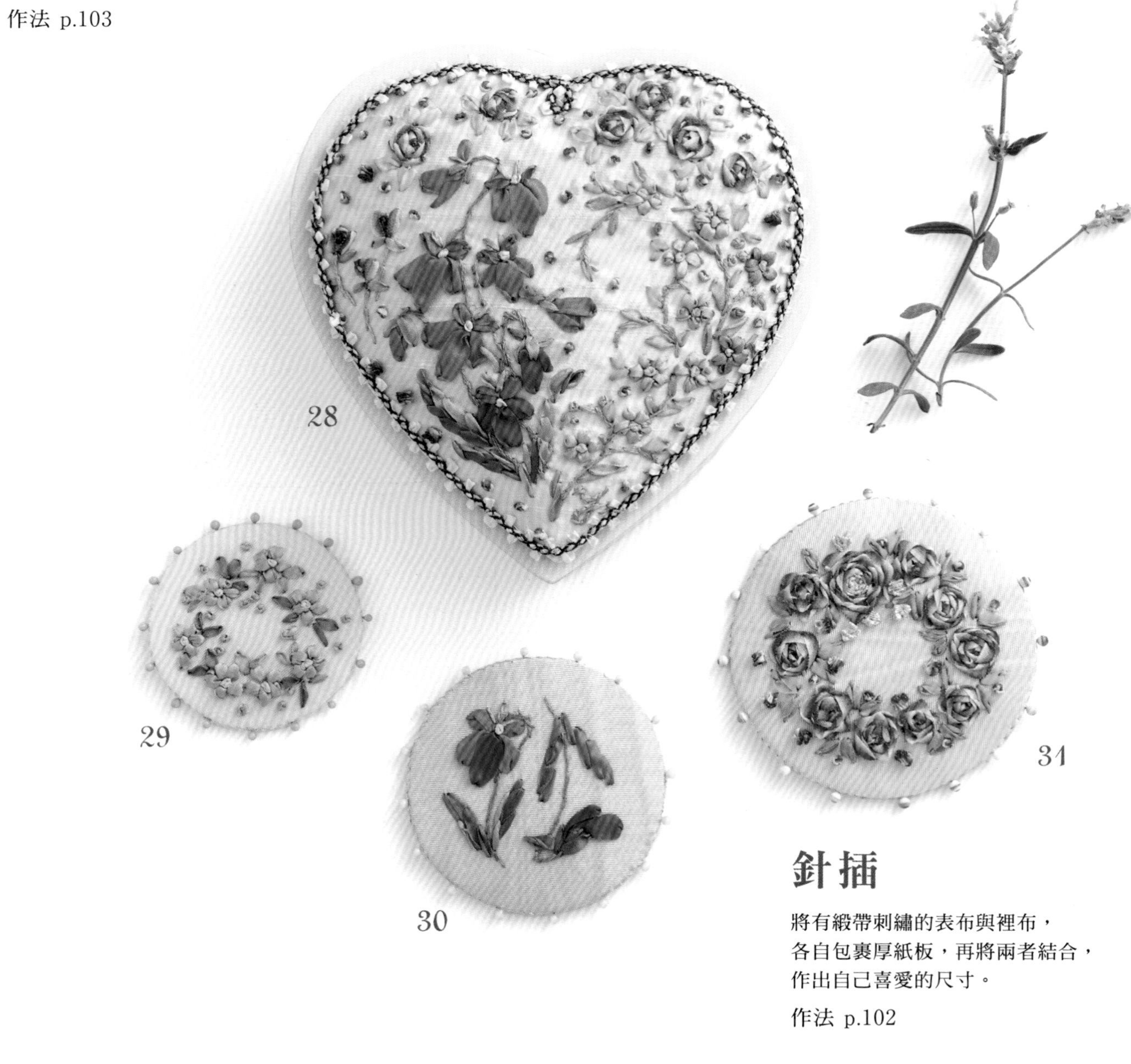

28

29

30

31

針插

將有緞帶刺繡的表布與裡布，
各自包裹厚紙板，再將兩者結合，
作出自己喜愛的尺寸。

作法 p.102

工具收納捲袋

以雲紋綢緞帶作成的工具收納捲袋，
不僅附有針插、線材捲軸，
還能將針材固定在內側的不織布上，
可輕巧地捲起及收納。

作法 P.106

33
32

迷你小包

運用雲紋綢緞帶的寬度製作，
把心愛的東西都裝進去吧！

作法 P.108&P.109

34
35

縫紉工具包&針插

與左頁的作品相同，
選用寬幅雲紋綢緞布作成縫紉工具包的內裡，
內側附有針材收納布、針插及剪刀收納小袋，
以直接剪裁就能使用的不織布為材料，
不需擔心收納的針容易鏽蝕，
針插部分也是利用相同款式的緞帶製作。

作法 P.110

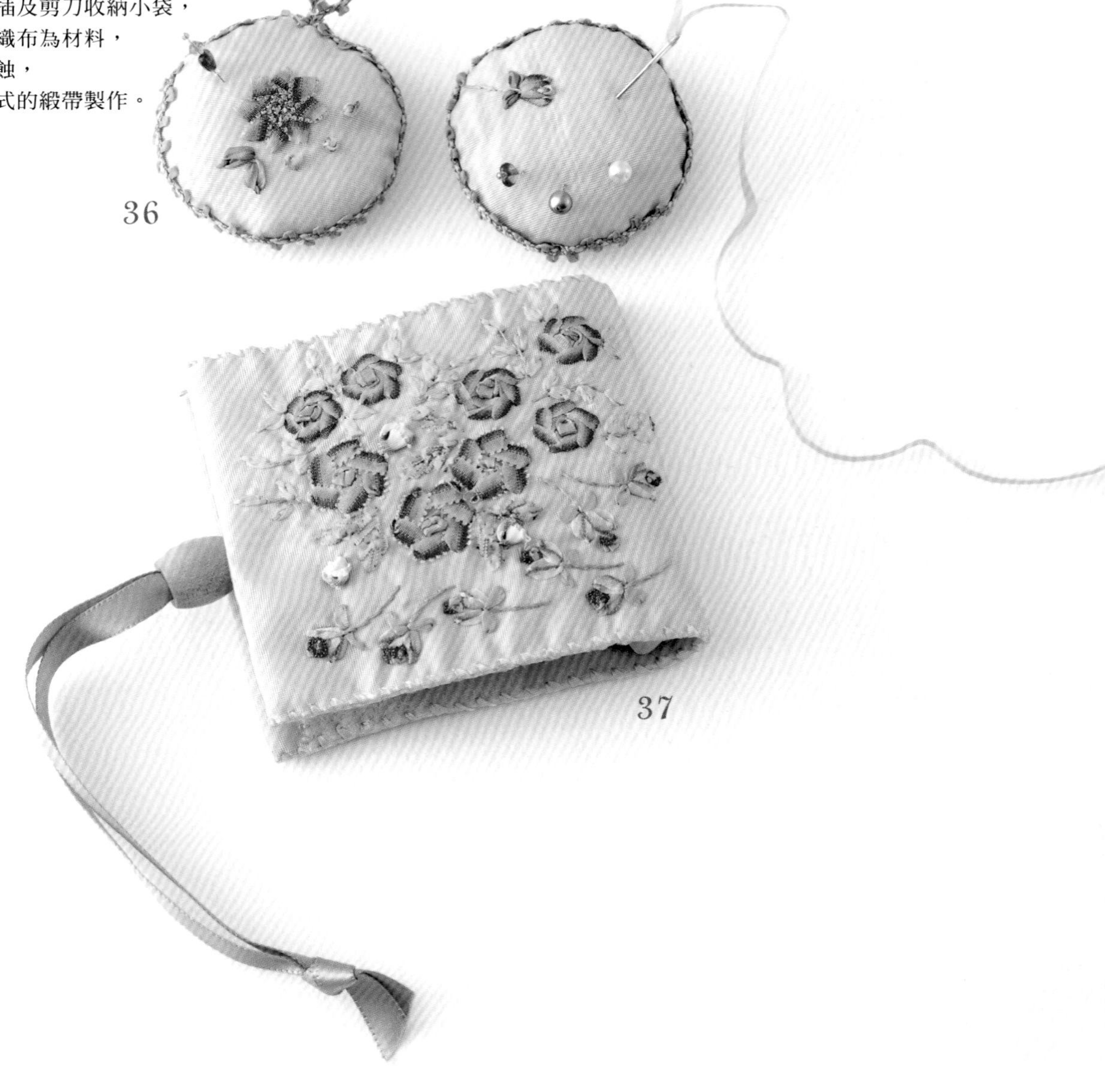

36

37

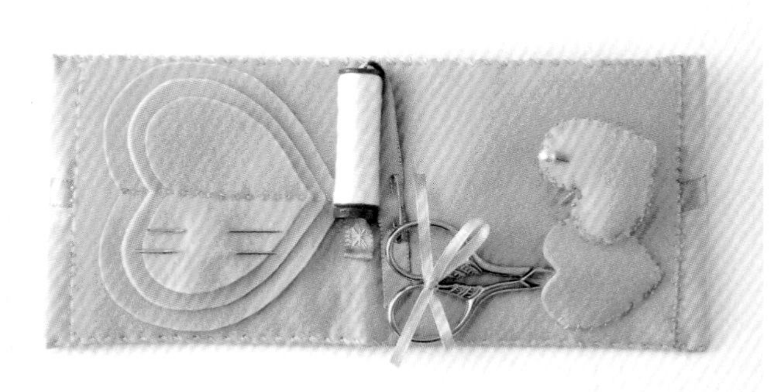

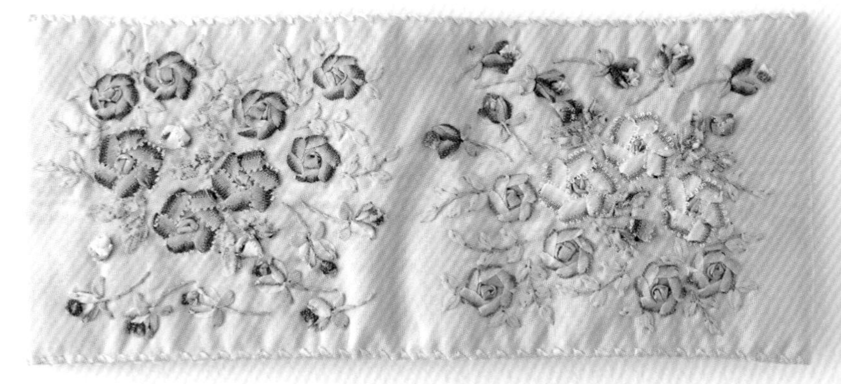

胸花

將花朵作為主題圖案的胸針，
無論裝飾在服飾或外套胸口處、別在披肩上，
或當作手提包、小斜掛包的點綴都可以！
請隨著季節變換，享受選擇不同款式的樂趣吧！

作法 P.85

38
41
39
40
42

38至42. 胸花 （P.84）

原寸紙型・圖案…作品38：P.85　作品39至42：P.86

材料＜作品38＞…表布（寬7.5cm天鵝絨緞帶・粉紅色）：9cm　黑色不織布：10×6cm　鋪棉：22×6cm
胸針：1枚　厚紙板：寬7.5×9cm　手工藝用接著劑　刺繡緞帶及繡線：請參考圖案

材料＜作品42＞…表布（棉絨布・紅色）：12×10cm　黑色不織布：10×7cm　鋪棉：22×6cm
其他材料請參考作品38

材料＜作品39・40＞…表布：作品40為天鵝絨緞帶（咖啡色）・作品39為天鵝絨緞帶（黑色）
黑色不織布：7×7cm　鋪棉：12×12cm　其他材料請參考作品38

材料＜作品41＞…表布（寬7.5cm天鵝絨緞帶・紫色）：10cm　串珠彈性緞帶：22cm　黑色不織布：10×6cm
鋪棉：15×12cm　其他材料請參考作品38

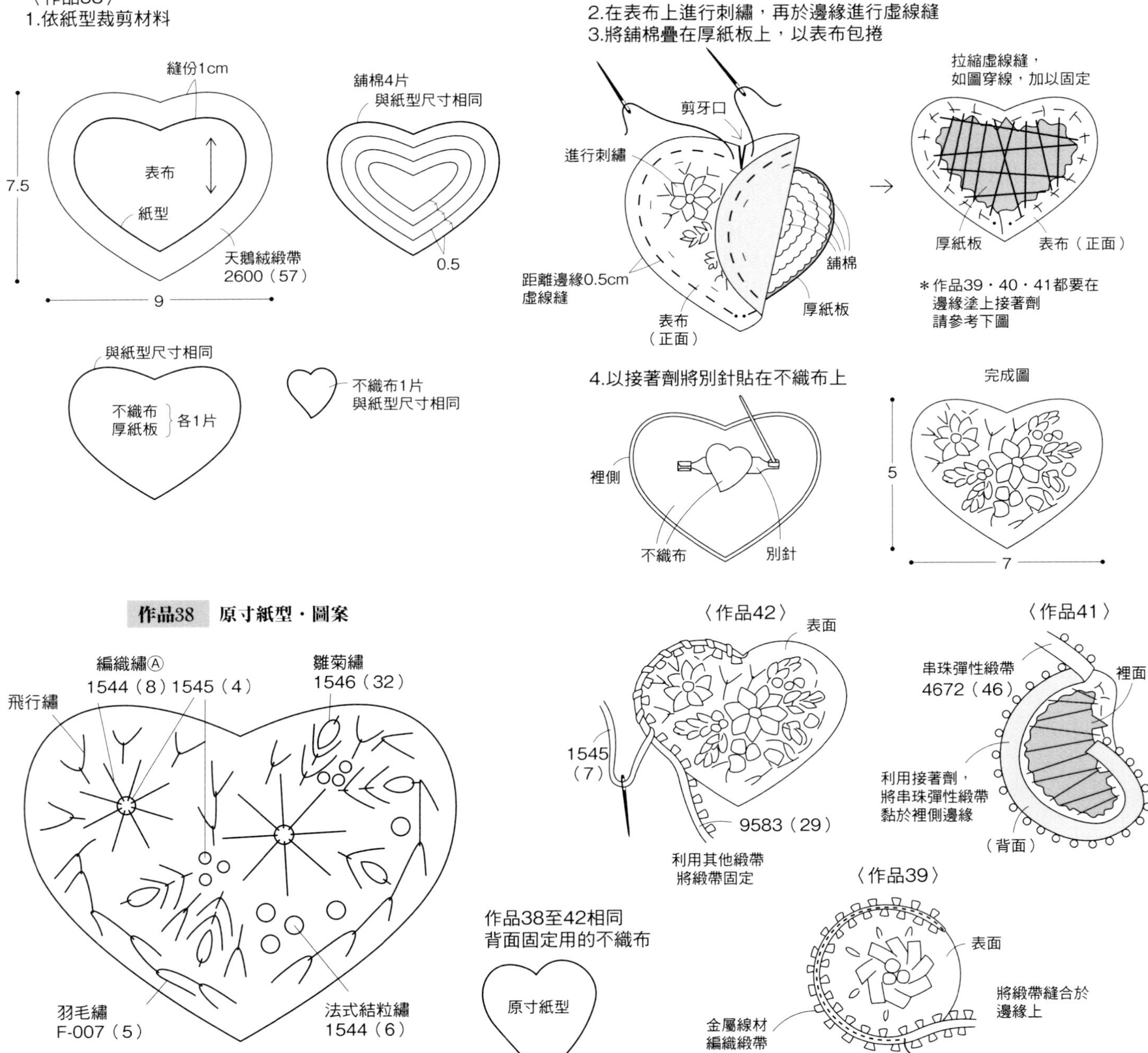

〈作品38〉
1.依紙型裁剪材料
縫份1cm
表布
紙型
7.5
9
天鵝絨緞帶
2600（57）
鋪棉4片
與紙型尺寸相同
0.5
與紙型尺寸相同
不織布
厚紙板
各1片
不織布1片
與紙型尺寸相同
2.在表布上進行刺繡，再於邊緣進行虛線縫
3.將鋪棉疊在厚紙板上，以表布包捲
剪牙口
進行刺繡
距離邊緣0.5cm
虛線縫
表布
（正面）
鋪棉
厚紙板
拉縮虛線縫，
如圖穿線，加以固定
厚紙板
表布（正面）
＊作品39・40・41都要在
邊緣塗上接著劑
請參考下圖
4.以接著劑將別針貼在不織布上
裡側
不織布
別針
完成圖
5
7
作品38　原寸紙型・圖案
編織繡Ⓐ
1544（8）1545（4）
雛菊繡
1546（32）
飛行繡
羽毛繡
F-007（5）
法式結粒繡
1544（6）
作品38至42相同
背面固定用的不織布
原寸紙型
〈作品42〉
表面
1545
（7）
9583（29）
利用其他緞帶
將緞帶固定
〈作品41〉
串珠彈性緞帶
4672（46）
裡面
利用接著劑，
將串珠彈性緞帶
黏於裡側邊緣
（背面）
〈作品39〉
表面
將緞帶縫合於
邊緣上
金屬線材
編織緞帶
9584（26）

作品39至42 胸花　原寸紙型・圖案

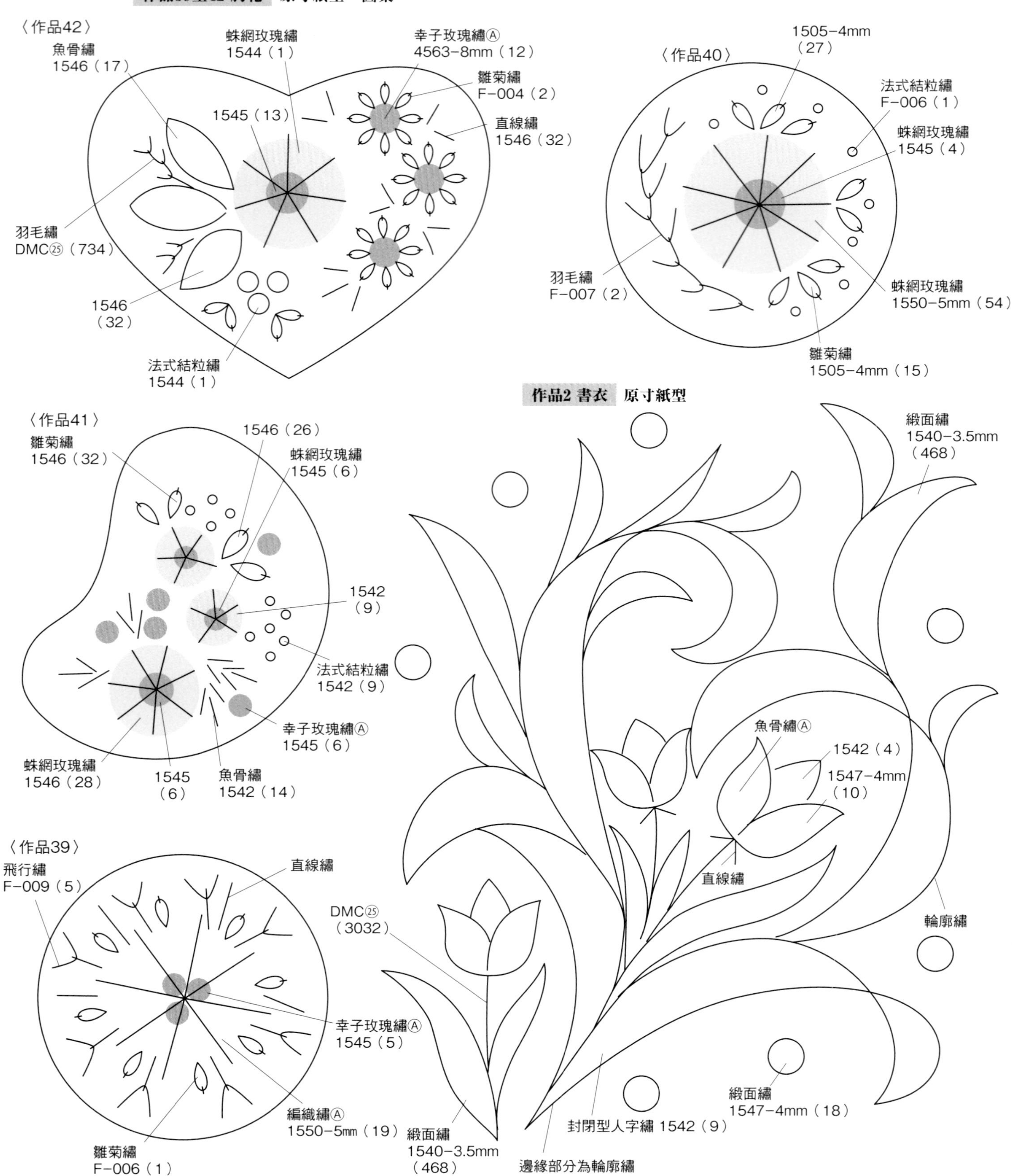
〈作品42〉
魚骨繡
1546（17）
蛛網玫瑰繡
1544（1）
幸子玫瑰繡Ⓐ
4563−8mm（12）
雛菊繡
F−004（2）
1545（13）
直線繡
1546（32）
羽毛繡
DMC㉕（734）
1546
（32）
法式結粒繡
1544（1）
1505−4mm
（27）
〈作品40〉
法式結粒繡
F−006（1）
蛛網玫瑰繡
1545（4）
羽毛繡
F−007（2）
蛛網玫瑰繡
1550−5mm（54）
雛菊繡
1505−4mm（15）
作品2 書衣　原寸紙型
〈作品41〉
1546（26）
雛菊繡
1546（32）
蛛網玫瑰繡
1545（6）
1542
（9）
法式結粒繡
1542（9）
幸子玫瑰繡Ⓐ
1545（6）
蛛網玫瑰繡
1546（28）
1545
（6）
魚骨繡
1542（14）
緞面繡
1540−3.5mm
（468）
魚骨繡Ⓐ
1542（4）
1547−4mm
（10）
直線繡
輪廓繡
〈作品39〉
飛行繡
F−009（5）
直線繡
DMC㉕
（3032）
幸子玫瑰繡Ⓐ
1545（5）
編織繡Ⓐ
1550−5㎜（19）
緞面繡
1540−3.5mm
（468）
雛菊繡
F−006（1）
封閉型人字繡 1542（9）
緞面繡
1547−4mm（18）
邊緣部分為輪廓繡

1,2. 書衣 （P.10）

原寸紙型・圖案…作品1刊載於P.87　作品2刊載於P.86

＊尺寸標註方式：作品1／文庫本尺寸　＊（　）內的尺寸為作品2／A5變形尺寸

材料…表布（麻布）・裡布（薄質被單布）：各40×20cm（各55×25cm）　緞面緞帶（寬1.5cm）：17cm（23cm）

刺繡緞帶及繡線：請參考圖案

＊關於上述材料，均請先確認書本尺寸，再開始製作。

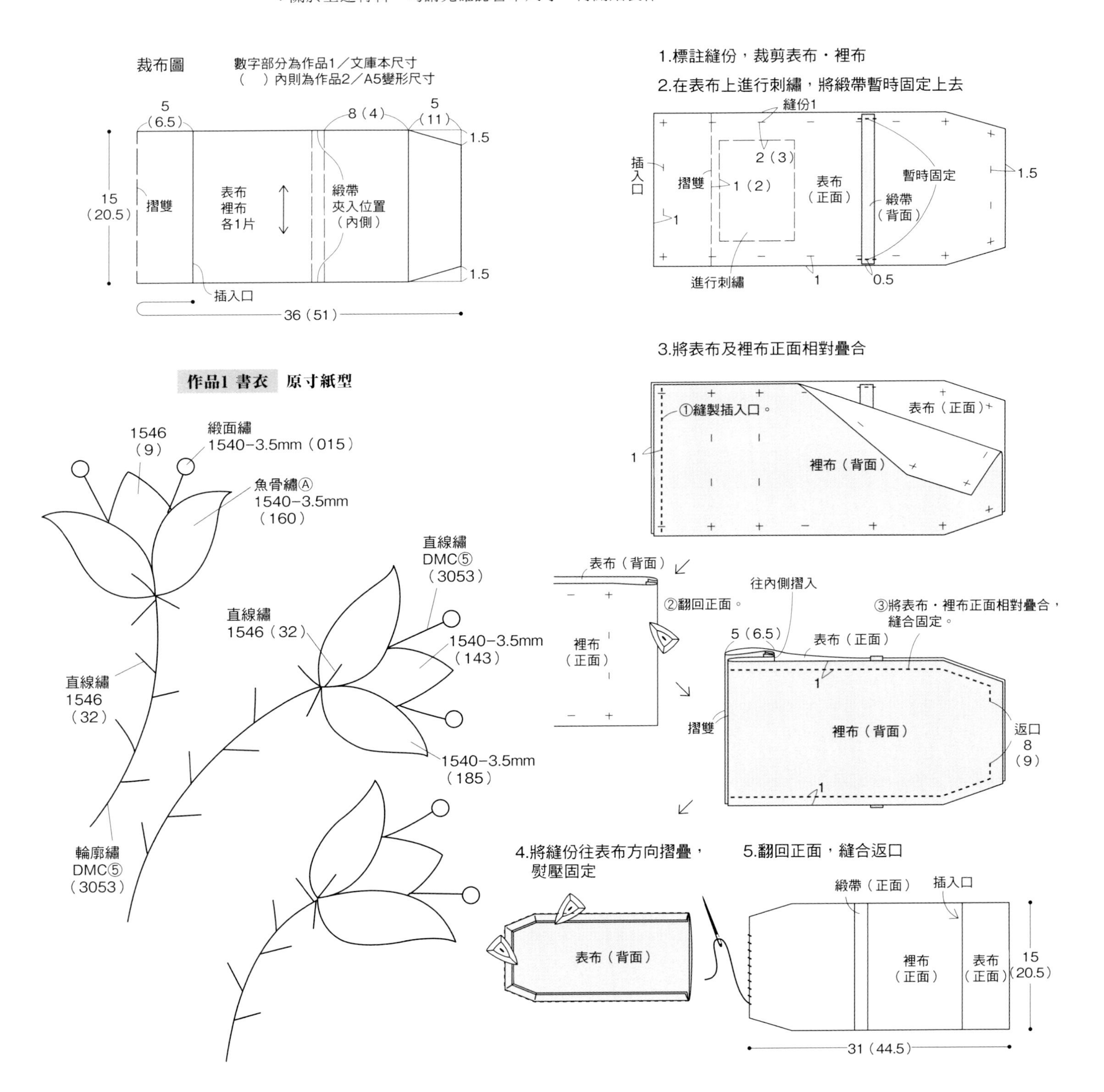

裁布圖
數字部分為作品1／文庫本尺寸
（　）內則為作品2／A5變形尺寸
5
（6.5）
8（4）
5
（11）
1.5
15
（20.5）
摺雙
表布
裡布
各1片
緞帶
夾入位置
（內側）
1.5
插入口
36（51）
1.標註縫份，裁剪表布・裡布
2.在表布上進行刺繡，將緞帶暫時固定上去
縫份1
2（3）
插入口
摺雙
1（2）
表布
（正面）
暫時固定
緞帶
（背面）
1.5
1
進行刺繡
1
0.5
3.將表布及裡布正面相對疊合
①縫製插入口。
表布（正面）
1
裡布（背面）
表布（背面）
②翻回正面。
往內側摺入
③將表布・裡布正面相對疊合，
縫合固定。
裡布
（正面）
5（6.5）
表布（正面）
1
摺雙
裡布（背面）
返口
8
（9）
1
4.將縫份往表布方向摺疊，
熨壓固定
表布（背面）
5.翻回正面，縫合返口
緞帶（正面）
插入口
裡布
（正面）
表布
（正面）
15
（20.5）
31（44.5）
作品1 書衣　原寸紙型
1546
（9）
緞面繡
1540−3.5mm（015）
魚骨繡Ⓐ
1540−3.5mm
（160）
直線繡
DMC⑤
（3053）
直線繡
1546（32）
1540−3.5mm
（143）
直線繡
1546
（32）
1540−3.5mm
（185）
輪廓繡
DMC⑤
（3053）

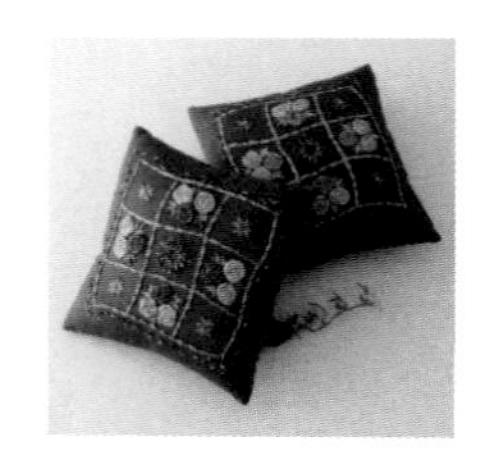

3. 抱枕 （P.22）

原寸紙型・圖案…P.89

材料…表布（麻布）：70×35cm　拉鍊（27cm）：1條　枕芯（30×30cm）：1個
　　　刺繡緞帶及繡線：請參考圖案

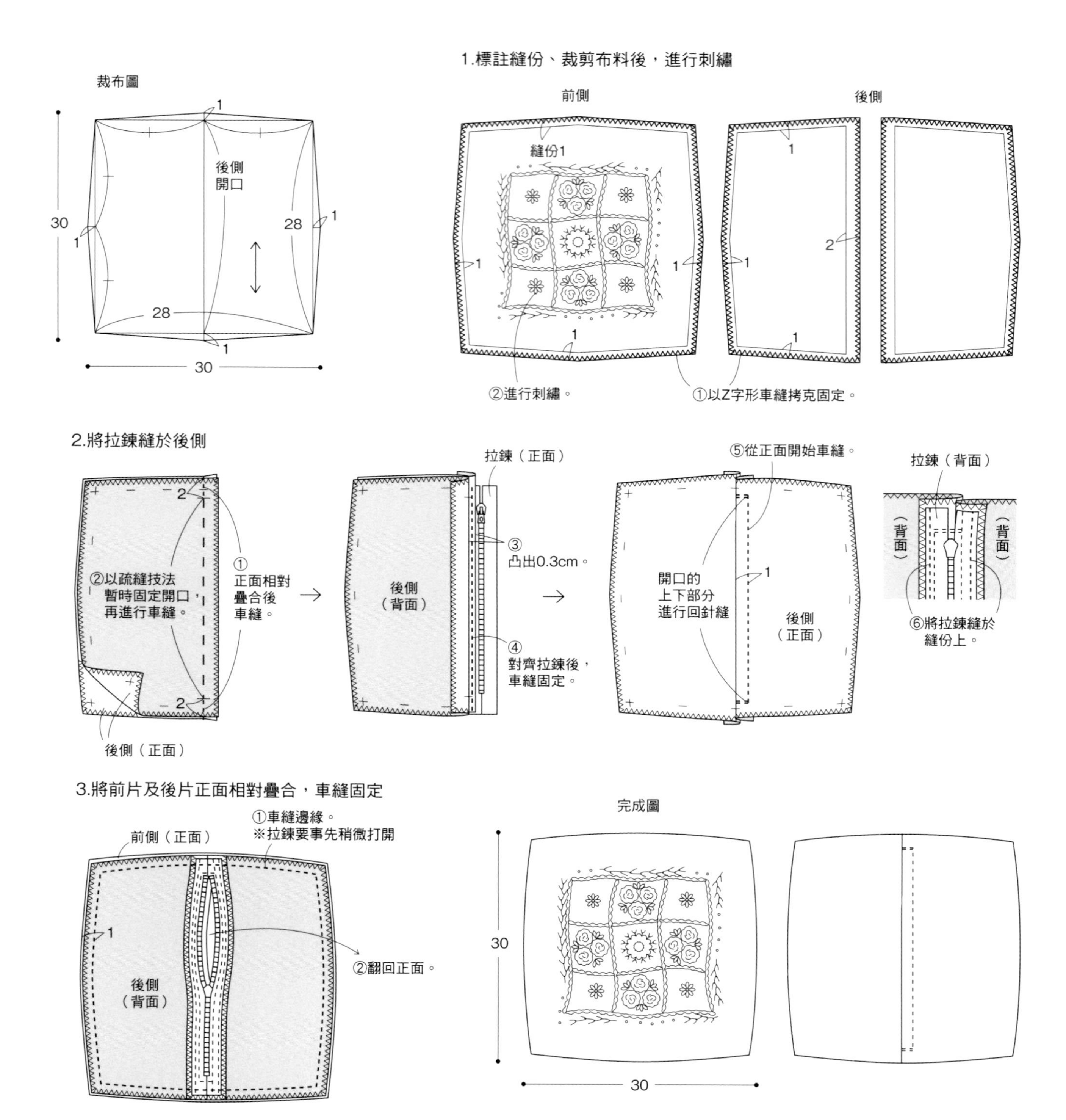

裁布圖
1
後側
開口
30
1
28
1
28
1
30
1.標註縫份、裁剪布料後，進行刺繡
前側
後側
縫份1
1
1
1
1
1
2
1
②進行刺繡。
①以Z字形車縫拷克固定。
2.將拉鍊縫於後側
2
②以疏縫技法
暫時固定開口，
再進行車縫。
①
正面相對
疊合後
車縫。
2
後側（正面）
拉鍊（正面）
後側
（背面）
③
凸出0.3cm。
④
對齊拉鍊後，
車縫固定。
⑤從正面開始車縫。
開口的
上下部分
進行回針縫
1
後側
（正面）
拉鍊（背面）
（背面）
（背面）
⑥將拉鍊縫於
縫份上。
3.將前片及後片正面相對疊合，車縫固定
①車縫邊緣。
※拉鍊要事先稍微打開
前側（正面）
1
後側
（背面）
②翻回正面。
完成圖
30
30

作品3 抱枕 原寸紙型

※緞帶顏色：（　）內為紫色款，〔　〕內為藍色款

扭轉鎖鍊繡
1505-4mm
（27）〔15〕
法式結粒繡
羽毛繡
F-007
（3）〔5〕
中央
＊外框要以中央為基準，左右對稱地進行描繪
雛菊繡
1546
（9）〔14〕
法式結粒繡
1545
（7）〔8〕
雛菊繡
1546
（26）〔26〕
扭轉鎖鍊繡
1540-7mm
（163）〔214〕
雛菊結粒繡
1545（7）〔8〕
飛行繡
No.F-007
（3）〔5〕
1541
（158）〔204〕
1540-7mm
（153）〔204〕
中心
玫瑰形鎖鍊繡
1540-7mm
（162）〔296〕
雛菊繡
扭轉鎖鍊繡

4,5. 小包 （P.36）

原寸紙型・圖案…P.91

材料＜作品4＞…表布（雲紋綢布料）：25×30cm　裡布（細棉織布）：25×20cm
束繩吊飾（寬3.6cm緞面緞帶）：15cm　襯棉：適量　混金屬線束繩（直徑0.3cm）：120cm
刺繡緞帶：各適量　裝飾用緞帶：45cm　刺繡緞帶及繡線：請參考圖案

材料＜作品5＞…表布（麻布）：20×25cm　裡布（細棉織布）：20×20cm　束繩吊飾（寬3.6cm緞面緞帶）：15cm
襯棉：適量　混金屬絲線束繩（直徑0.3cm）：100cm　刺繡緞帶及繡線：請參考圖案

〈作品4・5相同〉

1.在紙型上標註縫份，剪裁布料

貼邊　6（4.5）
束繩穿口
縫份 1
27（22）
表布 2片
描繪 紙型記號
21（18）

數字部分為作品5
（　）內的為作品4
縫份1
17（15）
裡布 2片
1
21（18）

2.在1片表布上進行刺繡

3.將表布正面相對後縫合

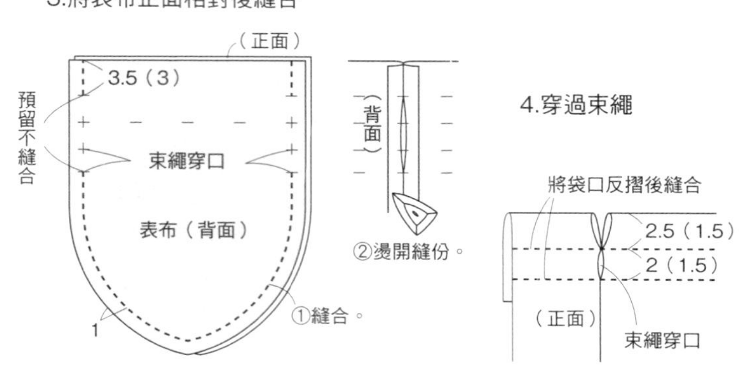

（正面）
3.5（3）
預留不縫合
束繩穿口
表布（背面）
1
①縫合。
（背面）
②燙開縫份。
4.穿過束繩
將袋口反摺後縫合
2.5（1.5）
2（1.5）
（正面）
束繩穿口

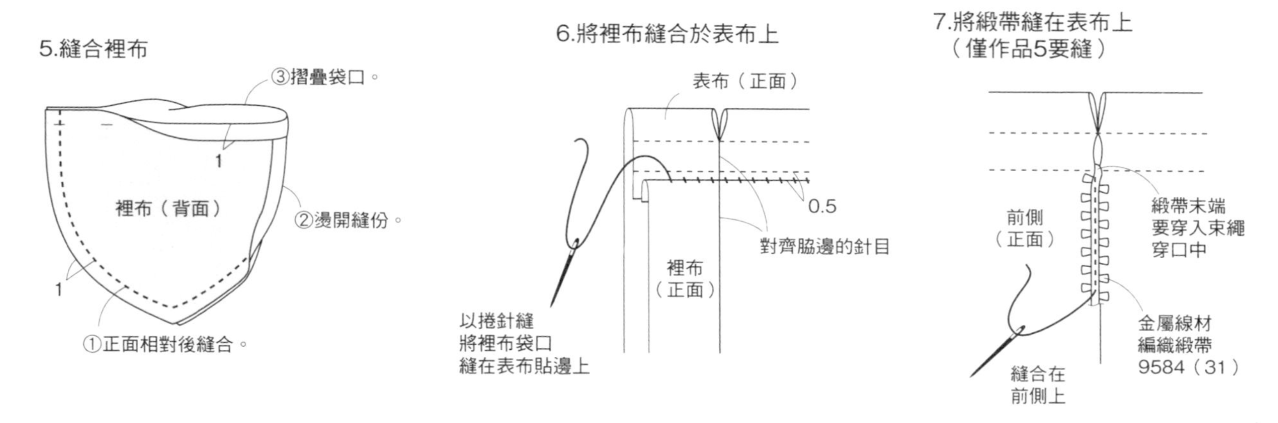

5.縫合裡布
③摺疊袋口。
1
裡布（背面）
②燙開縫份。
1
①正面相對後縫合。
6.將裡布縫合於表布上
表布（正面）
0.5
對齊脇邊的針目
裡布（正面）
以捲針縫
將裡布袋口
縫在表布貼邊上
7.將緞帶縫在表布上
（僅作品5要縫）
前側
（正面）
緞帶末端
要穿入束繩
穿口中
金屬線材
編織緞帶
9584（31）
縫合在
前側上

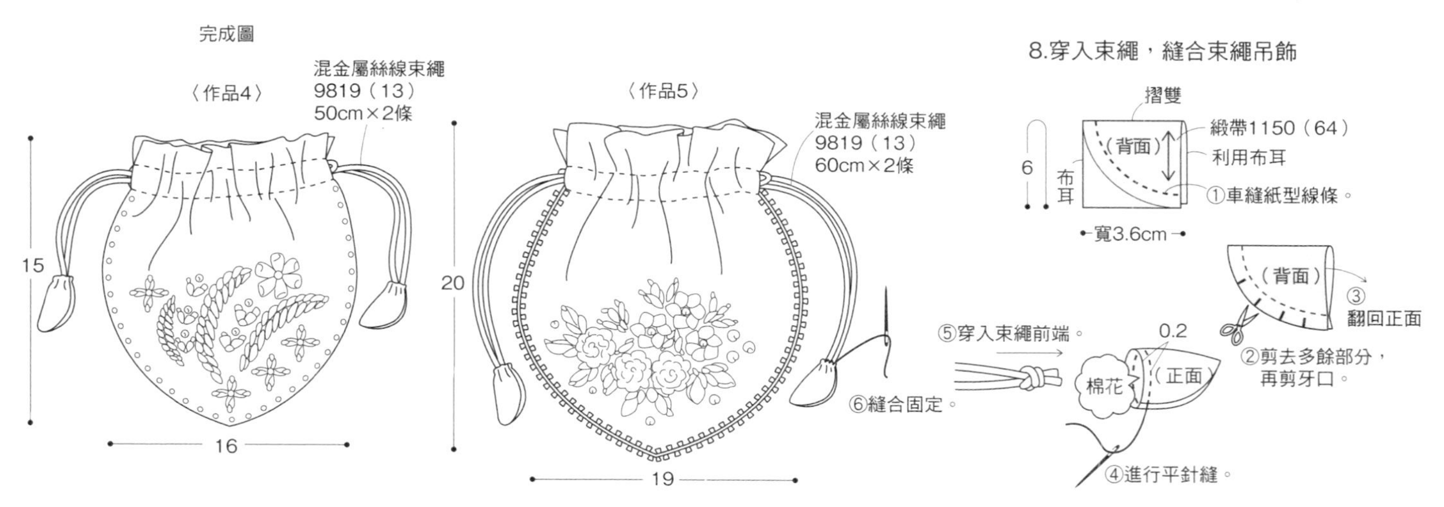

完成圖
〈作品4〉
混金屬絲線束繩
9819（13）
50cm×2條
15
16
〈作品5〉
混金屬絲線束繩
9819（13）
60cm×2條
20
19
⑥縫合固定。
8.穿入束繩，縫合束繩吊飾
摺雙
緞帶1150（64）
（背面）
利用布耳
6
布耳
①車縫紙型線條。
寬3.6cm
（背面）
③
翻回正面
②剪去多餘部分，
再剪牙口。
⑤穿入束繩前端。
0.2
棉花
（正面）
④進行平針縫。

作品4・5 小包　原寸紙型・圖案

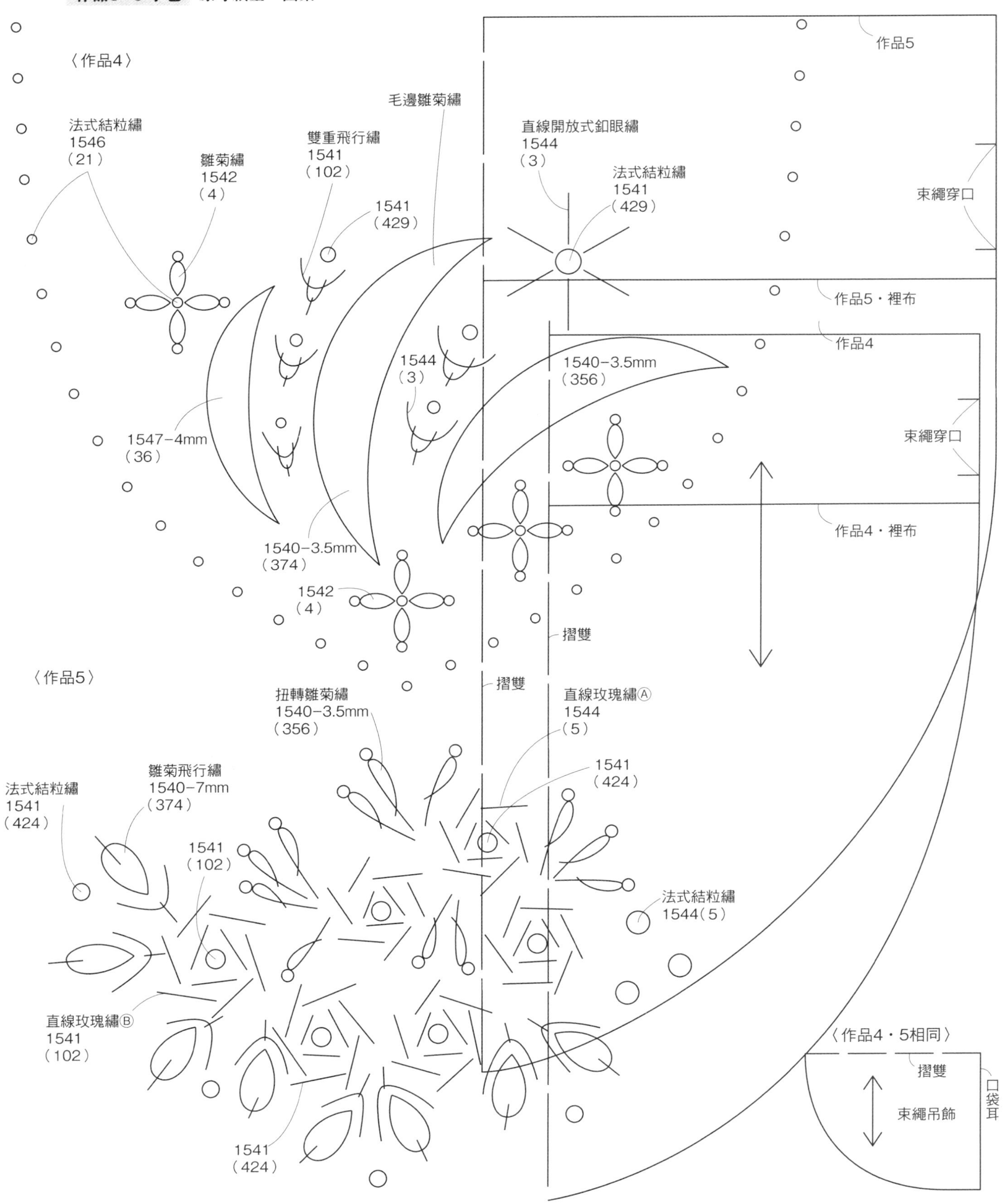
〈作品4〉
法式結粒繡
1546
（21）
雛菊繡
1542
（4）
雙重飛行繡
1541
（102）
1541
（429）
毛邊雛菊繡
直線開放式釦眼繡
1544
（3）
法式結粒繡
1541
（429）
作品5
束繩穿口
作品5・裡布
作品4
1544
（3）
1540−3.5mm
（356）
束繩穿口
1547−4mm
（36）
作品4・裡布
1540−3.5mm
（374）
1542
（4）
摺雙
〈作品5〉
摺雙
扭轉雛菊繡
1540−3.5mm
（356）
直線玫瑰繡Ⓐ
1544
（5）
1541
（424）
法式結粒繡
1541
（424）
雛菊飛行繡
1540−7mm
（374）
1541
（102）
法式結粒繡
1544（5）
直線玫瑰繡Ⓑ
1541
（102）
〈作品4・5相同〉
摺雙
口袋耳
束繩吊飾
1541
（424）

6. 化妝包 (P.37)

原寸紙型…P.95

材料…表布（棉絨布）：25×35cm　裡布（棉質被單布）：25×35cm　拉鍊（20cm）：1條
吊耳（寬1.5cm緞帶）：5cm　刺繡緞帶及繡線：請參考圖案

1.標註縫份，裁剪布料

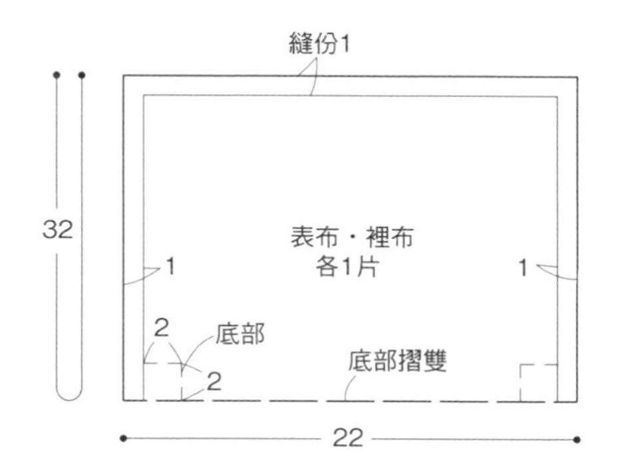

縫份1
32
表布・裡布
各1片
1
1
2
底部
2
底部摺雙
22

2.在表布上進行刺繡

3. 將拉鍊縫在表布上

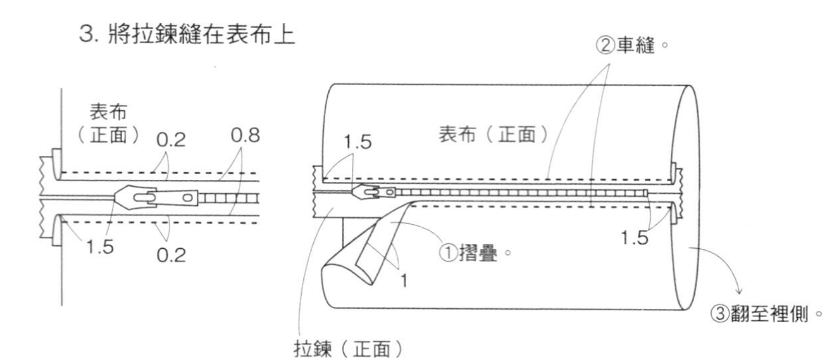

表布
（正面）
0.2
0.8
1.5
0.2
②車縫。
1.5
表布（正面）
1.5
①摺疊。
1
③翻至裡側。
拉鍊（正面）

4.將吊耳夾住，車縫脇邊

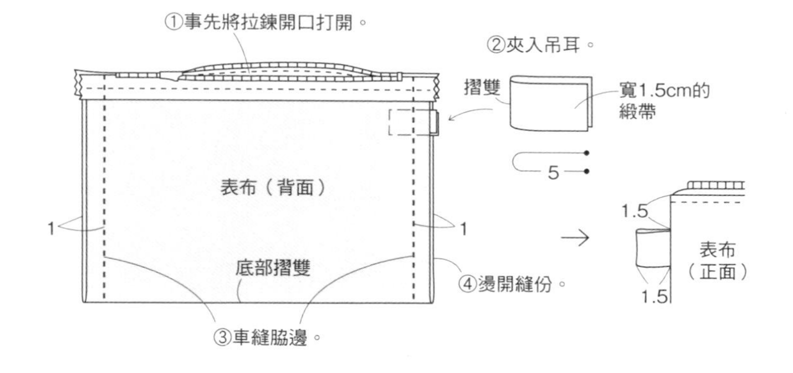

①事先將拉鍊開口打開。
②夾入吊耳。
摺雙
寬1.5cm的
緞帶
5
表布（背面）
1
1
底部摺雙
④燙開縫份。
③車縫脇邊。
1.5
表布
（正面）
1.5

5.車縫底部

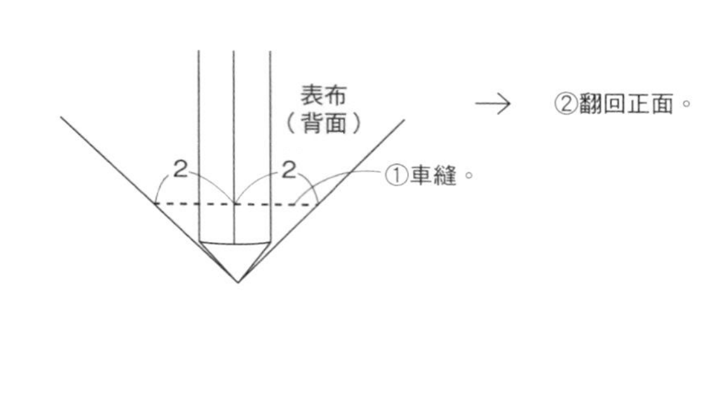

表布
（背面）
②翻回正面。
2
2
①車縫。

6.車縫裡布

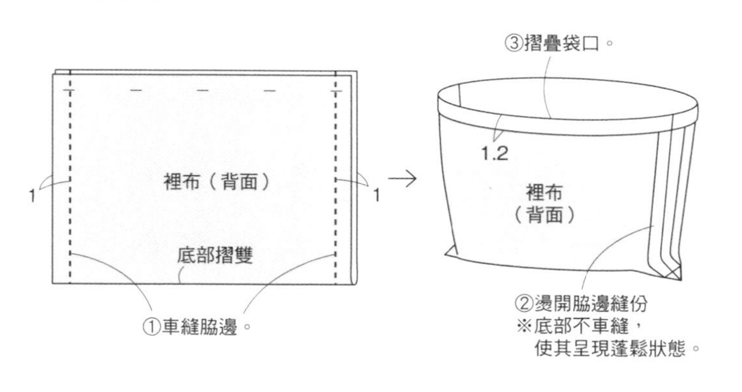

1
裡布（背面）
1
底部摺雙
①車縫脇邊。
③摺疊袋口。
1.2
裡布
（背面）
②燙開脇邊縫份
※底部不車縫，
使其呈現蓬鬆狀態。

7.以捲針縫將拉鍊縫在裡布袋口上

完成圖

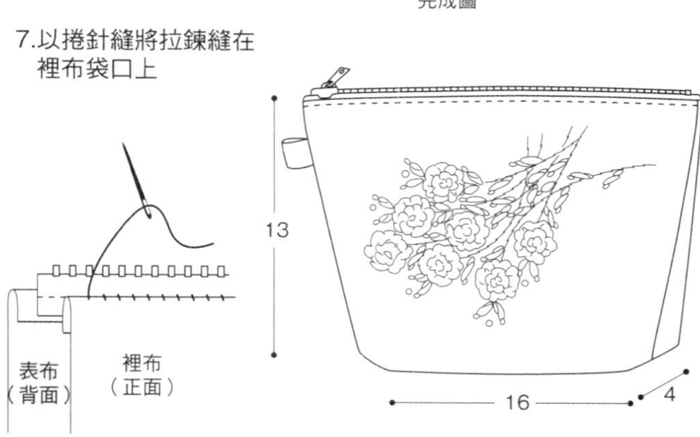

表布
（背面）
裡布
（正面）
13
16
4

19. 橢圓小盒 （P.60）

原寸紙型・圖案…P.95

材料…盒蓋用緞帶（寬10cm絲質雲紋綢緞帶）：15cm
側面用緞帶（寬7.5cm絲質雲紋綢緞帶）：35cm　接合用緞帶（寬2.5cm）：10cm
吊耳用緞帶（寬1.5cm）：10cm　彈性緞面緞帶（寬1.5cm）：35cm　襯棉・基座紙：各適量
橢圓形空盒：1個　雙面膠：適量　刺繡緞帶及繡線：請參考圖案

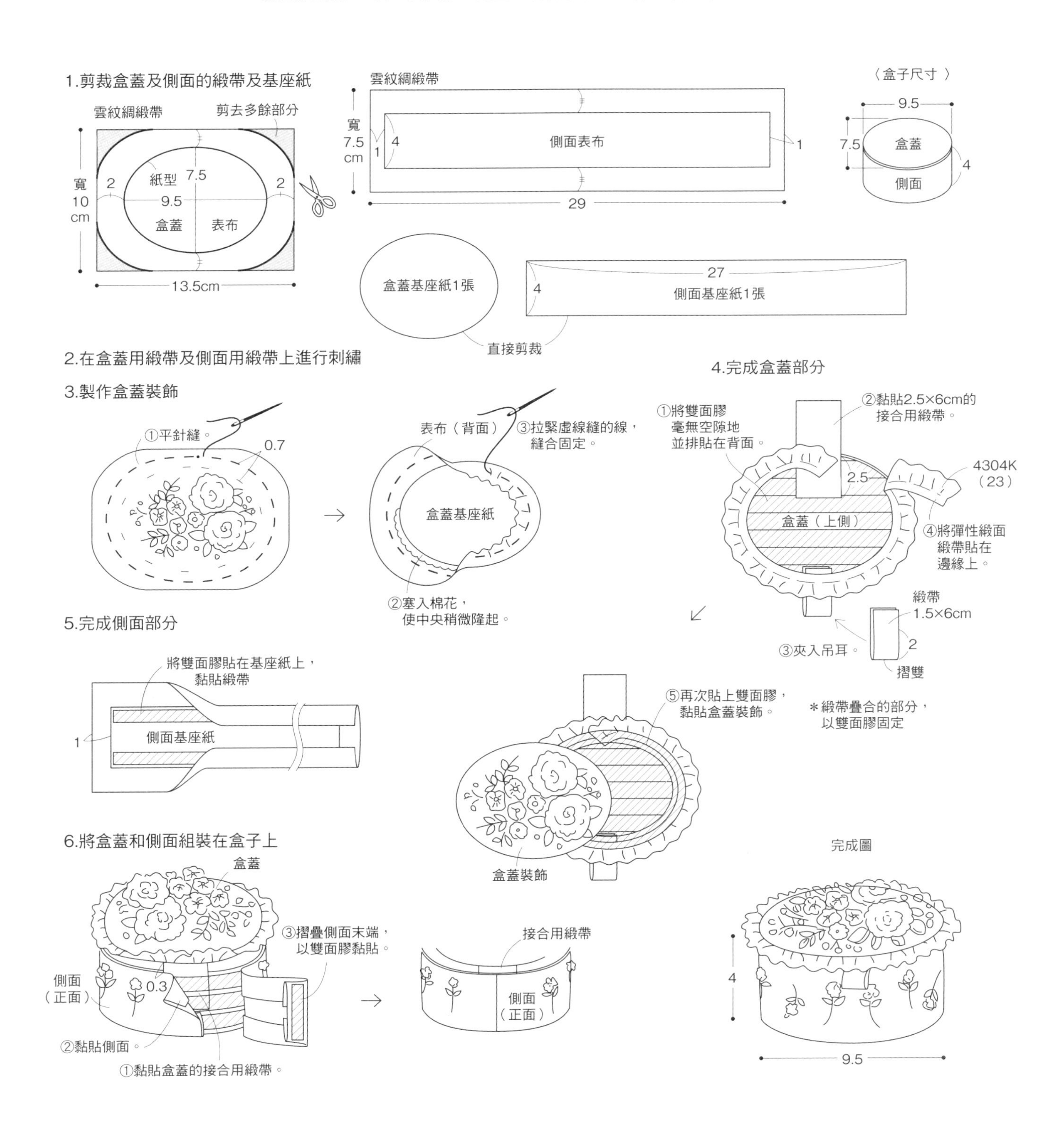

1.剪裁盒蓋及側面的緞帶及基座紙
雲紋綢緞帶
剪去多餘部分
寬 10 cm
2
紙型 7.5
9.5
2
盒蓋
表布
13.5cm
雲紋綢緞帶
寬 7.5 cm
1
4
側面表布
1
29
〈盒子尺寸〉
9.5
7.5
盒蓋
4
側面
盒蓋基座紙1張
27
4
側面基座紙1張
直接剪裁
2.在盒蓋用緞帶及側面用緞帶上進行刺繡
3.製作盒蓋裝飾
①平針縫。
0.7
表布（背面）
③拉緊虛線縫的線，
縫合固定。
盒蓋基座紙
②塞入棉花，
使中央稍微隆起。
4.完成盒蓋部分
①將雙面膠
毫無空隙地
並排貼在背面。
②黏貼2.5×6cm的
接合用緞帶。
2.5
4304K
（23）
盒蓋（上側）
④將彈性緞面
緞帶貼在
邊緣上。
緞帶
1.5×6cm
2
③夾入吊耳。
摺雙
5.完成側面部分
將雙面膠貼在基座紙上，
黏貼緞帶
1
側面基座紙
⑤再次貼上雙面膠，
黏貼盒蓋裝飾。
＊緞帶疊合的部分，
以雙面膠固定
盒蓋裝飾
6.將盒蓋和側面組裝在盒子上
盒蓋
③摺疊側面末端，
以雙面膠黏貼。
側面
（正面）
0.3
②黏貼側面。
①黏貼盒蓋的接合用緞帶。
接合用緞帶
側面
（正面）
完成圖
4
9.5

20,21. 盒蓋 (P.61)

原寸紙型・圖案…P.94

材料＜相同：1個的用量＞…正面盒蓋用緞帶（寬7.5cm絲質雲紋綢緞帶）：10cm　邊緣用緞帶（No.9336）：25cm
襯棉・基座紙：各適量　圓形筒狀空盒：1個　雙面膠：適量
刺繡緞帶及繡線：請參考圖案

1.剪裁盒蓋的緞帶及基座紙

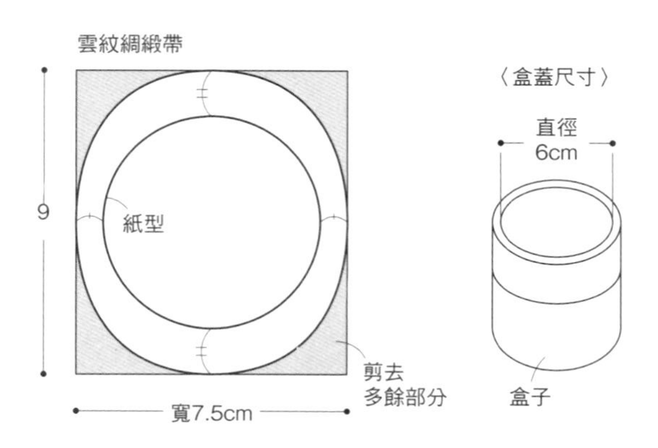
雲紋綢緞帶
9
紙型
剪去
多餘部分
寬7.5cm
〈盒蓋尺寸〉
直徑
6cm
盒子

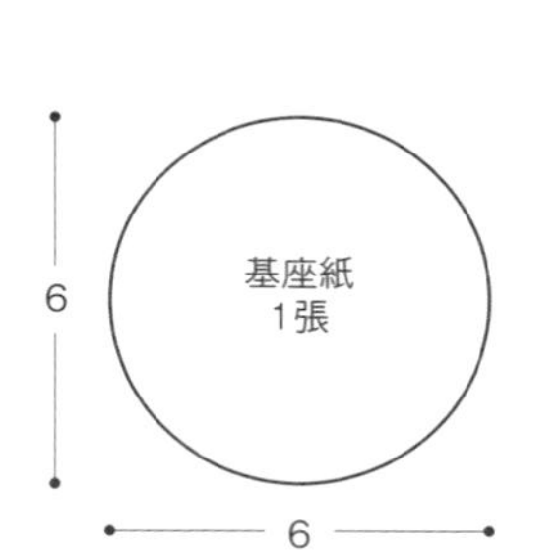
6
基座紙
1張
6

2.進行刺繡

3.製作盒蓋裝飾（參考P.93）

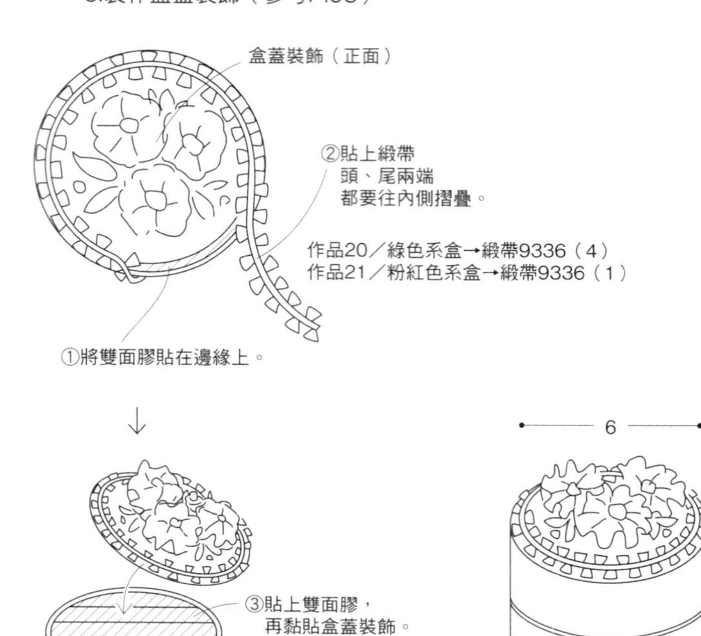
盒蓋裝飾（正面）
②貼上緞帶
頭、尾兩端
都要往內側摺疊。
作品20／綠色系盒→緞帶9336（4）
作品21／粉紅色系盒→緞帶9336（1）
①將雙面膠貼在邊緣上。
6
③貼上雙面膠，
再黏貼盒蓋裝飾。
盒蓋側面

作品20　原寸紙型・圖案

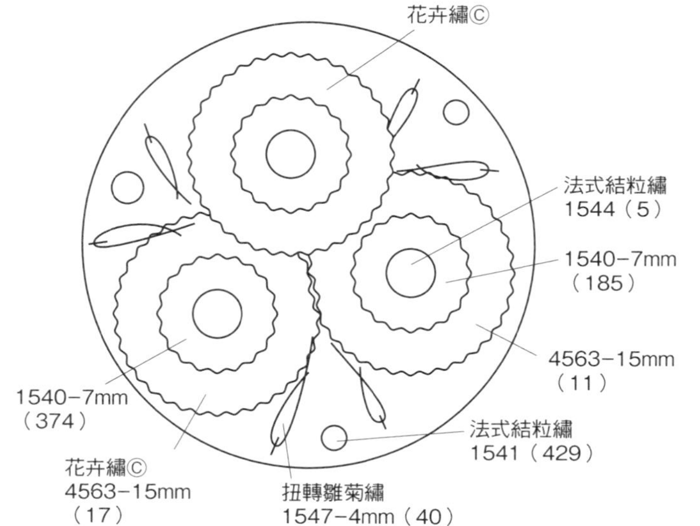
花卉繡Ⓒ
法式結粒繡
1544（5）
1540−7mm
（185）
4563−15mm
（11）
1540−7mm
（374）
法式結粒繡
1541（429）
花卉繡Ⓒ
4563−15mm
（17）
扭轉雛菊繡
1547−4mm（40）

作品21　原寸紙型・圖案

幸子玫瑰繡Ⓓ
4563−15mm
（17）

幸子玫瑰繡Ⓓ
1500−11mm
（30）

法式結粒繡
1500−5mm
（30）

扭轉雛菊繡
1547−4mm（36）

幸子玫瑰繡Ⓐ
1500−5mm（30）

作品19 橢圓小盒

原寸紙型・圖案〈盒蓋〉

作品6 化妝包 原寸紙型

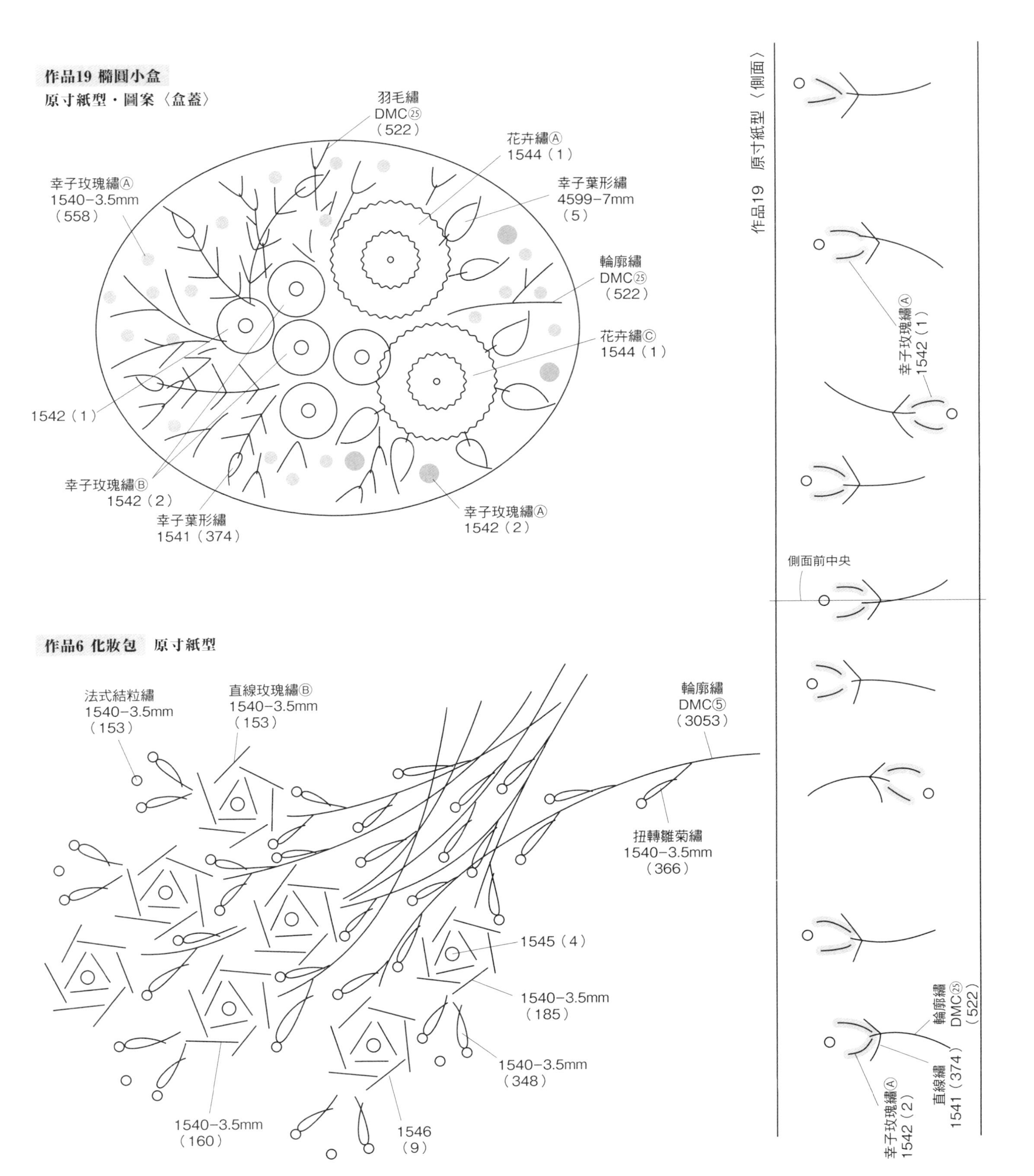

羽毛繡
DMC㉕
(522)
花卉繡Ⓐ
1544(1)
幸子玫瑰繡Ⓐ
1540-3.5mm
(558)
幸子葉形繡
4599-7mm
(5)
輪廓繡
DMC㉕
(522)
花卉繡Ⓒ
1544(1)
1542(1)
幸子玫瑰繡Ⓑ
1542(2)
幸子葉形繡
1541(374)
幸子玫瑰繡Ⓐ
1542(2)
作品19 原寸紙型〈側面〉
幸子玫瑰繡Ⓐ
1542(1)
側面前中央
輪廓繡
DMC㉕
(522)
直線繡
1541(374)
幸子玫瑰繡Ⓐ
1542(2)
法式結粒繡
1540-3.5mm
(153)
直線玫瑰繡Ⓑ
1540-3.5mm
(153)
輪廓繡
DMC⑤
(3053)
扭轉雛菊繡
1540-3.5mm
(366)
1545(4)
1540-3.5mm
(185)
1540-3.5mm
(348)
1540-3.5mm
(160)
1546
(9)

作品7至12 迷你框飾（P.48） **原寸紙型** ※花用於花芯的線材均為ＤＭＣ⑤。線材顏色要與緞帶花朵的顏色相互搭配。

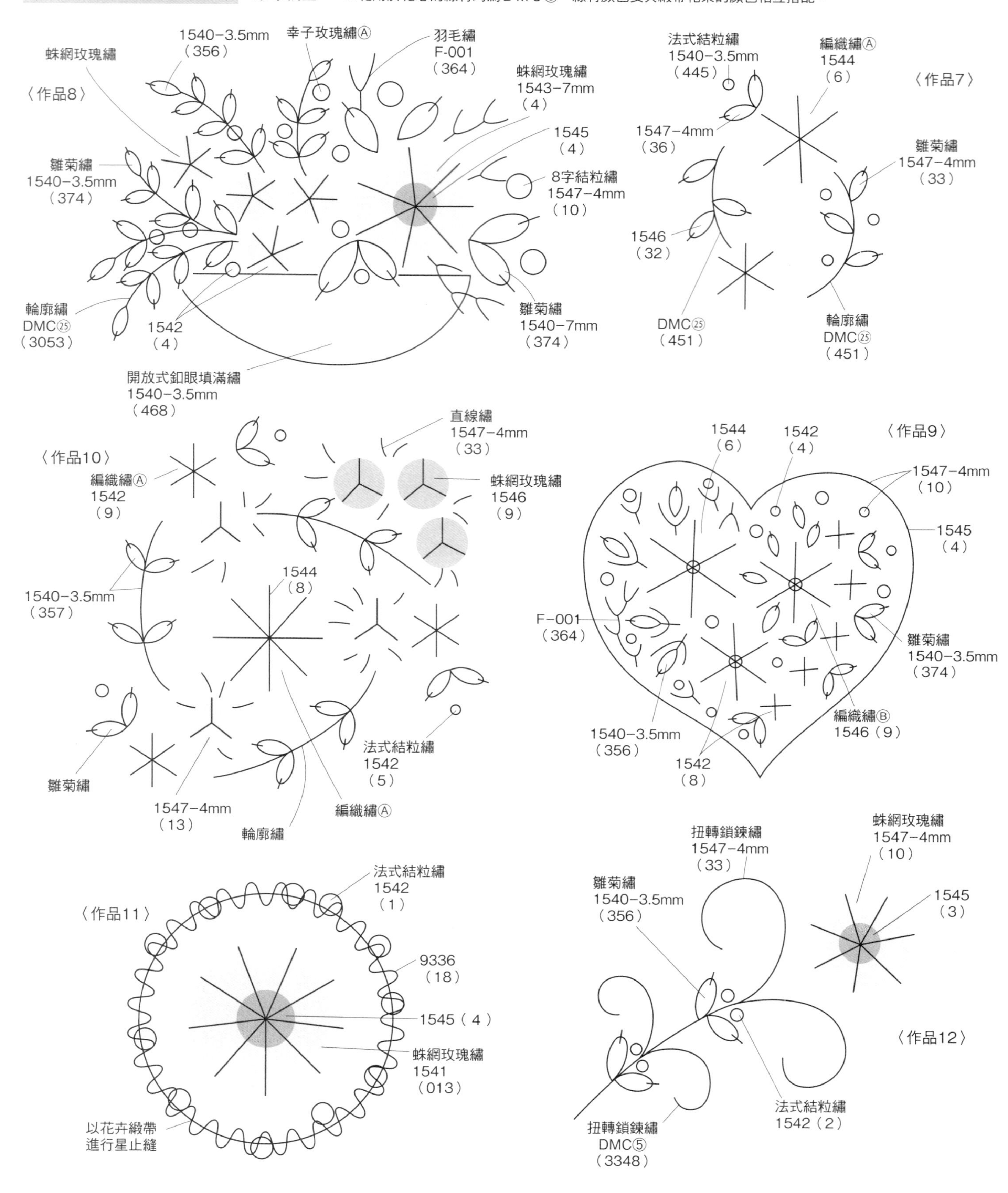

〈作品8〉
蛛網玫瑰繡
1540−3.5mm
（356）
幸子玫瑰繡Ⓐ
羽毛繡
F-001
（364）
蛛網玫瑰繡
1543−7mm
（4）
1545
（4）
8字結粒繡
1547−4mm
（10）
雛菊繡
1540−3.5mm
（374）
輪廓繡
DMC㉕
（3053）
1542
（4）
雛菊繡
1540−7mm
（374）
開放式釦眼填滿繡
1540−3.5mm
（468）
〈作品7〉
法式結粒繡
1540−3.5mm
（445）
編織繡Ⓐ
1544
（6）
1547−4mm
（36）
雛菊繡
1547−4mm
（33）
1546
（32）
DMC㉕
（451）
輪廓繡
DMC㉕
（451）
〈作品10〉
直線繡
1547−4mm
（33）
編織繡Ⓐ
1542
（9）
蛛網玫瑰繡
1546
（9）
1540−3.5mm
（357）
1544
（8）
法式結粒繡
1542
（5）
雛菊繡
1547−4mm
（13）
編織繡Ⓐ
輪廓繡
〈作品9〉
1544
（6）
1542
（4）
1547−4mm
（10）
1545
（4）
F-001
（364）
雛菊繡
1540−3.5mm
（374）
編織繡Ⓑ
1546（9）
1540−3.5mm
（356）
1542
（8）
〈作品11〉
法式結粒繡
1542
（1）
9336
（18）
1545（4）
蛛網玫瑰繡
1541
（013）
以花卉緞帶
進行星止縫
扭轉鎖鍊繡
1547−4mm
（33）
蛛網玫瑰繡
1547−4mm
（10）
雛菊繡
1540−3.5mm
（356）
1545
（3）
〈作品12〉
法式結粒繡
1542（2）
扭轉鎖鍊繡
DMC⑤
（3348）

作品13至18 迷你框飾（P.49） **原寸紙型**

※用於花芯的線材均為ＤＭＣ⑤。線材顏色要與緞帶花朵的顏色相互搭配。

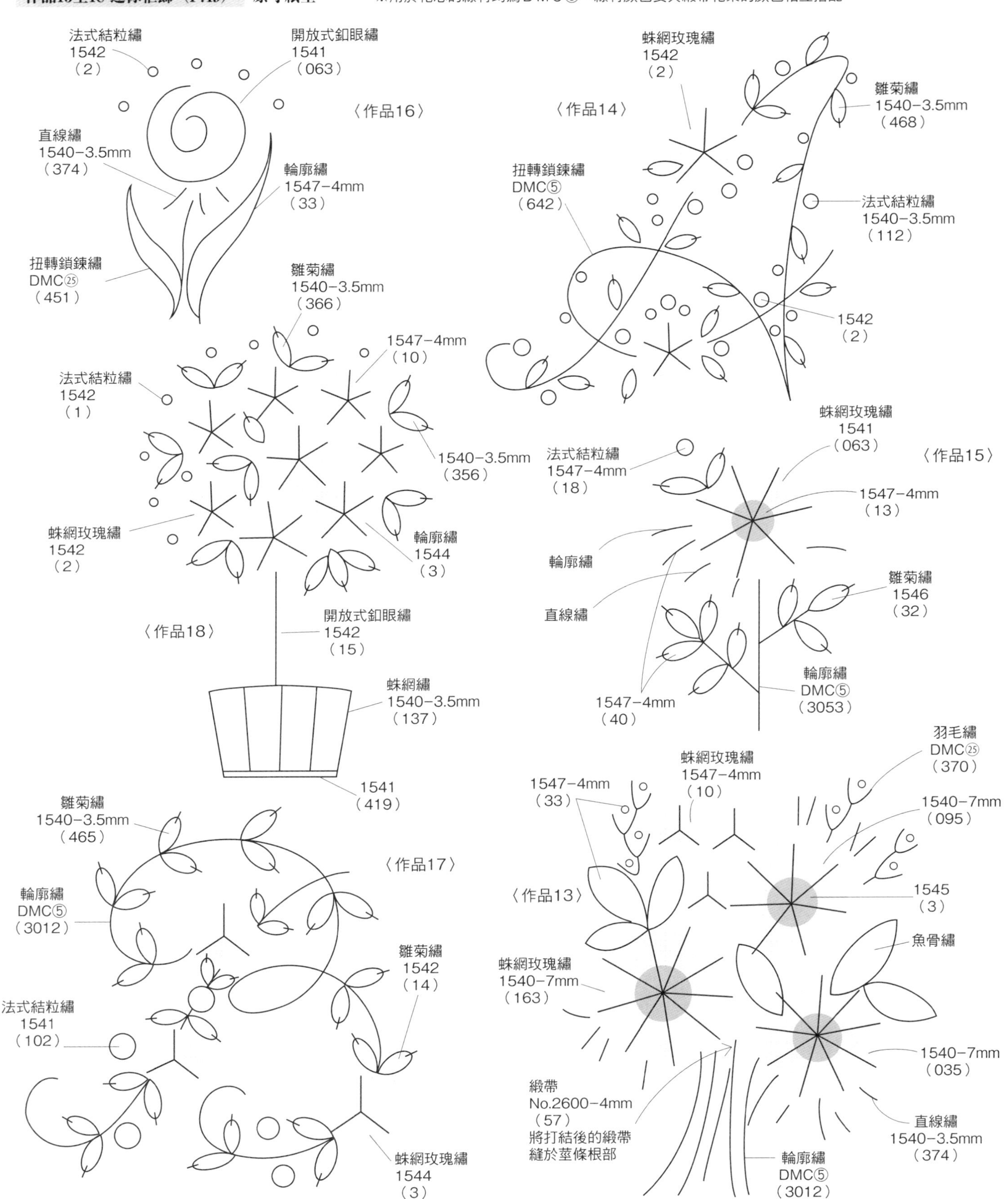

〈作品16〉
法式結粒繡
1542
（2）
開放式釦眼繡
1541
（063）
直線繡
1540−3.5mm
（374）
輪廓繡
1547−4mm
（33）
扭轉鎖鍊繡
DMC㉕
（451）
〈作品14〉
蛛網玫瑰繡
1542
（2）
雛菊繡
1540−3.5mm
（468）
扭轉鎖鍊繡
DMC⑤
（642）
法式結粒繡
1540−3.5mm
（112）
1542
（2）
〈作品18〉
雛菊繡
1540−3.5mm
（366）
1547−4mm
（10）
法式結粒繡
1542
（1）
1540−3.5mm
（356）
蛛網玫瑰繡
1542
（2）
輪廓繡
1544
（3）
開放式釦眼繡
1542
（15）
蛛網繡
1540−3.5mm
（137）
1541
（419）
〈作品15〉
蛛網玫瑰繡
1541
（063）
法式結粒繡
1547−4mm
（18）
1547−4mm
（13）
輪廓繡
直線繡
雛菊繡
1546
（32）
輪廓繡
DMC⑤
（3053）
1547−4mm
（40）
〈作品17〉
雛菊繡
1540−3.5mm
（465）
輪廓繡
DMC⑤
（3012）
雛菊繡
1542
（14）
法式結粒繡
1541
（102）
蛛網玫瑰繡
1544
（3）
〈作品13〉
羽毛繡
DMC㉕
（370）
蛛網玫瑰繡
1547−4mm
（10）
1547−4mm
（33）
1540−7mm
（095）
1545
（3）
魚骨繡
蛛網玫瑰繡
1540−7mm
（163）
1540−7mm
（035）
直線繡
1540−3.5mm
（374）
緞帶
No.2600−4mm
（57）
將打結後的緞帶
縫於莖條根部
輪廓繡
DMC⑤
（3012）

圖案（P.76） 原寸紙型

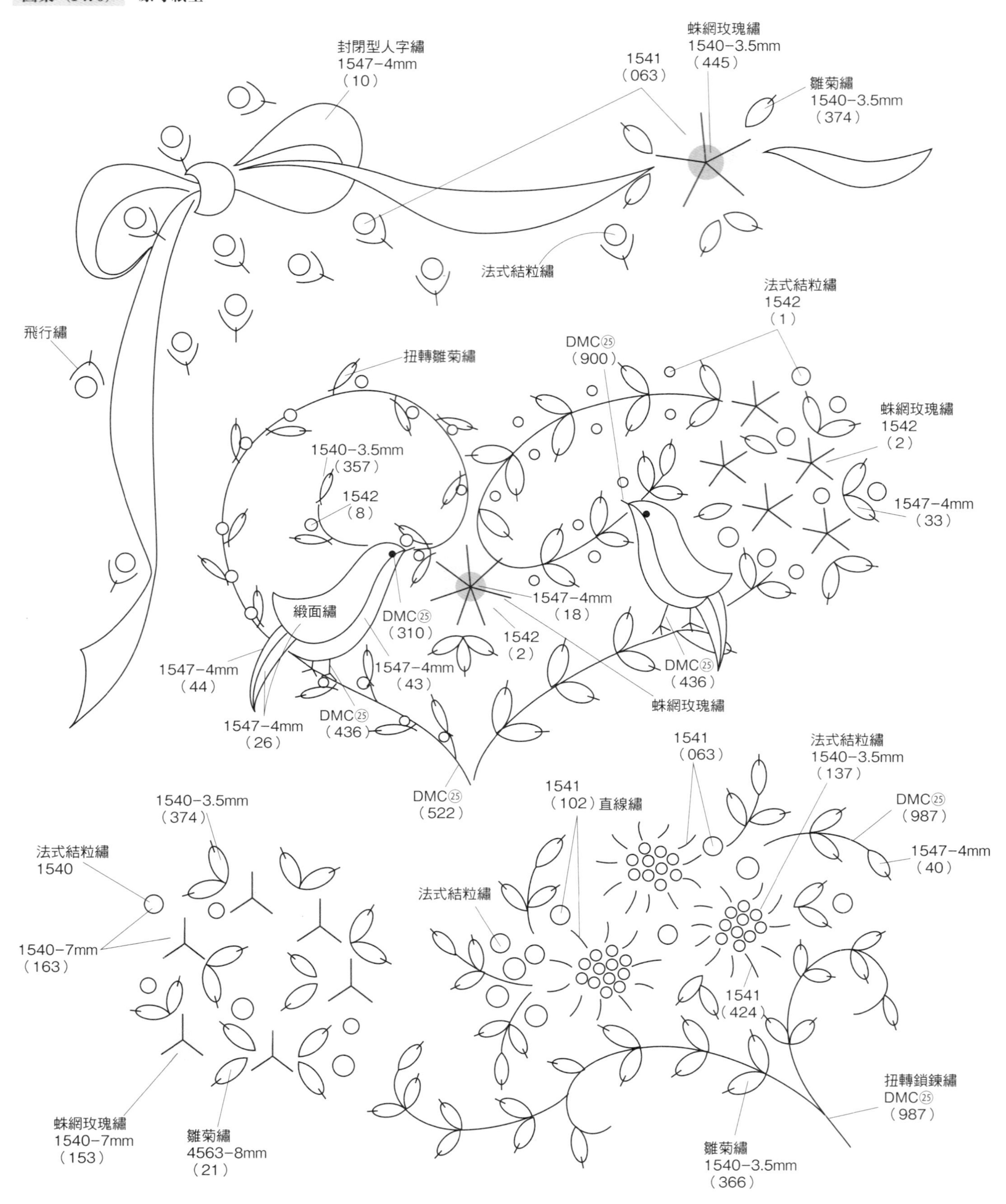

封閉型人字繡
1547-4mm
（10）
1541
（063）
蛛網玫瑰繡
1540-3.5mm
（445）
雛菊繡
1540-3.5mm
（374）
法式結粒繡
飛行繡
扭轉雛菊繡
法式結粒繡
1542
（1）
DMC㉕
（900）
蛛網玫瑰繡
1542
（2）
1540-3.5mm
（357）
1542
（8）
1547-4mm
（33）
緞面繡
DMC㉕
（310）
1547-4mm
（18）
1542
（2）
DMC㉕
（436）
1547-4mm
（44）
1547-4mm
（43）
蛛網玫瑰繡
1547-4mm
（26）
DMC㉕
（436）
DMC㉕
（522）
1541
（063）
法式結粒繡
1540-3.5mm
（137）
1541
（102）直線繡
1540-3.5mm
（374）
DMC㉕
（987）
1547-4mm
（40）
法式結粒繡
1540
法式結粒繡
1540-7mm
（163）
1541
（424）
扭轉鎖鍊繡
DMC㉕
（987）
蛛網玫瑰繡
1540-7mm
（153）
雛菊繡
4563-8mm
（21）
雛菊繡
1540-3.5mm
（366）

圖案(P.77) 原寸紙型

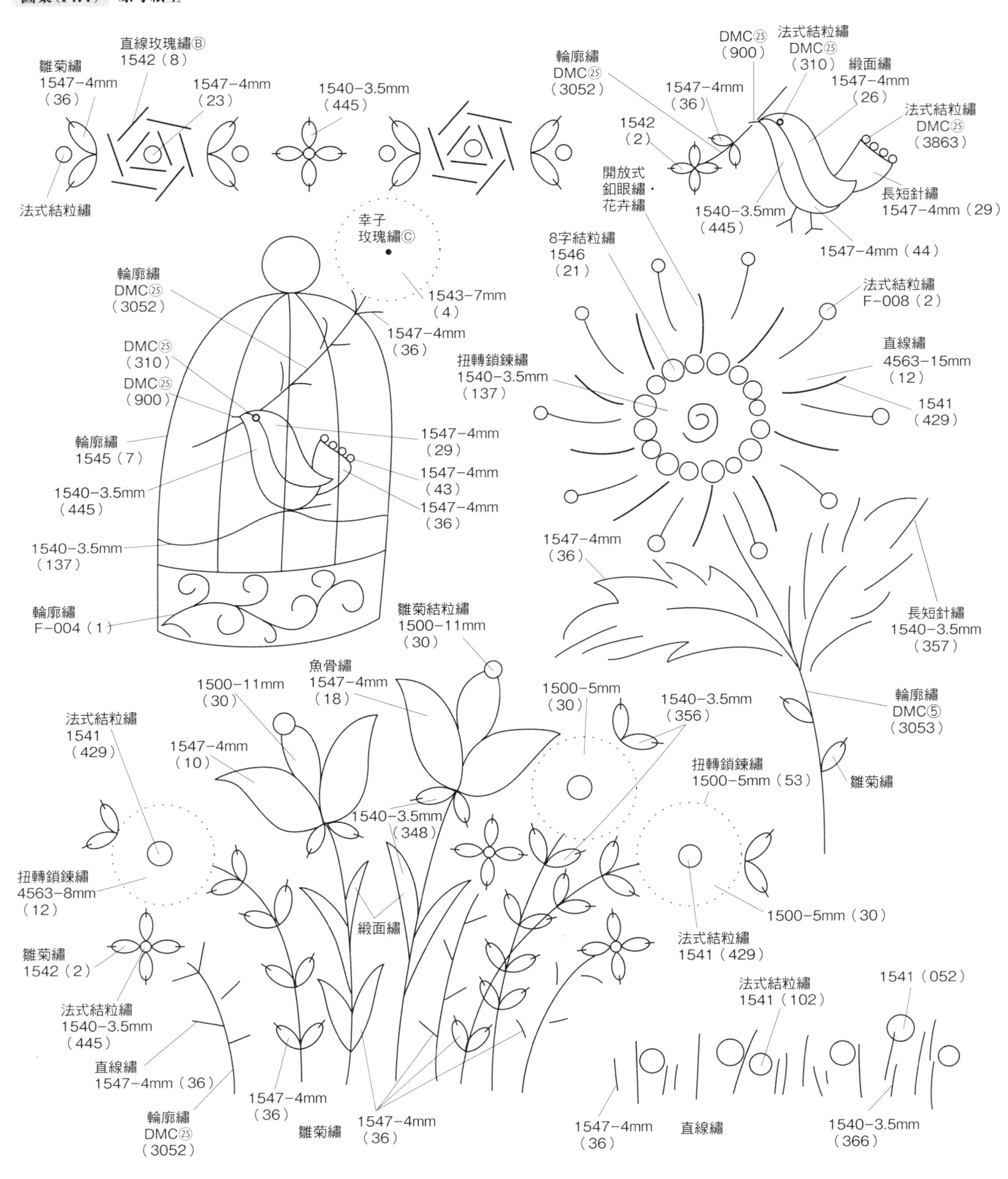

直線玫瑰繡Ⓑ
1542（8）
雛菊繡
1547−4mm
（36）
1547−4mm
（23）
1540−3.5mm
（445）
法式結粒繡
DMC㉕
（900）
法式結粒繡
DMC㉕
（310）
緞面繡
1547−4mm
（26）
輪廓繡
DMC㉕
（3052）
1547−4mm
（36）
1542
（2）
法式結粒繡
DMC㉕
（3863）
開放式
釦眼繡・
花卉繡
1540−3.5mm
（445）
長短針繡
1547−4mm（29）
1547−4mm（44）
幸子
玫瑰繡Ⓒ
1543−7mm
（4）
8字結粒繡
1546
（21）
輪廓繡
DMC㉕
（3052）
1547−4mm
（36）
法式結粒繡
F−008（2）
DMC㉕
（310）
扭轉鎖鍊繡
1540−3.5mm
（137）
直線繡
4563−15mm
（12）
DMC㉕
（900）
1541
（429）
輪廓繡
1545（7）
1547−4mm
（29）
1547−4mm
（43）
1540−3.5mm
（445）
1547−4mm
（36）
1540−3.5mm
（137）
1547−4mm
（36）
輪廓繡
F−004（1）
雛菊結粒繡
1500−11mm
（30）
長短針繡
1540−3.5mm
（357）
魚骨繡
1547−4mm
（18）
1500−11mm
（30）
1500−5mm
（30）
1540−3.5mm
（356）
輪廓繡
DMC⑤
（3053）
法式結粒繡
1541
（429）
1547−4mm
（10）
扭轉鎖鍊繡
1500−5mm（53）
雛菊繡
1540−3.5mm
（348）
扭轉鎖鍊繡
4563−8mm
（12）
緞面繡
1500−5mm（30）
法式結粒繡
1541（429）
雛菊繡
1542（2）
法式結粒繡
1541（102）
1541（052）
法式結粒繡
1540−3.5mm
（445）
直線繡
1547−4mm（36）
1547−4mm
（36）
輪廓繡
DMC㉕
（3052）
雛菊繡
1547−4mm
（36）
1547−4mm
（36）
直線繡
1540−3.5mm
（366）

圖案（P.78・P.79） 原寸紙型

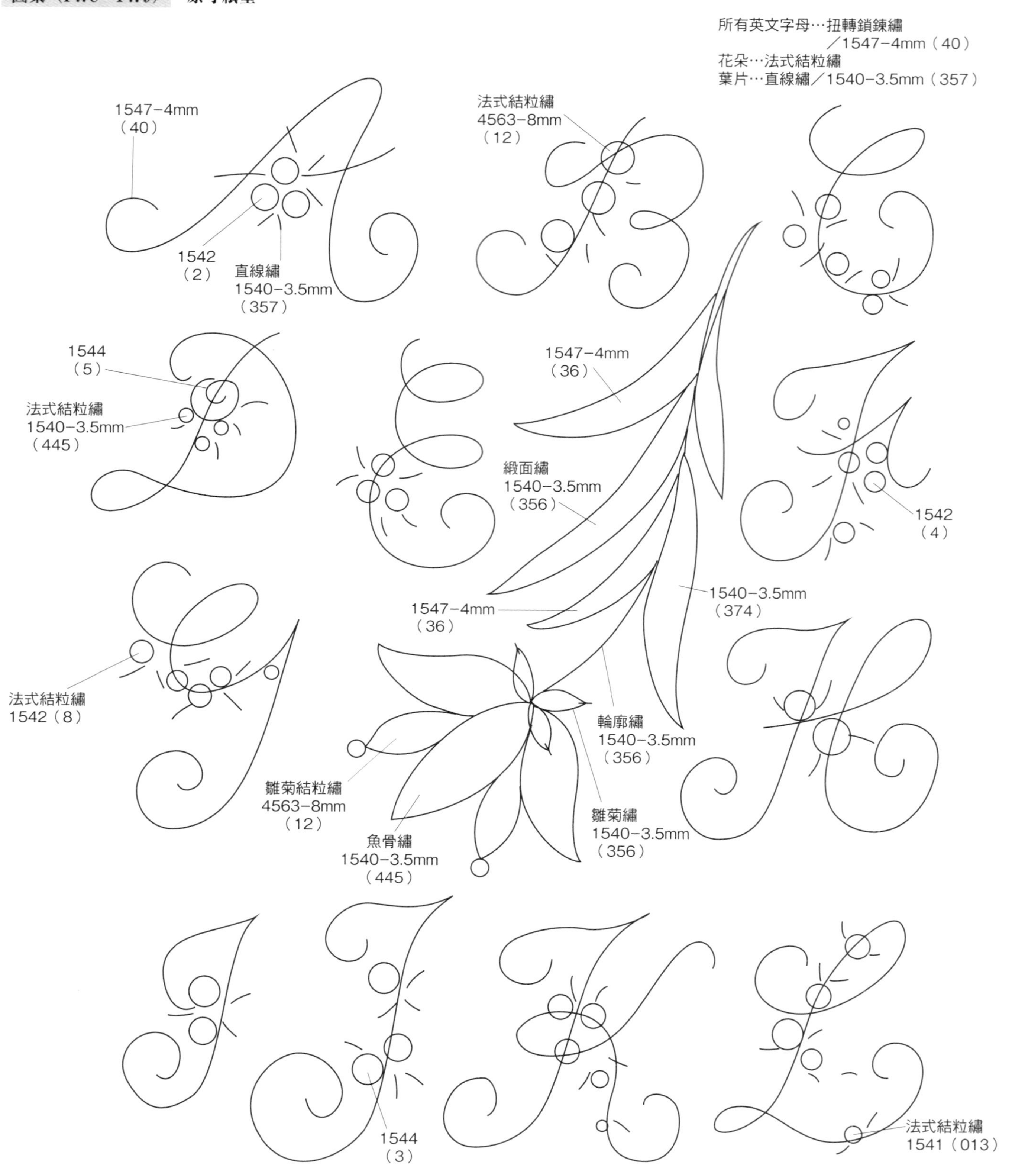

所有英文字母…扭轉鎖鍊繡
／1547−4mm（40）
花朵…法式結粒繡
葉片…直線繡／1540−3.5mm（357）
1547−4mm
（40）
1542
（2）
直線繡
1540−3.5mm
（357）
法式結粒繡
4563−8mm
（12）
1544
（5）
法式結粒繡
1540−3.5mm
（445）
1547−4mm
（36）
緞面繡
1540−3.5mm
（356）
1542
（4）
1540−3.5mm
（374）
1547−4mm
（36）
法式結粒繡
1542（8）
輪廓繡
1540−3.5mm
（356）
雛菊結粒繡
4563−8mm
（12）
雛菊繡
1540−3.5mm
（356）
魚骨繡
1540−3.5mm
（445）
1544
（3）
法式結粒繡
1541（013）

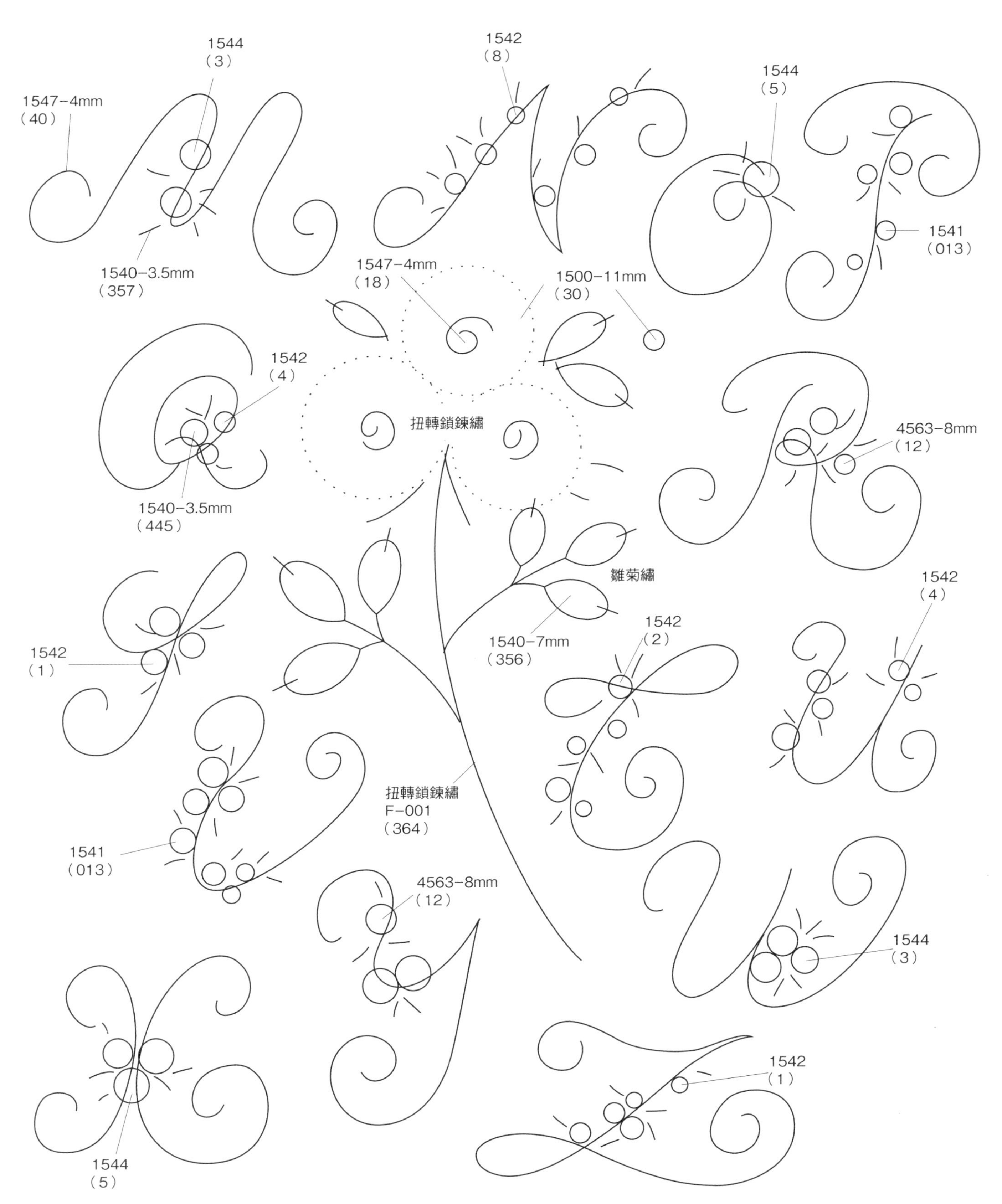
1544
(3)
1547-4mm
(40)
1540-3.5mm
(357)
1542
(8)
1544
(5)
1541
(013)
1547-4mm
(18)
1500-11mm
(30)
1542
(4)
1540-3.5mm
(445)
扭轉鎖鍊繡
4563-8mm
(12)
雛菊繡
1540-7mm
(356)
1542
(1)
1542
(2)
1542
(4)
扭轉鎖鍊繡
F-001
(364)
1541
(013)
4563-8mm
(12)
1544
(3)
1542
(1)
1544
(5)

作品22～24 花籃迷你框飾（p.75） 原寸紙型

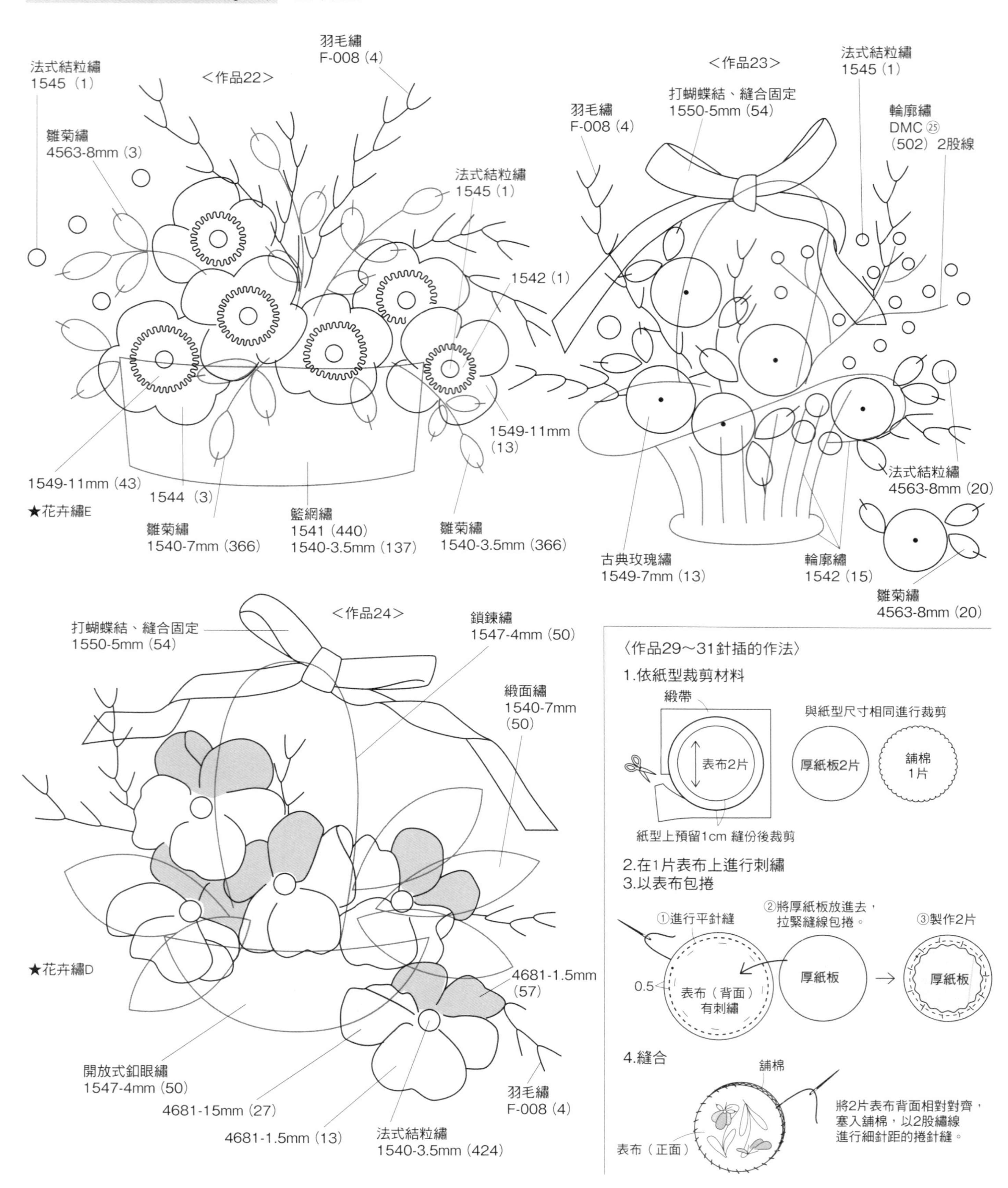

＜作品22＞
法式結粒繡
1545（1）
羽毛繡
F-008（4）
雛菊繡
4563-8mm（3）
法式結粒繡
1545（1）
1542（1）
1549-11mm
（13）
1549-11mm（43）
1544（3）
★花卉繡E
雛菊繡
1540-7mm（366）
籃網繡
1541（440）
1540-3.5mm（137）
雛菊繡
1540-3.5mm（366）
＜作品23＞
法式結粒繡
1545（1）
打蝴蝶結、縫合固定
1550-5mm（54）
羽毛繡
F-008（4）
輪廓繡
DMC ㉕
（502）2股線
法式結粒繡
4563-8mm（20）
古典玫瑰繡
1549-7mm（13）
輪廓繡
1542（15）
雛菊繡
4563-8mm（20）
＜作品24＞
打蝴蝶結、縫合固定
1550-5mm（54）
鎖鍊繡
1547-4mm（50）
緞面繡
1540-7mm
（50）
★花卉繡D
4681-1.5mm
（57）
開放式釦眼繡
1547-4mm（50）
4681-15mm（27）
4681-1.5mm（13）
法式結粒繡
1540-3.5mm（424）
羽毛繡
F-008（4）
〈作品29～31針插的作法〉
1.依紙型裁剪材料
緞帶
表布2片
紙型上預留1cm 縫份後裁剪
與紙型尺寸相同進行裁剪
厚紙板2片
鋪棉
1片
2.在1片表布上進行刺繡
3.以表布包捲
①進行平針縫
②將厚紙板放進去，
拉緊縫線包捲。
③製作2片
0.5
表布（背面）
有刺繡
厚紙板
厚紙板
4.縫合
鋪棉
表布（正面）
將2片表布背面相對對齊，
塞入鋪棉，以2股繡線
進行細針距的捲針縫。

作品28 心型BOX(p.81) 原寸紙型

作品29～31 針插(p.81) 原寸紙型

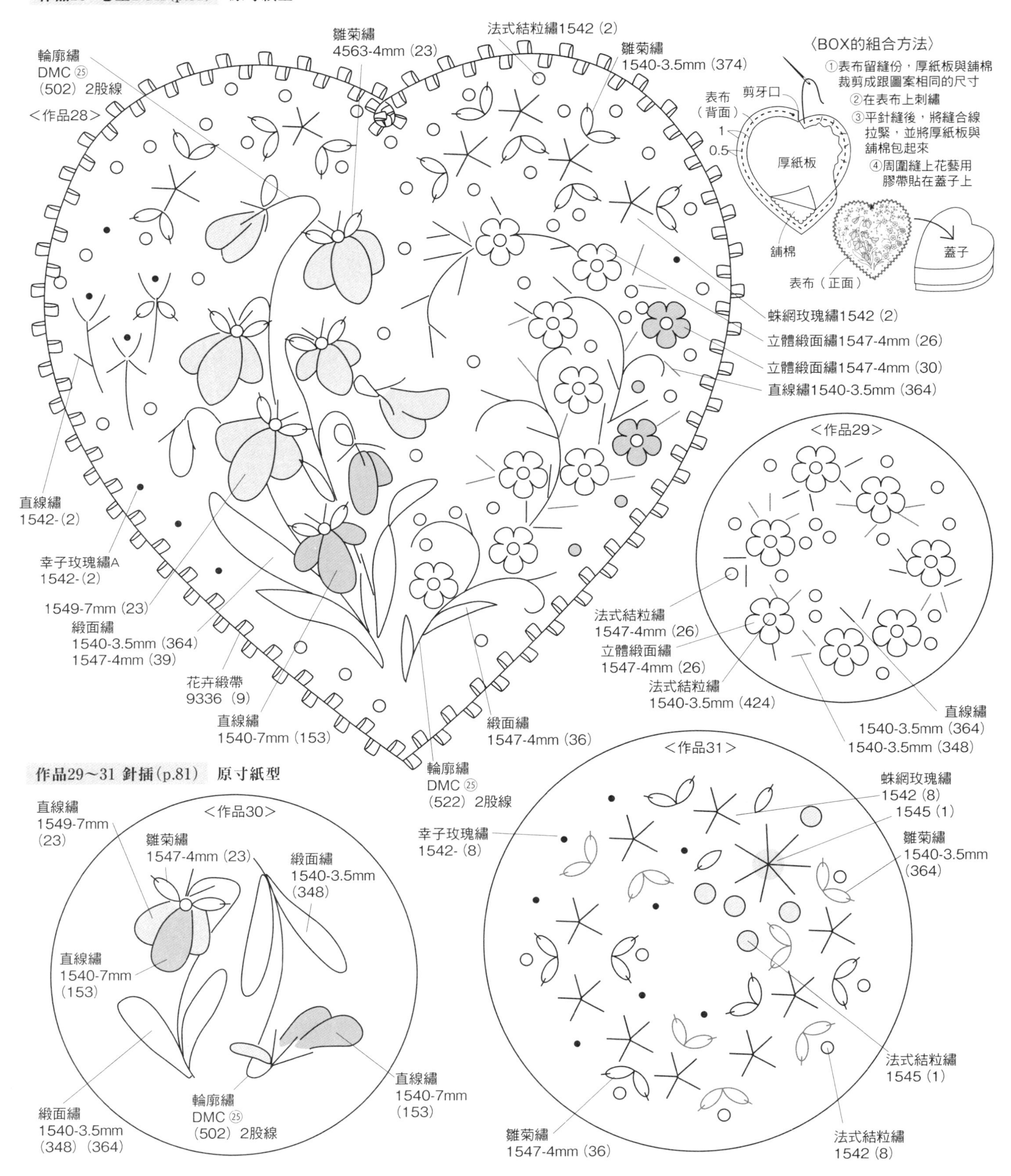

輪廓繡
DMC ㉕
(502) 2股線
<作品28>
雛菊繡
4563-4mm (23)
法式結粒繡1542 (2)
雛菊繡
1540-3.5mm (374)
〈BOX的組合方法〉
①表布留縫份，厚紙板與舖棉裁剪成跟圖案相同的尺寸
②在表布上刺繡
③平針縫後，將縫合線拉緊，並將厚紙板與舖棉包起來
④周圍縫上花藝用膠帶貼在蓋子上
表布
(背面)
剪牙口
1
0.5
厚紙板
舖棉
表布(正面)
蓋子
蛛網玫瑰繡1542 (2)
立體緞面繡1547-4mm (26)
立體緞面繡1547-4mm (30)
直線繡1540-3.5mm (364)
直線繡
1542-(2)
幸子玫瑰繡A
1542-(2)
1549-7mm (23)
緞面繡
1540-3.5mm (364)
1547-4mm (39)
花卉緞帶
9336 (9)
直線繡
1540-7mm (153)
緞面繡
1547-4mm (36)
輪廓繡
DMC ㉕
(522) 2股線
<作品29>
法式結粒繡
1547-4mm (26)
立體緞面繡
1547-4mm (26)
法式結粒繡
1540-3.5mm (424)
直線繡
1540-3.5mm (364)
1540-3.5mm (348)
<作品30>
直線繡
1549-7mm
(23)
雛菊繡
1547-4mm (23)
緞面繡
1540-3.5mm
(348)
直線繡
1540-7mm
(153)
緞面繡
1540-3.5mm
(348) (364)
輪廓繡
DMC ㉕
(502) 2股線
直線繡
1540-7mm
(153)
<作品31>
蛛網玫瑰繡
1542 (8)
1545 (1)
幸子玫瑰繡
1542- (8)
雛菊繡
1540-3.5mm
(364)
法式結粒繡
1545 (1)
雛菊繡
1547-4mm (36)
法式結粒繡
1542 (8)

作品25 花朵樣品集(p.80) 原寸紙型

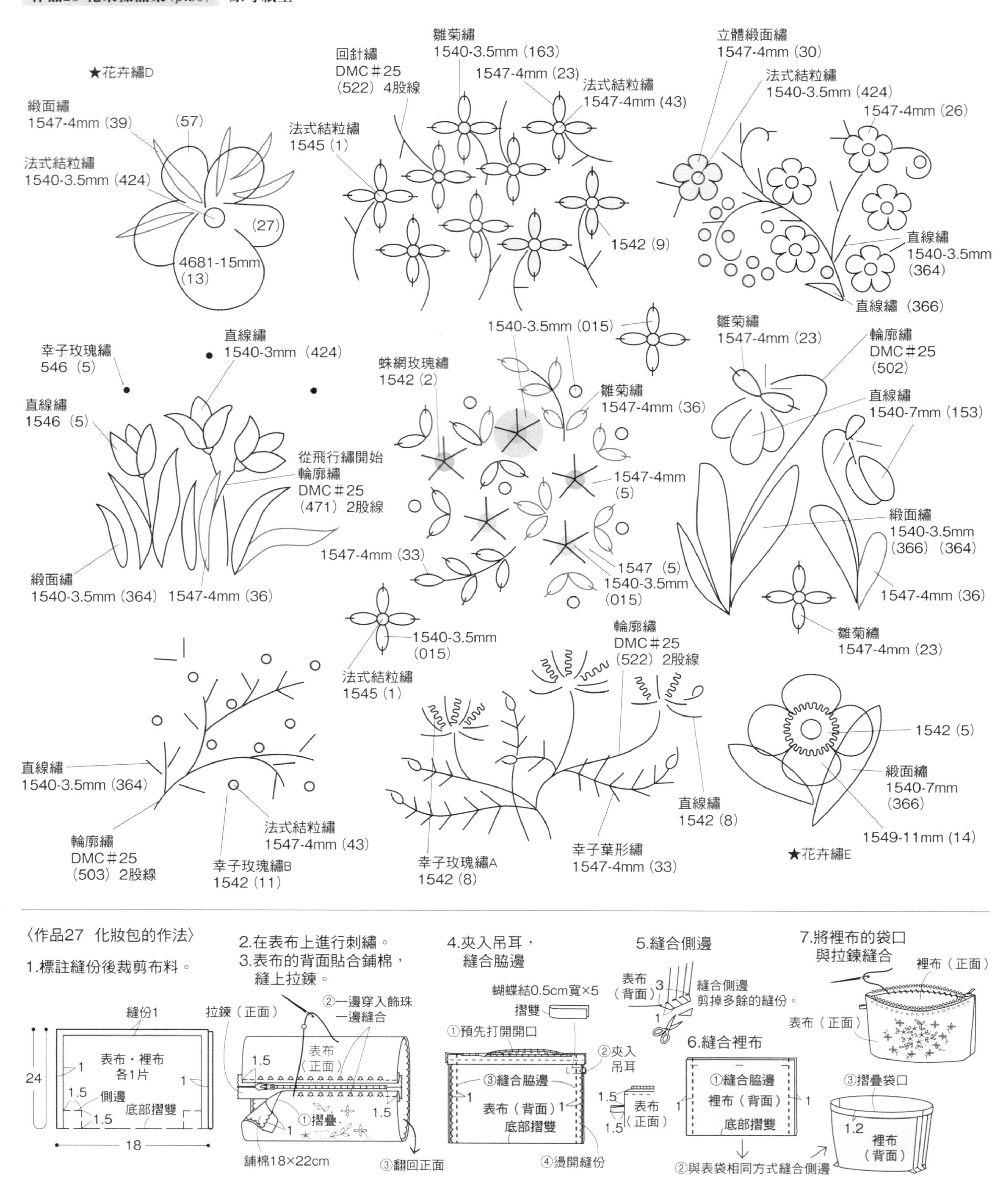

★花卉繡D
緞面繡
1547-4mm (39)
(57)
法式結粒繡
1540-3.5mm (424)
(27)
4681-15mm
(13)
回針繡
DMC＃25
(522) 4股線
雛菊繡
1540-3.5mm (163)
1547-4mm (23)
法式結粒繡
1547-4mm (43)
法式結粒繡
1545 (1)
1542 (9)
立體緞面繡
1547-4mm (30)
法式結粒繡
1540-3.5mm (424)
1547-4mm (26)
直線繡
1540-3.5mm
(364)
直線繡 (366)
幸子玫瑰繡
546 (5)
直線繡
1540-3mm (424)
直線繡
1546 (5)
從飛行繡開始
輪廓繡
DMC＃25
(471) 2股線
緞面繡
1540-3.5mm (364)
1547-4mm (36)
1540-3.5mm (015)
蛛網玫瑰繡
1542 (2)
雛菊繡
1547-4mm (36)
1547-4mm
(5)
1547-4mm (33)
1547 (5)
1540-3.5mm
(015)
雛菊繡
1547-4mm (23)
輪廓繡
DMC＃25
(502)
直線繡
1540-7mm (153)
緞面繡
1540-3.5mm
(366) (364)
1547-4mm (36)
雛菊繡
1547-4mm (23)
1540-3.5mm
(015)
法式結粒繡
1545 (1)
直線繡
1540-3.5mm (364)
輪廓繡
DMC＃25
(503) 2股線
幸子玫瑰繡B
1542 (11)
法式結粒繡
1547-4mm (43)
輪廓繡
DMC＃25
(522) 2股線
幸子玫瑰繡A
1542 (8)
幸子葉形繡
1547-4mm (33)
直線繡
1542 (8)
1542 (5)
緞面繡
1540-7mm
(366)
1549-11mm (14)
★花卉繡E
〈作品27 化妝包的作法〉
1.標註縫份後裁剪布料。
縫份1
表布・裡布
各1片
1
1
1.5
側邊
1.5
底部摺雙
24
18
2.在表布上進行刺繡。
3.表布的背面貼合鋪棉，
縫上拉鍊。
拉鍊（正面）
②一邊穿入飾珠
一邊縫合
1.5
表布
（正面）
①摺疊
1
1.5
鋪棉18×22cm
③翻回正面
4.夾入吊耳，
縫合脇邊
蝴蝶結0.5cm寬×5
摺雙
①預先打開開口
②夾入
吊耳
③縫合脇邊
1
表布（背面）
1
底部摺雙
④燙開縫份
5.縫合側邊
表布
（背面）
3
縫合側邊
剪掉多餘的縫份。
1
1.5
表布
（正面）
1.5
6.縫合裡布
①縫合脇邊
裡布（背面）
1
1
底部摺雙
②與表袋相同方式縫合側邊
7.將裡布的袋口
與拉鍊縫合
裡布（正面）
表布（正面）
③摺疊袋口
1.2
裡布
（背面）

26,27. 束口袋與化妝包 (p.80)

原寸紙型・圖案... p.105

材料〈作品26〉... 表布緞帶：20001-100mm（72）×25cm　裡布：10.5×19cm
緞帶：1150-25mm（40）×5cm　混金屬線束繩（直徑0.3cm）：30cm×2條

材料〈作品27〉... 表布・裡布：各18×24cm　鋪棉：18×22cm
拉鍊（15cm）：1條　串珠（小）：適量

作品26 束口袋　原寸紙型・圖案

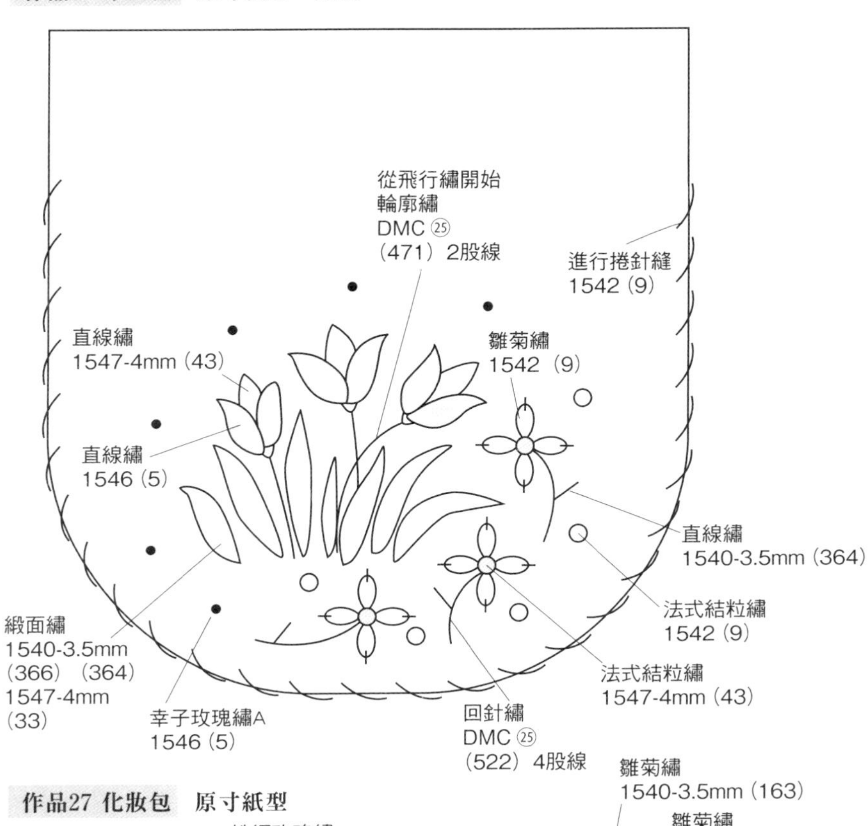

從飛行繡開始
輪廓繡
DMC ㉕
(471) 2股線
進行捲針縫
1542 (9)
直線繡
1547-4mm (43)
雛菊繡
1542 (9)
直線繡
1546 (5)
直線繡
1540-3.5mm (364)
法式結粒繡
1542 (9)
緞面繡
1540-3.5mm
(366) (364)
1547-4mm
(33)
法式結粒繡
1547-4mm (43)
幸子玫瑰繡A
1546 (5)
回針繡
DMC ㉕
(522) 4股線

作品27 化妝包　原寸紙型

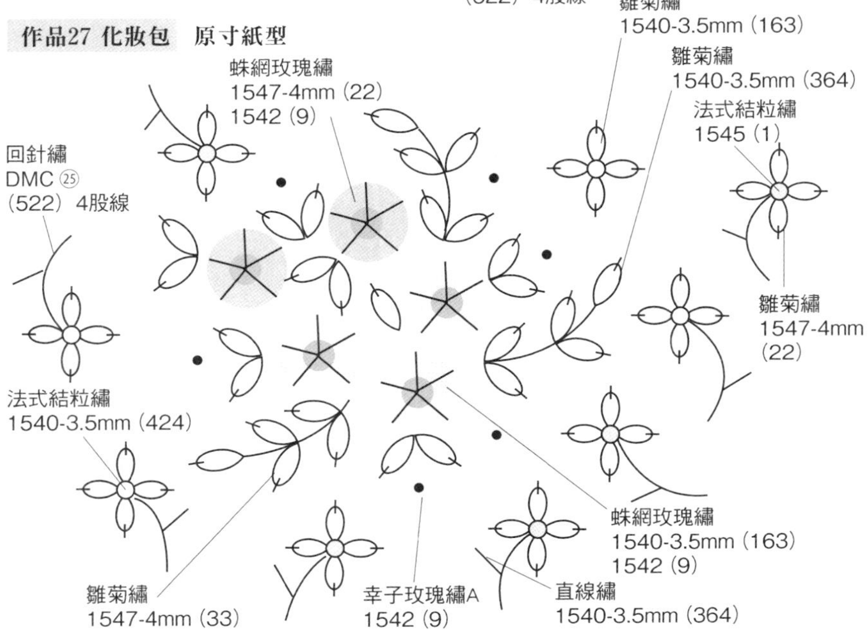

雛菊繡
1540-3.5mm (163)
蛛網玫瑰繡
1547-4mm (22)
1542 (9)
雛菊繡
1540-3.5mm (364)
法式結粒繡
1545 (1)
回針繡
DMC ㉕
(522) 4股線
雛菊繡
1547-4mm
(22)
法式結粒繡
1540-3.5mm (424)
蛛網玫瑰繡
1540-3.5mm (163)
1542 (9)
雛菊繡
1547-4mm (33)
幸子玫瑰繡A
1542 (9)
直線繡
1540-3.5mm (364)

〈作品26 束口袋作法〉

1.依紙型裁剪材料

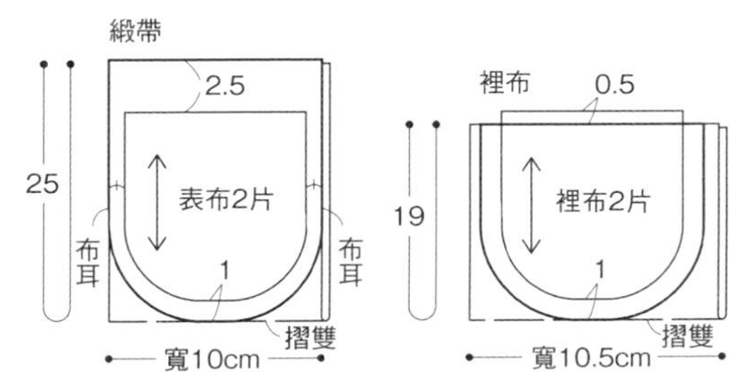

緞帶
2.5
25
表布2片
布耳
1
摺雙
寬10cm
裡布
0.5
19
裡布2片
1
摺雙
寬10.5cm

2.在1片表布上進行刺繡
3.縫合表布

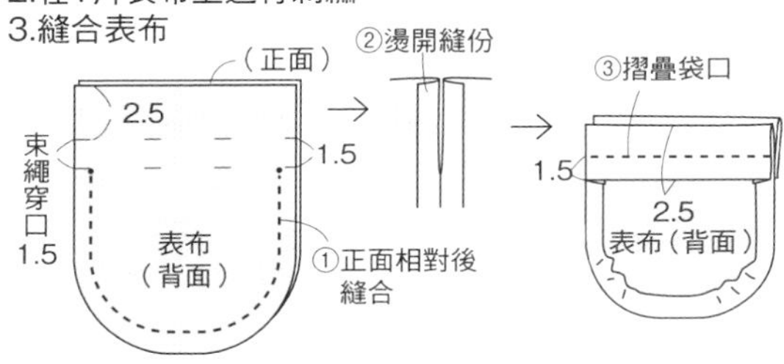

(正面)
②燙開縫份
③摺疊袋口
2.5
束繩穿口
1.5
1.5
表布
(背面)
①正面相對後
縫合
1.5
2.5
表布(背面)

4.縫合裡布

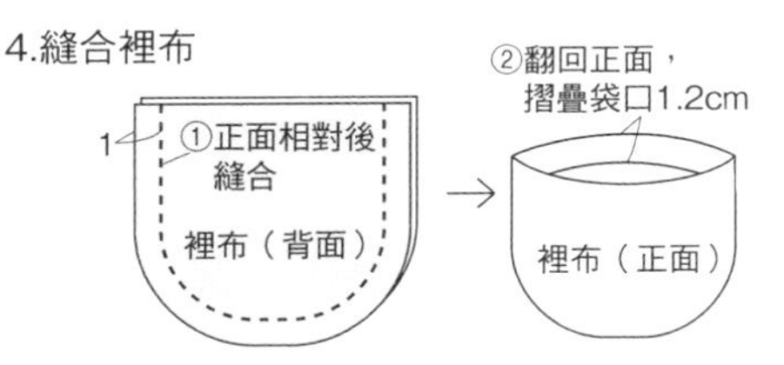

②翻回正面，
摺疊袋口1.2cm
1
①正面相對後
縫合
裡布(背面)
裡布(正面)

5.將步驟4縫合於步驟3

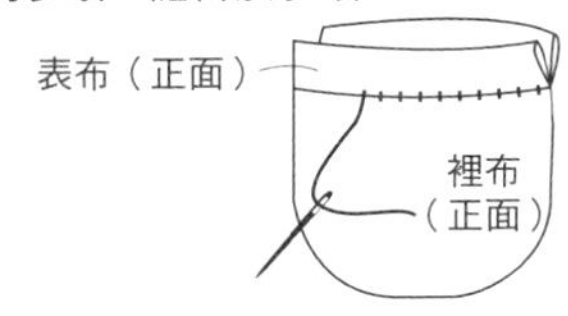

表布(正面)
裡布
(正面)

6.穿入束繩，縫合束繩吊飾

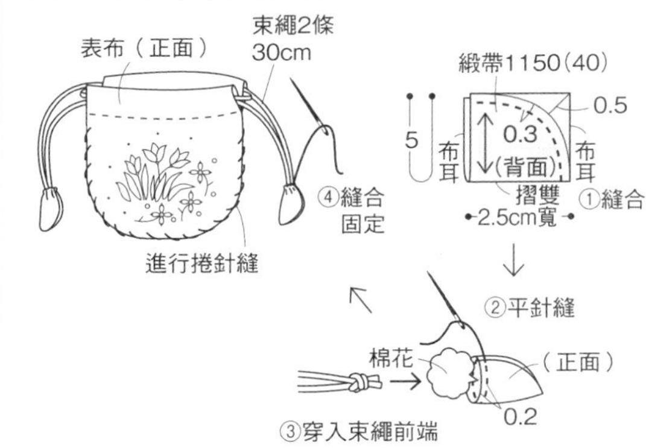

表布(正面)
束繩2條
30cm
緞帶1150(40)
0.5
5
0.3
布耳
(背面)
布耳
摺雙
①縫合
2.5cm寬
④縫合
固定
進行捲針縫
②平針縫
棉花
(正面)
0.2
③穿入束繩前端

32,33. 工具收納捲袋 （P.82）

原寸紙型・圖案…P.107

材料＜相同：1個的用量＞…表布（寬7.5cm絲質雲紋綢緞帶）：40cm　裡布（Furano羊毛焦糖咖啡色）：8×40cm
針插、捲袋固定片（不織布）：7×7cm　邊緣裝飾用・環狀緞帶： 100cm
線材捲軸用緞帶（寬4mm）：15cm　別針： 1個
鈕釦（直徑1.3cm）：1顆　棉花：適量　刺繡緞帶及繡線：請參考圖案

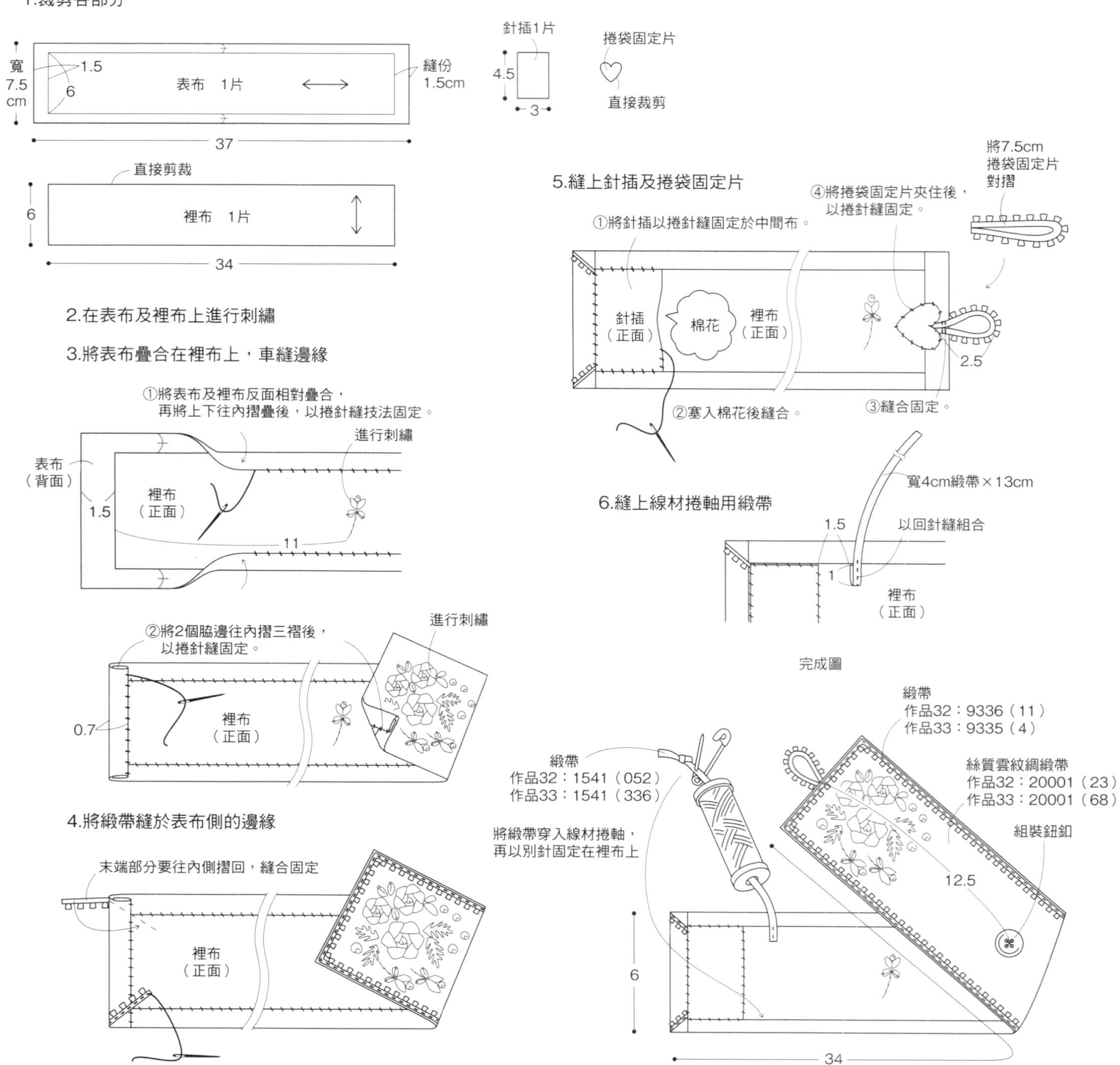

1.裁剪各部分
寬
7.5
cm
1.5
6
表布　1片
縫份
1.5cm
37
針插1片
4.5
3
捲袋固定片
直接裁剪
直接剪裁
6
裡布　1片
34
2.在表布及裡布上進行刺繡
3.將表布疊合在裡布上，車縫邊緣
①將表布及裡布反面相對疊合，
再將上下往內摺疊後，以捲針縫技法固定。
進行刺繡
表布
（背面）
1.5
裡布
（正面）
11
②將2個脇邊往內摺三褶後，
以捲針縫固定。
進行刺繡
0.7
裡布
（正面）
4.將緞帶縫於表布側的邊緣
末端部分要往內側摺回，縫合固定
裡布
（正面）
5.縫上針插及捲袋固定片
將7.5cm
捲袋固定片
對摺
④將捲袋固定片夾住後，
以捲針縫固定。
①將針插以捲針縫固定於中間布。
針插
（正面）
棉花
裡布
（正面）
2.5
②塞入棉花後縫合。
③縫合固定。
6.縫上線材捲軸用緞帶
寬4cm緞帶×13cm
1.5
以回針縫組合
1
裡布
（正面）
完成圖
緞帶
作品32：9336（11）
作品33：9335（4）
緞帶
作品32：1541（052）
作品33：1541（336）
絲質雲紋綢緞帶
作品32：20001（23）
作品33：20001（68）
將緞帶穿入線材捲軸，
再以別針固定在裡布上
組裝鈕釦
12.5
6
34

作品33 工具收納捲袋　原寸紙型

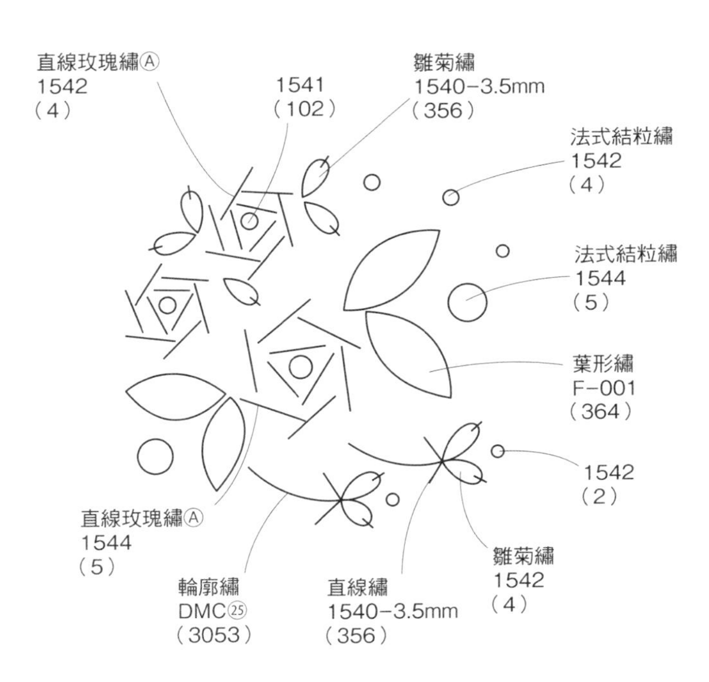
直線玫瑰繡Ⓐ
1542
（4）
1541
（102）
雛菊繡
1540−3.5mm
（356）
法式結粒繡
1542
（4）
法式結粒繡
1544
（5）
葉形繡
F−001
（364）
1542
（2）
直線玫瑰繡Ⓐ
1544
（5）
雛菊繡
1542
（4）
輪廓繡
DMC㉕
（3053）
直線繡
1540−3.5mm
（356）

<作品33　內側>

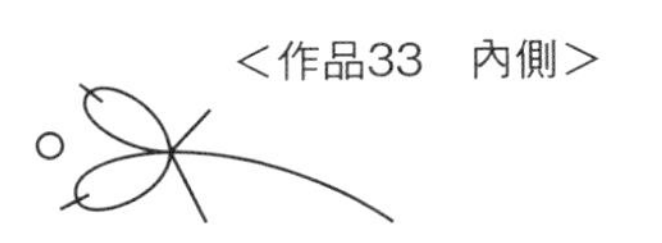

<作品32　內側>

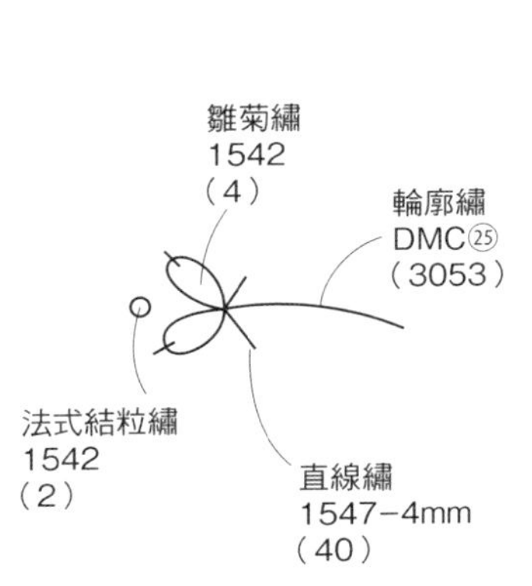
雛菊繡
1542
（4）
輪廓繡
DMC㉕
（3053）
法式結粒繡
1542
（2）
直線繡
1547−4mm
（40）

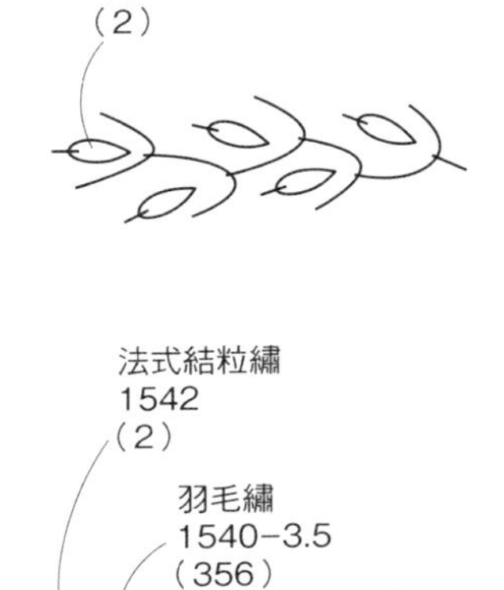
雛菊繡
1542
（2）
法式結粒繡
1542
（2）
羽毛繡
1540−3.5
（356）

原寸紙型

作品32・33
捲袋固定片
（相同）

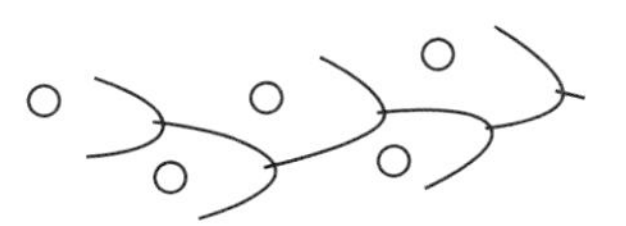

作品32 工具收納捲袋　原寸紙型

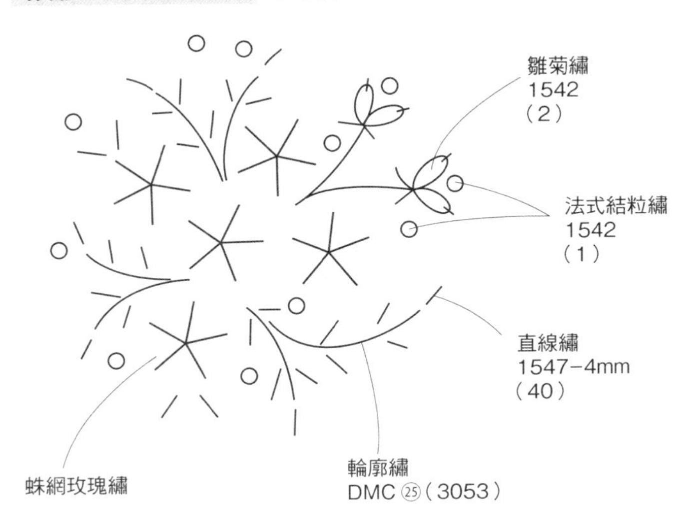
雛菊繡
1542
（2）
法式結粒繡
1542
（1）
直線繡
1547−4mm
（40）
蛛網玫瑰繡
輪廓繡
DMC ㉕（3053）

34. 迷你小包（P.82）

原寸紙型・圖案…P.109

材料…本體・束繩末端（寬10cm絲質雲紋綢緞帶）：32cm　裡布（緞面・白色）：15×25cm
緞帶（寬3.5mm）：50cm　束繩（混金屬線束繩）：60cm　串珠・棉花：各適量
刺繡緞帶及繡線：請參考圖案

1.裁剪各部分

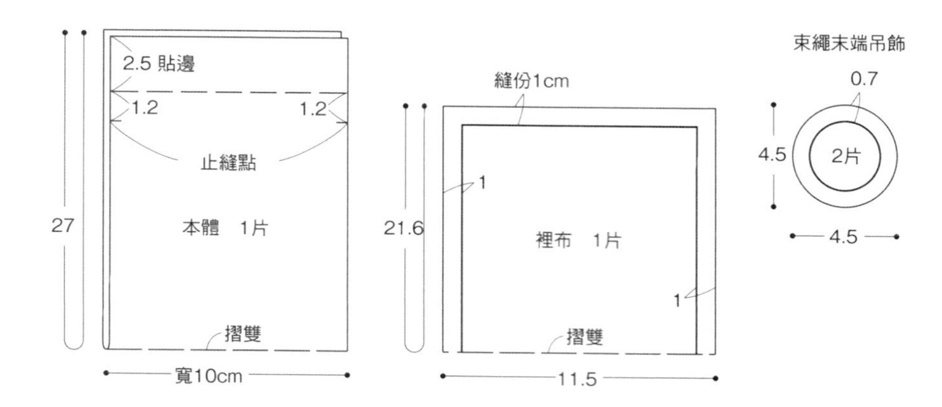

2.5 貼邊
1.2
1.2
止縫點
27
本體　1片
摺雙
寬10cm
縫份1cm
1
21.6
裡布　1片
1
摺雙
11.5
束繩末端吊飾
0.7
4.5
2片
4.5

2.在本體上進行刺繡

3.將本體對摺，
再以緞帶繞縫脇邊

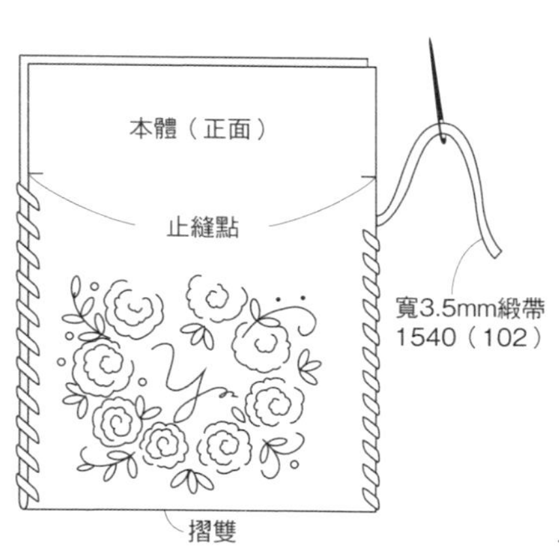

本體（正面）
止縫點
寬3.5mm緞帶
1540（102）
摺雙

4.將袋口往回摺疊，
組合串珠

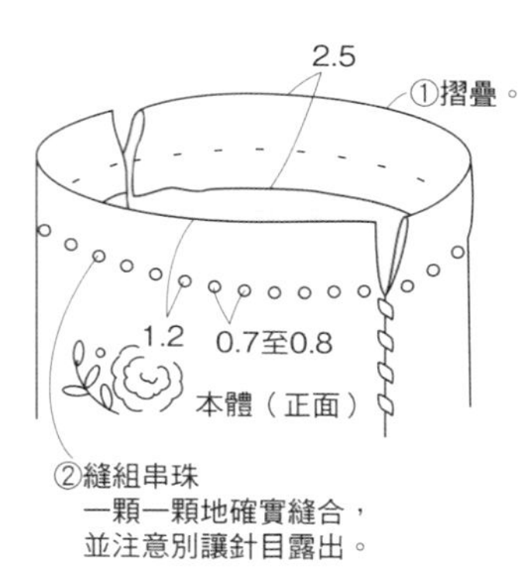

2.5
①摺疊。
1.2
0.7至0.8
本體（正面）
②縫組串珠
一顆一顆地確實縫合，
並注意別讓針目露出。

5.縫製裡布

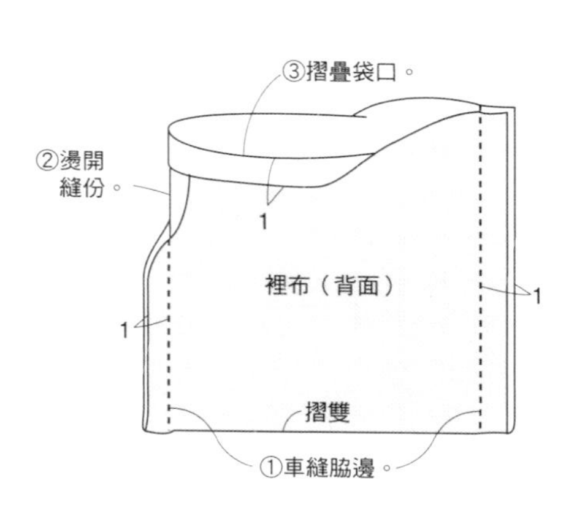

③摺疊袋口。
②燙開
縫份。
1
1
裡布（背面）
1
摺雙
①車縫脇邊。

6.將本體及裡布背面相對疊合，
再以捲針縫縫合袋口

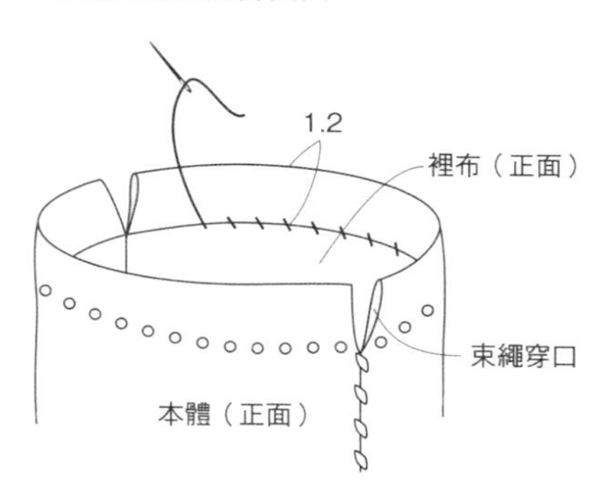

1.2
裡布（正面）
束繩穿口
本體（正面）

7.穿入束繩，組裝束繩吊飾

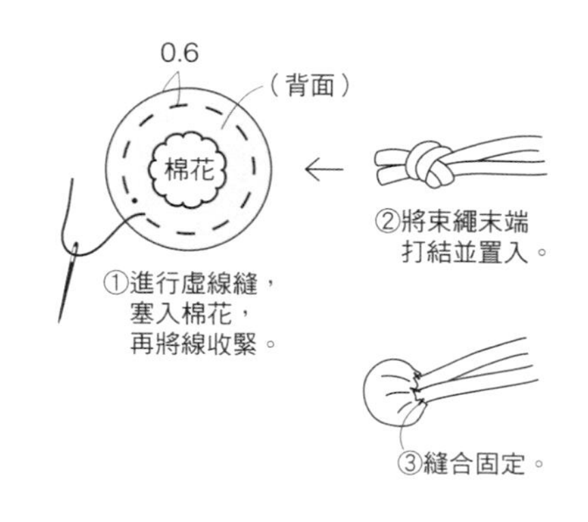

0.6
（背面）
棉花
①進行虛線縫，
塞入棉花，
再將線收緊。
②將束繩末端
打結並置入。
③縫合固定。

〈作品34〉
完成圖

混金屬線束繩（細）
9819（64）
30cm×2條

11

10

35. 迷你小包（P.82）

原寸紙型・圖案…P.109

材料…本體・束繩末端（寬10cm絲質雲紋綢緞帶）：32cm　裡布（緞面・白色）：15×25cm
緞帶（寬3.5mm）：50cm　束繩（混金屬線束繩）：60cm　串珠・棉花：各適量
刺繡緞帶及繡線：請參考圖案

※作法除了作品34（P.108）的步驟3、5之外，其餘均相同

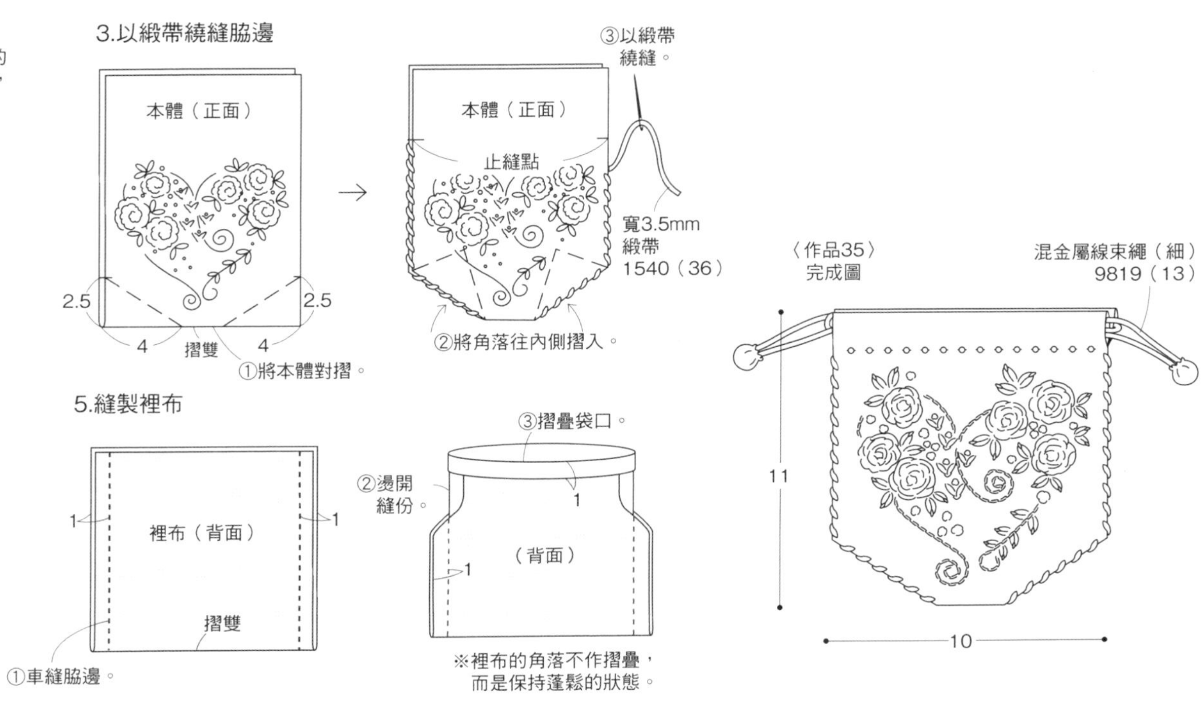

3.以緞帶繞縫脇邊
本體（正面）
2.5
2.5
4
摺雙
4
①將本體對摺。
本體（正面）
止縫點
③以緞帶繞縫。
寬3.5mm緞帶
1540（36）
②將角落往內側摺入。
5.縫製裡布
裡布（背面）
1
1
摺雙
①車縫脇邊。
③摺疊袋口。
②燙開縫份。
1
1
（背面）
※裡布的角落不作摺疊，而是保持蓬鬆的狀態。
〈作品35〉完成圖
混金屬線束繩（細）
9819（13）
11
10

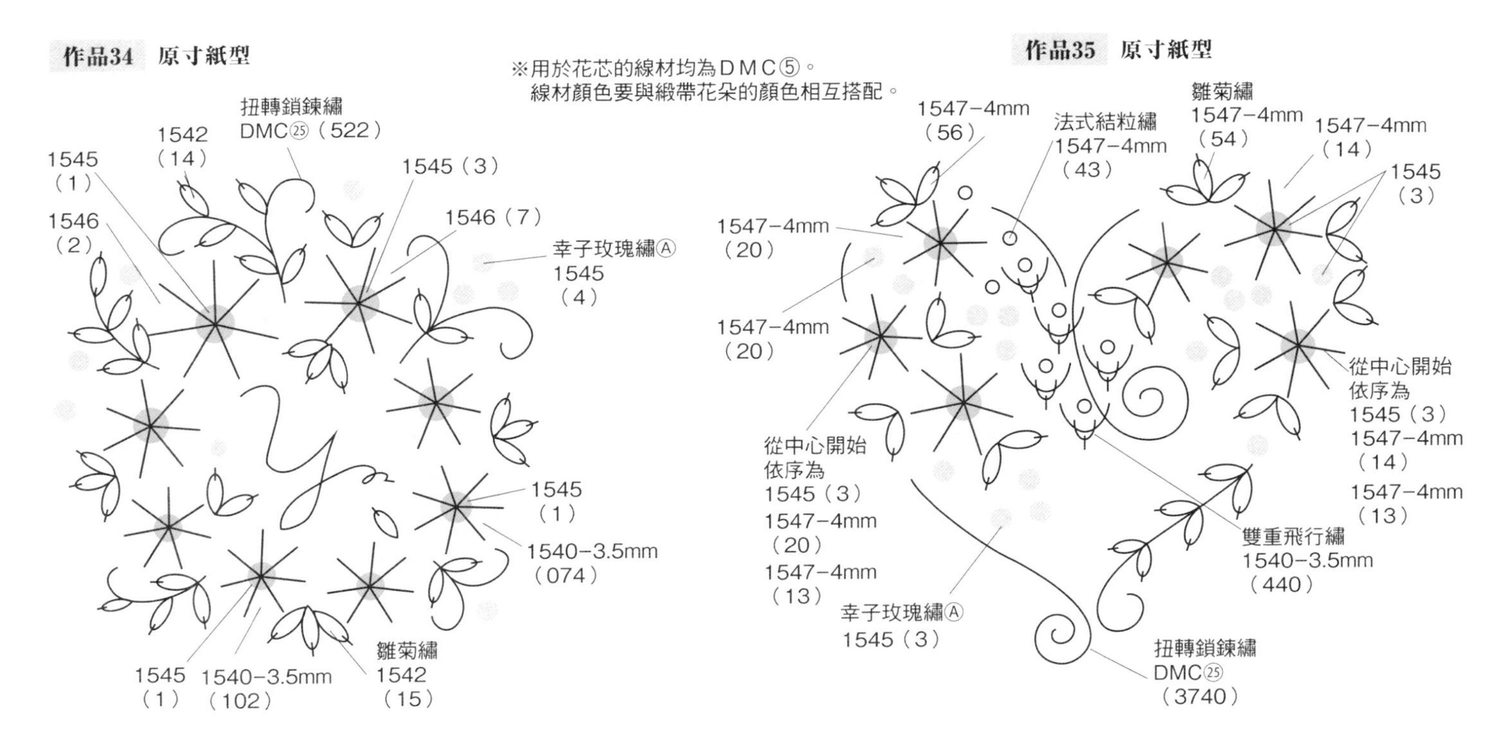

作品34　原寸紙型
※用於花芯的線材均為DMC⑤。
線材顏色要與緞帶花朵的顏色相互搭配。
1545（1）
1542（14）
扭轉鎖鍊繡
DMC㉕（522）
1545（3）
1546（2）
1546（7）
幸子玫瑰繡Ⓐ
1545（4）
1545（1）
1540−3.5mm（074）
1545（1）
1540−3.5mm（102）
雛菊繡
1542（15）
作品35　原寸紙型
1547−4mm（56）
法式結粒繡
1547−4mm（43）
雛菊繡
1547−4mm（54）
1547−4mm（14）
1545（3）
1547−4mm（20）
1547−4mm（20）
從中心開始依序為
1545（3）
1547−4mm（14）
1547−4mm（13）
從中心開始依序為
1545（3）
1547−4mm（20）
1547−4mm（13）
雙重飛行繡
1540−3.5mm（440）
幸子玫瑰繡Ⓐ
1545（3）
扭轉鎖鍊繡
DMC㉕（3740）

36,37. 縫紉工具包&針插 （P.83）

原寸紙型・圖案…P.111

材料<縫紉工具包>…表布（寬10cm絲質雲紋綢緞帶）：30cm
裡布（愛心a・c至e淺粉紅色不織布）：25×20cm　愛心b（淺粉紅色不織布）：10×10cm
鋪棉：12×25cm　緞面緞帶（寬1cm）：70cm／（寬0.4cm）：25cm
緞帶（寬3.5mmNo.1540）：適量　串珠・小：適量　棉花：適量
木質圓珠（直徑1.6×1.7cm）：1顆　安全別針：1個　刺繡緞帶及繡線：請參考圖案

材料<針插：1個的用量>…表布（寬10cm絲質雲紋綢緞帶）：15cm　邊緣・掛環（寬0.7cm）：25cm
棉花：適量　刺繡緞帶及繡線：請參考圖案

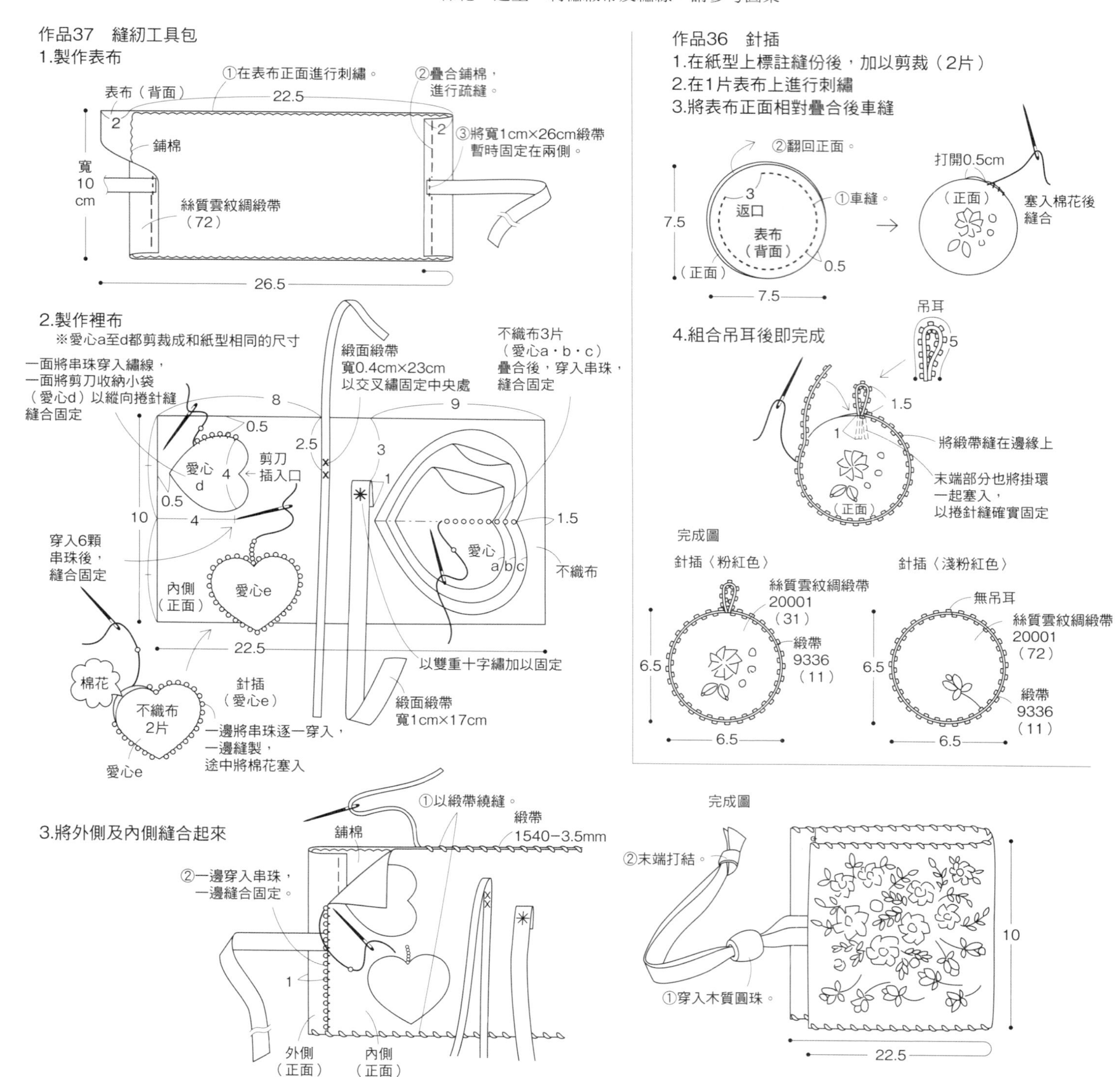

作品37　縫紉工具包
1.製作表布
①在表布正面進行刺繡。
②疊合鋪棉，進行疏縫。
表布（背面）
22.5
2
鋪棉
寬10cm
③將寬1cm×26cm緞帶暫時固定在兩側。
絲質雲紋綢緞帶（72）
26.5
2.製作裡布
※愛心a至d都剪裁成和紙型相同的尺寸
一面將串珠穿入繡線，一面將剪刀收納小袋（愛心d）以縱向捲針縫縫合固定
緞面緞帶寬0.4cm×23cm以交叉繡固定中央處
不織布3片（愛心a・b・c）疊合後，穿入串珠，縫合固定
8
9
0.5
2.5
3
愛心d
4
剪刀插入口
1
0.5
10
4
1.5
愛心a/b/c
不織布
穿入6顆串珠後，縫合固定
內側（正面）
愛心e
22.5
以雙重十字繡加以固定
棉花
針插（愛心e）
不織布2片
一邊將串珠逐一穿入，一邊縫製，途中將棉花塞入
愛心e
緞面緞帶寬1cm×17cm
作品36　針插
1.在紙型上標註縫份後，加以剪裁（2片）
2.在1片表布上進行刺繡
3.將表布正面相對疊合後車縫
②翻回正面。
3
返口
①車縫。
表布（背面）
7.5
0.5
（正面）
7.5
打開0.5cm
（正面）
塞入棉花後縫合
4.組合吊耳後即完成
吊耳
5
1.5
1
將緞帶縫在邊緣上
末端部分也將掛環一起塞入，以捲針縫確實固定
（正面）
完成圖
針插〈粉紅色〉
絲質雲紋綢緞帶20001（31）
緞帶9336（11）
6.5
6.5
針插〈淺粉紅色〉
無吊耳
絲質雲紋綢緞帶20001（72）
緞帶9336（11）
6.5
6.5
3.將外側及內側縫合起來
①以緞帶繞縫。
緞帶1540−3.5mm
鋪棉
②一邊穿入串珠，一邊縫合固定。
1
外側（正面）
內側（正面）
完成圖
②末端打結。
①穿入木質圓珠。
10
22.5

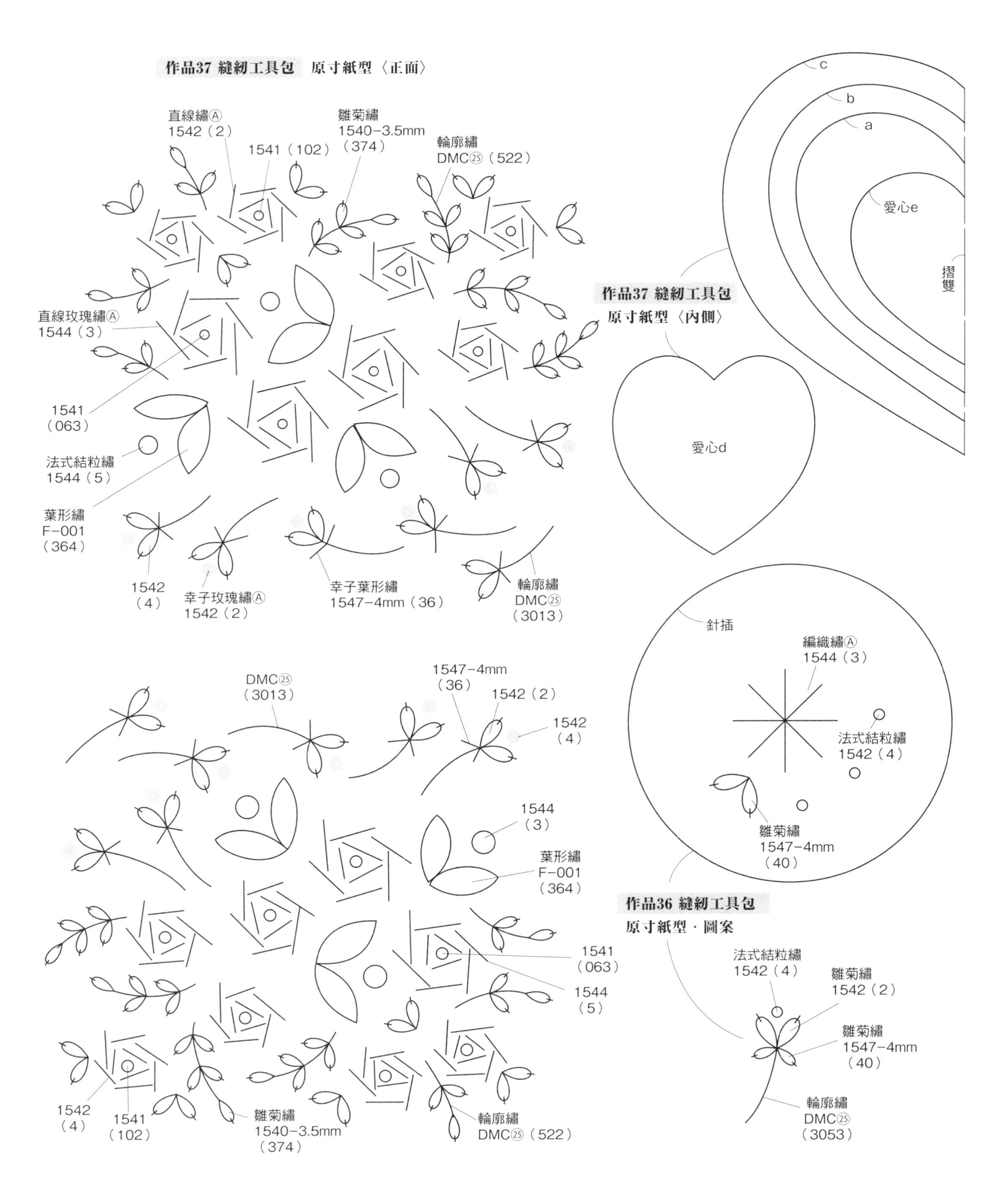
作品37 縫紉工具包　原寸紙型〈正面〉
直線繡Ⓐ
1542（2）
1541（102）
雛菊繡
1540−3.5mm
（374）
輪廓繡
DMC㉕（522）
直線玫瑰繡Ⓐ
1544（3）
1541
（063）
法式結粒繡
1544（5）
葉形繡
F−001
（364）
1542
（4）
幸子玫瑰繡Ⓐ
1542（2）
幸子葉形繡
1547−4mm（36）
輪廓繡
DMC㉕
（3013）
DMC㉕
（3013）
1547−4mm
（36）
1542（2）
1542
（4）
1544
（3）
葉形繡
F−001
（364）
1541
（063）
1544
（5）
1542
（4）
1541
（102）
雛菊繡
1540−3.5mm
（374）
輪廓繡
DMC㉕（522）
c
b
a
愛心e
摺雙
作品37 縫紉工具包
原寸紙型〈內側〉
愛心d
針插
編織繡Ⓐ
1544（3）
法式結粒繡
1542（4）
雛菊繡
1547−4mm
（40）
作品36 縫紉工具包
原寸紙型・圖案
法式結粒繡
1542（4）
雛菊繡
1542（2）
雛菊繡
1547−4mm
（40）
輪廓繡
DMC㉕
（3053）

國家圖書館出版品預行編目(CIP)資料

小倉緞帶繡のBest Stitch Collection：新手必備の基礎針法練習BOOK（全新增訂版）/ 小倉ゆき子著.；黃立萍、駱美湘譯.
-- 三版. -- 新北市：雅書堂文化, 2024.07
面； 公分. -- (愛刺繡；34)
ISBN 978-986-302-727-0(平裝)
1.CST: 刺繡 2.CST: 手工藝

426.2 113009409

愛｜刺｜繡｜34

小倉緞帶繡のBest Stitch Collection

新手必備の基礎針法練習BOOK（全新增訂版）

作　　者／小倉ゆき子
譯　　者／黃立萍、駱美湘
專業刺繡諮詢顧問／王棉老師
社　　長／詹慶和
執行編輯／黃璟安
編　　輯／劉蕙寧・陳姿伶・詹凱雲
執行美編／韓欣恬
美術編輯／陳麗娜・周盈汝
內頁排版／造極彩色印刷
出 版 者／雅書堂文化事業有限公司
發 行 者／雅書堂文化事業有限公司
郵政劃撥帳號／18225950
戶　　名／雅書堂文化事業有限公司
地　　址／新北市板橋區板新路206號3樓
網　　址／www.elegantbooks.com.tw
電子信箱／elegant.books@msa.hinet.net
電　　話／(02)8952-4078
傳　　真／(02)8952-4084

2024年07月三版一刷　定價／480元

ZOHOKAITEIBAN OGURA YUKIKO NO RIBBON SHISHU NO KISO BOOK（NV70561）

Photographer:（Yukari Shirai, Toshikatsu Watanabe）
Original Japanese edition published in Japan by NIHON VOGUE Corp.
Traditional Chinese translation rights arranged with NIHON VOGUE Corp. through Keio Cultural Enterprise Co., Ltd.

經銷／易可數位行銷股份有限公司
地址／新北市新店區寶橋路235巷6弄3號5樓
電話／(02)8911-0825　傳真／(02)8911-0801

小倉ゆき子 Yukiko Ogura

針織手創藝術家，出生於日本愛知縣。
自桑澤設計研究所畢業後，由童裝設計師轉職爲手工藝設計師。
以刺繡藝術爲主，長年活躍於針織手作領域。
其作品風格自由、闊達而品味優雅，因此擁有廣大刺繡迷，曾與法國紡織藝術家芬妮・維奧勒（Fanny Viollet）共同聯展，並於巴黎、布列塔尼半島（位於法國西北部）及東京等地舉辦展覽，超越日本國界的多元活動，向來受到國際矚目。
她將許多創作發想化爲著作及個展，相當多產，作品包含《緞帶刺繡》、《緞帶刺繡專書》、《串珠點綴刺繡》、《溫柔的緞帶刺繡》（日本Vouge社）、《用緞帶製作花朵飾品》（NHK版）、《緞帶手工藝》、《第一次的串珠刺繡》、《段染刺繡》（雄雞社）、《刺繡專書》、《用日式手巾作成的小小浴衣》（Patchwork通信社）、《刺繡基礎&針法》（Boutique社）、《迷人的線材刺繡》（文化出版於），以及和芬妮・維奧勒（Fanny Viollet）共筆的《書信藝術》（工作舍）等。

ギャルリ イグレック gallery Y [igrek]

兼具藝廊、迷你店舖及工作室等功能的針織工藝粉絲空間。售有MOKUBA緞帶、DMC繡線，從美國引進的質感串珠，以及法國古典亮片素材等，許多在小倉ゆき子老師書籍作品中所使用的材料，都能在此購得。

營業時間　10：30～18：00　週二公休
地址　〒東京都中央區新富1-4-1-2F
Tel 03-5542-3010　Fax 03-5542-3009
http://www.galerie-y.com/

素材協力
Clover株式會社
http://www.clover.co.jp/

攝影協力
UTUWA

Staff
書籍設計／アベユキコ
攝影／白井由香里・渡辺淑克（步驟部分）
作品設計／田中まき子
作法解書・步驟／しかのるーむ
編輯協力／渡邊侑子
編輯／大島ちとせ・佐伯瑞代